Wladislaw Raab

UNHEIMLICHE BEGEGNUNGEN
Ein Forschungsbericht

Wladislaw Raab

UNHEIMLICHE BEGEGNUNGEN

Ein Forschungsbericht

1. Auflage Oktober 1997
Copyright © by CTT-Verlag,
Stadelstraße 16, D-98527 Suhl
1997

Alle Rechte vorbehalten, insbesondere das Recht der mechanischen, elektronischen oder fotographischen Vervielfältigung, der Einspeicherung und Verarbeitung in elektronischen Systemen, des Nachdrucks in Zeitschriften oder Zeitungen, des öffentlichen Vortrags, der Verfilmung oder Dramatisierung, der Übertragung durch Rundfunk, Fernsehen oder Video, auch einzelner Bild- und Textteile

Satz und Umschlagentwurf: TM, Suhl
Herstellung: Copy Tech Thüringen
Printed in Germany
ISBN 3-9805278-4-0

Inhalt

VORWORT 11

I. BEGEGNUNGEN
Das Phänomen 17
Silver Surfer über Seuzach (Schweiz)? 18
Die Besucher 22
Phantome der Nacht 29
Symbolismus & Initiation 40
Die Erscheinung 47
Alb - Traumhafte Begegnungen 49
Engel oder Ufonaut? 56
Glauben Sie an Geister? 58
Der letzte Abschied 60
Besuch in OZ 64
Die Wesen aus dem Licht 70
Visionen 77
Das Erlebnis auf dem Hügel 80
Objekte aus dem Nichts 81
Supraterrestrier 88
Wesen aus der Schattenwelt 100
Eindringlinge 105
Der Domino-Effekt 109
Anatomie eines Phänomens 110
Black Dogs 133
Spurensuche 135
Die Anderen 140
Die Berührung 141
Der Doppelgänger 143
Das Gesicht 144
Die Herren der Elemente 148
Gaias-Wächter 149
Auf der Suche nach der Wahrheit 156

Engel 165
Forschungsergebnisse der Tomsker Gruppe zur
Untersuchung von anormalen Erscheinungen 168

II. ALIEN-DISKUSSION
Einleitung 175
Psychologische Gutachten 176
Hypnagoge Visionen 181
Geburtstrauma-Hypothese 182
Alternativen 184

III. OPERATION „Historia"
Einleitung 189
Sagenhafte Zeiten 192
Himmelszeichen 193
Besuch aus Magonia 198
Hexenwahn und Entführungssyndrom 200
Eingriffe aus dem Schattenreich 203
Der Schwarze Tod 209
Eine Zeit großer Traurigkeit 215
Sie sind da! 219

IV. DIMENSIONEN
Einleitung 231
Kulturnähe 233
Kuriositäten 234
Hypothesen 237

ANHANG
Das INDEPENDENT ALIEN NETWORK 249
Die Humanoiden-Datei (HUMDAT) 249
Publikation „UFO-REPORT" 251

QUELLENNACHWEIS 255

*Meiner Großmutter gewidmet, die „ihnen"
begegnet ist.*

„Es steht fest, daß die übereinstimmende Aussage, ob positiv oder negativ, mehrerer Zeugen, wenn keine Absprache stattgefunden haben kann ... ein Gewicht hat, daß unabhängig von dem ist, das jeder einzelnen Aussage, für sich betrachtet, zukommt. Selbst wenn in einem solchen Falle jeder der Zeugen als völlig unglaubwürdig angesehen werden sollte, so mag doch die Wahrscheinlichkeit unberechenbar gering sein, daß sie alle in dem gleichen Irrtum übereinstimmen."

R. Whately

Vorwort

Die Frau, die mir an diesem denkwürdigen Abend des Jahres 1991 gegenübersaß, war Mitte sechzig und machte auf mich einen sehr konservativen Eindruck.
Und gerade dieser Eindruck machte das, was sie mir erzählt hatte, noch viel außergewöhnlicher!
Wir waren bei gemeinsamen Bekannten zu Gast und unterhielten uns bei Tisch über Gott und die Welt, als das Thema unwillkührlich auch auf die jeweiligen Freizeitaktivitäten des anderen kam. Ich erzählte der Frau, daß ich mich mit außergewöhnlichen Phänomenen und Erscheinungen beschäftigen würde. Was mich an dieser älteren Dame dann sofort überraschte, war ihr reges Interesse an meinen Schilderungen.
Der Grund dieses Interesses war, wie ich erst später von ihr erfahren sollte, daß sie selber fremdartige Wesen beobachtet hatte, worauf ich an anderer Stelle dieses Buches detailliert eingehen werde. Das eigentlich außergewöhnliche war jedoch, daß die Dame, eine pensionierte Zahnärztin, ausgerechnet mir davon berichtete. Denn ich war der erste seit über fünfzig Jahren, dem sie sich anvertraute. Ihr Mann, die eigentliche Vetrauensperson in ihrem Leben, war zu Lebzeiten Physiker und sie bewegte sich weitgehend nur in Akademiker-Kreisen. Und dort hätte man ihr, ihren eigenen Aussagen nach, nie geglaubt. Als Medizinerin darf man einfach keine außergewöhnlichen Phänomene wahrnehmen - so das umgeschriebene Gesetz.

Wir haben hier tatsächlich ein Problem. Auf der einen Seite haben wir höchst glaubwürdige Zeugen, die Unglaubliches erlebt haben, und auf der anderen Seite will sich niemand mit den beobachteten Phänomenen auseinandersetzen. Die meisten Wissenschaftler argumentieren an dieser Stelle, daß die ganze Materie zu unwahrscheinlich sei, es hätte keinen Sinn Geld und Zeit in die Untersuchungen solcher paranormaler Phänomene zu investieren. Dabei scheint es auch keine Rolle zu spielen, daß weltweit hundertausende Menschen ähnliche Berichte abgeben. Hier wird tatsächlich eine wissenschaftliche Herausforderung ignoriert, denn selbst wenn die Sichtung fremdartiger Flugkörper und exotischer Wesen rein psychologisch erklärbar wäre, umgeht man hier die Untersuchung. Es besteht hier also eine durchaus gefährlich zu nennende Scheuklappenmentalität! So bleibt es denn Privatpersonen vorbehalten, diesen Berichten nachzugehen. Paradox an der Situation ist jedoch, daß gerade diese Privatpersonen in einem solchen Fall recht schnell im Visier der Schulwissenschaften stehen, die ihrerseits nun mit den Begriffen „Aberglaube" und „Geschäftemacherei" argumentieren, um somit die Reputation der betreffenden Forscher zu untergraben.

Die Situation ist tatsächlich verfahren, so daß es gewissermaßen auch eine Frage des Mutes ist, dieses Buch zu lesen. Denn Sie als Leser lassen sich auf Menschen ein, die Dinge gesehen haben, die nichts mit dem zu tun haben, was uns allen tagtäglich begegnet. Diesen Menschen erschloß sich eine Welt, die einen anderen Realitätsbegriff dringend erforderlich machen würde.
Die Berichte, die Sie in diesem Buch lesen werden, stammen zum überwiegenden Teil von Augenzeugen, die sich bei unserer Vereinigung, dem INDEPENDENT ALIEN NETWORK (IAN) gemeldet haben. Das IAN ist ein bundesweit arbeitendes Forschungsnetzwerk, das sich auf Berichte spezialisiert hat, in denen Zeugen angeben, fremdartigen Wesen und Erscheinungen begegnet zu sein. Melden sich Zeugen aufgrund unserer Anzeigenschaltungen in Zeitungen, nimmt ein Ermittler die Recherchen vor Ort auf. Die wiedergegebenen Protokolle, die den Kern des Buches bilden, sind von uns im Rahmen der Untersuchungen erstellt worden. Wir bürgen für die Wahrhaftigkeit der Aussagen!

Wenn mich jemand fragen würde, warum ich mich schon seit annähernd 18 Jahren mit Phantomen, Erscheinungen und UFOsauseinandersetze - ich wüßte wohl keinen rationalen und nachvollziehbaren Grund dafür zu nennen. Vielleicht liegt es ja an meinen indirekten, verwandtschaftlichen Verflechtungen in Bezug auf dieses Phänomen?!

Im Jahre 1923 lebte meine Großmutter in St. Petersburg, Rußland. Es wird wohl im Herbst oder Winter gewesen sein, als sie sich zum Spielen im elterlichen Wohnzimmer befand. Sie spürte auf einmal große Kälte und meinte beobachtet zu werden. Sie drehte sich um und bekam einen riesigen Schrecken. Genau hinter ihr schwebte eine hellstrahlende, durchscheinende Frau, die sie mit geweiteten Augen anstarrte. Meine Großmutter konnte vor lauter Angst weder Schreien noch weglaufen. In Panik konnte sie noch wahrnehmen, wie sich die diffuse Gestalt schwebend durchs Zimmer bewegte und auf einmal, wie ausgeschaltet, spurlos verschwand.

Dieses kurze „Intermezzo" aus einer anderen Welt beschäftigte meine Großmutter ihr ganzes Leben lang, bis ins hohe Alter. Sie starb, ohne je erfahren zu haben, was sie da 1923 im nachrevolutionären Rußland gesehen hatte.

Vielleicht gelingt es ja mir, ihrem Enkel, Licht in die Welt der Anderen zu bringen...

I. BEGEGNUNGEN

„Wir kommen nun zum bizarrsten und allem Anschein nach unglaublichsten Aspekt des ganzen UFO-Phänomens. Wenn ich ganz ehrlich sein soll, würde ich diesen Teil sehr gerne weglassen, wenn das ohne Verstoß gegen die wissenschaftliche Integrität möglich wäre. Den unheimlichen Begegnungen der Dritten Art."

J. A. Hynek

Das Phänomen

Unheimliche Begegnungen mit fremdartigen Wesen, exotischen Phantomen und Spukmanifestationen scheinen, wenn man demoskopischen Umfragen Glauben schenken darf, an der Tagesordnung zu sein.
Das US-Meinungsforschungsinstitut „ROPER" führte z. B. von Juli bis September 1991 eine bundesweite Umfrage durch. Dabei stellte sich heraus, das stattliche 18% der 5947 Befragten angaben, sie hätten schon einmal das Gefühl gehabt, beispielsweise etwas Befremdliches im Schlafzimmer wahrgenommen zu haben. Dabei handelte es sich jedoch nicht um erotische Extravaganzen, sondern vielmehr um schreckenerregende Phantome.
Bei einer früheren Umfrage gaben 15% an, als Kind oder Erwachsener eine „gespenstische Gestalt", wie z. B. ein Monster, einen Teufel, einen Kobold oder etwas dergleichen in ihrem Schlafzimmer, Wohnraum oder sonstwo gesehen zu haben. (1)
Vergleichbare Daten gibt es auch aus früheren Dekaden. Im Jahr 1954 z. B. tobte eine regelrechte „UFO-Welle" (also erhöhte, regionale UFO-Aktivität) in Europa und im nördlichen Südamerika. Weltweit beobachteten dabei 624 Zeugen potentielle UFO-Piloten, die ihr Vehikel verlassen hatten. (2)
In den USA gibt es eine Reihe von UFO-Gruppen, die dem Phänomen mit wissenschaftlichen Methoden zu Leibe rücken. Darunter befinden sich die Vereinigungen MUFON (Mutual UFO Network) und CUFOS (Center for UFO Studies). Auch von diesen beiden Gruppen gibt es recht beeindruckendes Zahlenwerk. So liegen etwa den MUFON-Kollegen 2000 Fälle vor, in denen fremdartige Wesen beobachtet worden sind (3), während die CUFOS-Untersucher 2500 Berichte zum gleichen Themenspektrum vorweisen können. (4)
Die Quantität alleine sagt sicherlich nicht viel über die Qualität des Phänomens aus, doch wird uns anhand der Datenmenge erst so richtig bewußt, daß wir das Phänomen ernstnehmen müssen und

das wir es hierbei nicht mit einem Minderheitenphänomen zu tun haben.
Der bekannte US-Forscher Budd Hopkins, der sich auf das Phänomen der UFO-Entführungen (Abductions) spezialisiert hat, erhielt im Laufe der Zeit sage und schreibe 8000 Briefe von Personen, die glauben von Aliens (Fremden) an Bord eines UFOs verschleppt worden zu sein! (3)
Sein Autorenkollege Withley Strieber, der übrigens selber vom Entführungsphänomen betroffen ist, bekam 4000 Meldungen von Augenzeugen! (5)
Auch unsere Vereinigung, das INDEPENDENT ALIEN NETWORK, führt eine solche Falldatei. Wir nennen sie HUMDAT (Humanoiden-Datei). Durch uns wurden bis Juli 1996 rund 700 Fälle gesammelt, in denen Augenzeugen fremdartige Wesen beobachtet haben wollen. Im Durchschnitt gibt es je Fall zwei Zeugen. Das heißt, daß wir bei den uns vorliegenden Fallberichten auf 1400 Zeugen kommen!

Ich frage mich: Was treibt diese Menschen wohl an, sich in der Öffentlichkeit mit ihren Berichten zum Gespött der Leute zu machen? Was stellt die Motivation dar, wenn nicht das Bemühen um wahrheitsgemäße Darstellung und Aufklärung das Erlebten?

Silver Surfer über Seuzach (Schweiz)?

Nimmt man es genau, beschäftigen wir uns eigentlich nicht mit dem UFO-Phänomen oder fremdartigen Wesen und jagen auch keinen Spukerscheinungen hinterher! Das, was uns effektiv vorliegt, sind nur Zeugenaussagen, die in Protokollform dokumentiert sind! Keiner meiner Forscherkollegen hat ein UFO oder einen Alien bei sich im Keller stehen und kann frei darüber verfügen.
Wir sind also wohl oder übel nur auf den Bericht des Augenzeugen angewiesen. Doch mal ganz ehrlich: Wie genau kann so eine Zeu-

genaussage eigentlich sein? Wird hier und da nicht die eine oder andere natürliche Erscheinung fehlinterpretiert? Geht nicht auch mal die Phantasie mit einem durch?
Durchaus spekulative Fragen. Doch betrachten wir unsere Spekulationen anhand eines konkreten Fallbeispieles, das mein Schweizer Kollege Bruno Mancusi untersucht hat.
Der Fall, den ich Ihnen hier vorstellen möchte, ist von mir zwischenzeitlich durchaus mit einem irdischen Stimulus erklärt worden. Er zeigt aber durchaus signifikant auf, wie genau und präzise Augenzeugenberichte sein können.
Ende 1995 erhielt ich von einem Schweizer Kollegen einen aus dem „Landboten" stammenden Zeitungsausschnitt, datiert auf den 30. Juni 1994. Der Aufmacher war folgende Schlagzeile: „Ein fliegender Mensch über Seuzach sorgt für Wirbel". Aus dem Bericht ging hervor, daß einige Beobachter einen „fliegenden Menschen" sahen, der ohne alle konventionellen Hilfsmittel durch die Luft gesegelt sei.
Ich schrieb an Kollegen Mancusi, der mir das Protokoll des Zeugen zuschickte, aus dem ich hier nun zitieren möchte:
„Die Sichtung fand am Montag, dem 27. Juni gegen 21.10 Uhr statt. Das Objekt stellte einen Menschen dar, klar an seinen Bewegungen erkennbar. Er bewegte sich horizontal (auf einer Höhe von ca. 250 bis 300 Metern aus Richtung Südwest nach Nord-Nordost) und völlig geräuschlos, wie auf einem snowbordähnlichen Untersatz.
Der Körper war dunkel und dauernd in eleganter Bewegung. Es bestand von uns allen zu keinem Zeitpunkt ein Zweifel, daß es etwas anderes sein könnte als eben ein Mensch.
Gesehen haben das meine Frau, die Tochter (16jährig), sowie der anwesende Besuch einer dreiköpfigen Familie, welche aber ausdrücklich nicht namentlich erwähnt werden möchte, da wir schon bereits genug Unannehmlichkeiten in dieser Sache hinnehmen mußten.
Da ich die Medien nur einschaltete um zu wissen, ob noch allen-

Ein «fliegender Mensch» über Seuzach sorgt für Wirbel

Ist am Sonntagabend kurz nach 21 Uhr in Kloten erklärt, den Vorfall hätten ein «menschenähnliches Wesen» ohne jegliches Hilfsmittel über Seuzach Richtung Frauenfeld durch die Luft gesurft?

Ja, es war schwül an jenem Abend. Winterthur feierte Albanifest. Motto: «Wir heben ab!» Und der eine und die andere hat über den Durst getrunken. Dienstagabend, noch immer lastet die Schwüle diesem Tag über der Region Winterthur. Auf der «Landbote»-Redaktion meldet sich Markus Wagenbach mit einer unglaublichen Geschichte. Er habe an besagtem Sonntagabend von seinem Garten in Seuzach aus jemanden in 200 bis 300 Meter Höhe durch die Luft fliegen sehen. Dafür gebe es Zeugen: Seine Frau, ein Ethepaar, das zu Besuch weilte, zwei Kinder. Und: Radio Eulach habe am Dienstagmorgen zwischen 6 und 7 Uhr über den Vorfall berichtet. In der Sendung habe ein «Herr Imhof» von der Swisscontrol, (Flugsicherung.

Red.) in Kloten erklärt, den Vorfall hätten noch weitere Personen gemeldet.

Mittwochmorgen: Der «Landbote» macht sich auf die Spurensicherung. Zuerst passt alles zusammen. «Flughafen Zürich», meldet sich eine Frauenstimme unter der Telefonnummer von Swisscontrol. «Ja, ich habe da zwei Ufo-Nummern. Wenden Sie sich dahin, Jemandem von der Flugsicherung wollen Sie?» Moment, ich verbinde.» «Nein, wir haben nichts gesehen.» Der Mann scheint kurz angebunden.

Pause. Erste Zweifel kommen auf. Will uns da jemand auf den Arm nehmen?

Bei der Ufo-Adresse Nummer 1, der Swissair, deren Piloten jährlich zwei bis drei Ufo-Sichtungen rapportieren, sind keine Meldungen eingegangen. Hinggegen erinnert sich der zweite Ufo-Spezialist, Ferdinand Schmid, 30 Jahre Swissair-Pilot, 31 Jahre Militärpilot, zehn Jahre im Amazonasgebiet tätig,

wo ein auch esoterische Forschung betrieb, an Annefi: «Herr Wagenbach hat mir am Sonntag um 21.30 Uhr telefoniert. Kurz Zeit später meldete sich Stefan Hamlos von Radio Eulach. Er wollte ein Gespräch mit mir mitschneiden. Ich sagte ab. Ich will nicht in der Öffentlichkeit auftreten.»

Dass über die «Sichtung» berichtet wurde, findet Schmid gut. «Viele Leute getrauen sich nicht, ihre Beobachtungen zu melden.» Deshalb sei ein Bericht verbunden mit der Aufforderung, Gags zur Aufheiterung zu registrieren, niemand angerufen hat, sollen sich die etwas gesehen hätten, sionvoll.

Einen solchen Anfruf hat Radio Eulach in besagter Sendung verbreitet. Er habe etwas über Stadel gesehen, gab ein Hans Koller über den Äther. Bei Schmid – und das erstaunt den Ufo-Spezialisten – meldete sich allerdings niemand mehr, ausser Wagenbach, der ihn über die Sendung und die Hörerreaktion informierte.

Die Zweifel wachsen, zumal der Frau am Flughafen-Telefon «bei Swisscontrol niemand mit dem Namen ‹Imhof› oder ‹Imhof›, bekannt ist».

«Das war ein Gag. Wir haben das inszeniert. Am Morgen telefoniert öfter solche Sachen», Radio-Eulach-Redaktor Thomas Schneider lässt keine Zweifel darüber aufkommen, dass Zweifel berechtigt waren.

In der Sendung «Wintiweckern» zwischen 6 und 8 Uhr werden ab und zu Gags zur Aufheiterung eingestreut. Weil niemand angerufen hat, haben die Radioleute «Hans Koller» und «Herrn Imhof» kurzerhand erfunden. Der da in deren Namen sprach war Radiomann Urs Müller, nicht ahnend übrigens, dass in Stadel tatsächlich ein Hans Koller wohnt.

«Alles klar? Leider nein! «Von Radio Eulach inszeniert? Das kann nicht stimmen.!» Irmgard Eichholzer tönt entrüstet. Sie war am Sonntagabend zusammen

mit ihrem Mann und einem Kind bei Wagenbachs zu Besuch. «Wir haben tatsächlich etwas gesehen. Und weiteres interessierte, was das sein konnte, hat Herr Wagenbach Swisscontrol angerufen, dann mit Schmid telefoniert und schliesslich mit Radio Eulach. Die Telefonate haben in dieser Reihenfolge mit einem mobilen Telefon am Tisch stattgefunden», versichert sie und fügt bei: «Uns hat weder die Hitze zu schaffen gemacht, noch haben wir Alkohol getrunken.»

Die mit spürbarer Enttäuschung und Empörung vorgetragene Frage, ob es üblich sei, dass «Medien Dinge dem verdrehen, «kuriose» Phänomene «nicht dem Übersinnlichen» zuordnen, sondern «einfach eine natürliche Erklärung» suchen, nicht beantworten. Das muss Radio Eulach tun. Mir raucht nach sechs Stunden Recherchen in dumpfer Schwüle der Kopf.

Walter Sturzenegger

Bericht über einen „fliegenden Menschen" („LANDBOTE" vom 30. Juni 1994, Schweiz)

falls andere diese Sichtung hatten, mußte ich die bittere Erfahrung machen, daß man mit solchen Themen nicht seriös umgehen kann. Da ich weder spirituell noch außerirdisch irgendwelche Aktivitäten oder Interessen habe, ist für mich diese Angelegenheit als wunderbare Begebenheit in Erinnerung. (...) Ich hoffe trotzdem, Ihnen mit diesen Angaben gedient zu haben.

        Sichtungsdauer ca.: 50 - 60 Sekunden
        Richtung: Südwest - Nordost
        Höhe: ca. 250 - 300 m
        Dunkle Konturen (keine Farbe)
        Geschwindigkeit: etwa wie ein kleiner Sportflieger
        Zur Zeit der Sichtung herrschte absolute Windstille am Boden
        Flugbahn Horizontal, etwa immer auf gleicher Höhe.

Bewegungen wie ein snowbordfahrender Mensch. Aus der Hüfte heraus den Oberkörper drehend und mit den Armen ausladende Bewegungen machend."

Ein hochinteressanter und vor allem sehr detailreicher Report wurde uns hier von dem Schweizer Zeugen vorgelegt. Doch was sahen die Zeugen über Seuzach denn nun wirklich? Einen Außerirdischen aus den Tiefen des Alls beim Surven in der irdischen Atmosphäre? Sicherlich nicht. Zumindest in diesem Falle gab es eine ganz und gar irdische Erklärung!

Ich konnte genau das gleiche Wesen, das die Zeugen seinerzeit über Seuzach entdeckt hatten, auch bei einer Übertragung des deutschen Sportsenders „DSF" bewundern! Es ging bei diesem Beitrag um Snowbordmeisterschaften in Österreich. Bei einer kurzen Veranstaltungspause machte der Kameramann einen Schwenk über die herrliche Landschaft und fing dabei etwas ein, das mir sofort ins Auge stach: einen schwarzen Ballon in Form eines Snowborders, der genau der Darstellung der Zeugen aus Seuzach entsprach!

Ich war so erstaunt, daß ich die Szene nicht einmal mehr mitschneiden konnte. Ich hatte tatsächlich nicht erwartet, die Lösung eines Falles auf einem deutschen Sportkanal präsentiert zu bekommen!

Insofern man nicht behauptet, ein Alien habe sich als Ballon getarnt, um bei den Meisterschaften indirekt zugegen zu sein, muß der Zwischenfall von Seuzach als gelöst bezeichnet werden. Signifikant war für mich die Genauigkeit, in der die Zeugen den für sie exotischen Flugkörper geschildert hatten, womit erwiesen ist, daß die Aussagen von Augenzeugen nicht immer unzuverlässig und ungenau sind.

Wohlgemerkt wurde trotz der situationsbedingten Anspannung der Zeugen genau das beschrieben, was auch tatsächlich vorhanden war. Keiner der Zeugen behauptete, einen roten Skifahrer oder gelben Rodler in der Luft gesehen zu haben. Nein, sie beschrieben minutiös mit ihren eigenen Worten, was sie da Seltsames am Himmel sahen: einen schwarzen Surver - nicht mehr und nicht weniger!

Kommen wir nun zu den Fällen, für die wir keine zufriedenstellenden Erklärungen gefunden haben. Es sind dies Berichte von völlig normalen, im Leben stehenden Personen. Menschen, die unter uns leben und deren Zahl immer größer wird.

Versuchen wir nun, aufgeschlossen zu sein. Nicht leichtgläubig oder unkritisch, einfach nur aufgeschlossen den anderen, fremdartigen Phänomenen gegenüber. Dem, was völlig jenseits unserer Realität steht. Und wir sollten uns hüten, diese Menschen auszulachen, denn noch in dieser Nacht könnten wir alle plötzlich zu ihnen gehören...

Die Besucher

Es war einer jener verregneten Novembertage im Jahr 1992, an denen man keinen Hund auf die Straße läßt, als ich am späten Nachmittag angerufen wurde. Am Telefon war eine junge Frau, die wußte, daß ich mich mit, sagen wir einmal etwas außergewöhnlichen Erscheinungen, beschäftigte. Diese sympathische junge Frau, nennen wir sie hier einmal Heike Müller (Pseudonym), hatte eine ganze Reihe außergewöhnlicher Erlebnisse gehabt. Nach einstündigem

Telefonat verblieben wir so, daß sie mir ein ausführliches Protokoll über ihre Erfahrungen schicken sollte, was sie auch wenige Tage später tat. Sie schrieb mir:

„Momentan quälen mich Alpträume, bei denen ich oft selbst nicht weiß, ob ich träume, oder ob es real ist. Auf jeden Fall wache ich dann auf und mein Licht ist an (am Morgen meine ich, wenn der Wecker klingelt). Die Träume handeln davon, daß die Aliens zu mir kommen. Vor drei Nächten hatte ich den letzten Traum und panische Angst (im Traum). Stören tut mich das eigentlich weniger, daß heißt, ich schreibe diesen Träumen keine große Bedeutung zu. Im Gegenteil, ich finde sie lediglich „interessant". Eines muß ich aber loswerden, über das ich mich selber wundere. An meinem rechten Oberschenkel habe ich seit ca. zwei Wochen einen roten Fleck, ca. 2,5 cm groß, in der Form eines Dreiecks. Es ist keine scharf abgegrenzte Form, sondern man kann nur ein Dreieck erahnen.
Diese Stelle hat sich in den zwei Wochen nicht geändert, also kein Hautauschlag oder keine Druckstelle. Komisch ist das schon, aber ich zerbreche mir nicht den Kopf deswegen! Ich würde nie behaupten, daß ich entführt wurde, dafür gibt es keine Beweise. Nein, meiner Ansicht nach sind es interessante Zufälle."

Ob Zufall oder nicht, mich interessierte der Fall und ich rief die Zeugin an und bat sie, mir detaillierter zu beschreiben, was sie wahrgenommen hatte. Mir war bekannt, daß viele Menschen die annahmen, von UFO-Besatzungen entführt worden zu sein, sich nur ganz undeutlich, sozusagen fragmentarisch, an die Erlebnisse erinnern konnten.
Auch das Dreieck an ihrem Oberschenkel wäre ein möglicher Hinweis auf ein intensives Szenario gewesen. Bei Abduzierten (Entführten) tauchen immer wieder Narben als Resultat der Eingriffe an Bord der Objekte auf. Im Fachjargon nennt man sie „UBM" (Unidentified Body Markings).

Zwei Tage nach unserem letzten Telefonat schrieb mir Frau Müller folgendes:
„Seltsamerweise habe ich mich schon als kleines Kind vor Monstern und Geistern in meinem Zimmer gefürchtet. Ich hatte immer Angst im Dunkeln und habe auch heute, als erwachsene Frau, noch Angst im Dunkeln. Ich habe immer das Gefühl, daß hinter den Büschen etwas lauert. Mysteriöses oder Unheimliches hat jedoch schon immer eine gewisse Faszination bei mir ausgelöst. Irgendwann entdeckte ich dann mein Interesse am UFO-Phänomen. Das UFO-Thema begann mich zu fesseln. Als ich dann mehr über die Zusammenhänge im Bezug auf das Phänomen erfuhr und mich damit intensiver befaßte, fingen plötzlich Alpträume an, sowie Ängste. Ich träumte nicht ständig davon. Nein, oft gab es über ein Vierteljahr gar nichts, was mich beängstigte. Und dann unvermittelt fängt es eines Nachts an. Es ist ein schwer zu beschreibender Zustand. Ich bekomme Angst, lausche auf jedes kleinste Geräusch und manchmal steigerte sich diese Angst in Panik. Ich fürchte mich, daß ‚irgendetwas' in meiner Nähe sein könnte. Und dann weiß ich nicht, ob ich einschlafe und träume oder ob das folgende tatsächlich geschieht. Es ist ein sehr schwer zu beschreibender Zustand. Ich sehe nie irgendwelche Wesen an meinem Bett, doch habe ich aber in meinen Träumen schon zwei oder drei Mal diese grauen Wesen gesehen - doch nie in meinem Schlafzimmer. Manchmal ‚träume' ich in unserem Haus zu sein und ich weiß, daß ‚sie' draußen sind, und ich bekomme richtig panische Angst. Oft erlebe ich im Traum so unreale Dinge, die meiner Meinung nach wirklich nur ein Traum sein können. Einmal meinte ich, in einem UFO zu sein und das Zimmer in dem ich war, hatte eine Blümchentapete. Komisch, wenn ich die Wesen im Traum sehe, dann habe ich vor ihnen keine Angst. Die Panik bezieht sich nur auf das Gefühl, da draußen ist etwas Unheimliches und es könnte ja hereinkommen.
Seit etwa zwei Wochen habe ich auf dem rechten Oberschenkel einen roten Fleck, der unscharf die Konturen eines Dreiecks zeigt; er hat sich seit zwei Wochen nicht verändert. Ansonsten habe ich

weder Narben noch sonst etwas Ungewöhnliches an mir festgestellt. Unter Verfolgungswahn leide ich auch nicht. Ich habe nur abends im Bett Angst.
Meine Mutter fand plötzlich, und ohne daß sie dafür eine Erklärung hatte, ein metallisches schwarzes Ding in ihrem Bett, daß eine Länge von vier Zentimetern hatte. Es sieht aus wie die Halterung, die man hinten in die Bilderrahmen klemmt. Doch wie es ins Bett kam weiß ich nicht, da im Schlafzimmer keine gerahmten Bilder sind. Am Abend zuvor war es auf jeden Fall nicht im Bett.
Vor einigen Jahren verschwand sozusagen über Nacht das gesamte Wasser aus unserem Gartenteich, und dies, ohne jegliche Spuren zu hinterlassen. Uns ist das bis heute ein Rätsel."

Soweit also der zweite Brief der Zeugin an mich. Es folgten einige Telefonate, und ich wurde den Eindruck nicht los, daß unter Umständen die Beschäftigung mit dem UFO-Phänomen des Rätsels Lösung war. Es ist ja nicht ganz unbekannt, das einige UFO-Forscher zwischenzeitlich selbst davon überzeugt sind, daß Opfer von UFO-Entführungen geworden zu sein. Ein ehemaliger Kollege von mir wechselte ebenfalls die „Fronten" und evolutionierte vom UFO-Forscher zum UFO-Opfer. Auf meine Zusprache hin reagierte er abfällig und der Kontakt brach ab... So schnell gerät man in ein nicht vorhandenes Wunderland der Illusion!
Auf der anderen Seite jedoch fiel mir die Beschreibung des UFOs mit Blümchentapete auf. Ein völlig bizarres Element, das als völlig unrealistisch in der objektiven Einschätzung gehandelt werden dürfte. Sollten diese Wesen allen Ernstes einen dergart „blumigen Geschmack" haben?
Tatsache ist, daß diese kuriosen Elemente in den Schilderungen von potentiellen Entführten immer wieder auftauchen. Haben wir es hier also mit einer weltweiten Verschwörung der Zeugen zu tun? Sind Sie als Leser und ich als Untersucher einigen Spaßmachern auf den Leim gegangen? Wohl kaum. Wahrscheinlicher ist meiner Meinung nach, daß sich die unbekannte Fremdintelligenz mit eben

diesen unglaubwürdigen Elementen schützen will. Spielt hier vielleicht ein Schutzmechanismus herein, der verhindern soll, daß auf breiter Ebene den Zeugen geglaubt wird?
Einige dieser kuriosen Elemente lesen sich wirklich sehr phantastisch. So weiß etwa die Amerikanerin Leah A. Haley folgendes zu berichten:
„Sie sahen fast menschlich aus (die Wesen an Bord des Objektes - der Autor), mittleren Alters, mit breiten Nasen und abstehenden Ohren. Sie waren nackt, ihre langen Penisse standen steif von ihrem Unterleib ab. Sie sprachen Englisch mit monotonen Stimmen. Ich fragte sie, woher sie kämen. Sie sagten, es hätte keinen Wert, wenn sie mir das sagten, denn ich hätte keinerlei Vorstellung von dem Ort." (6)

Wenn wir es in all den Fällen mit potentiellen Lügnern und Wichtigtuern zu tun hätten, würden solche Elemente wohl nicht auftauchen. Man würde sich eher auf ein stereotypes Erzählmuster hin einigen. Aber diese Menschen sind erwiesenermaßen nicht geistesgestört oder psychotisch. Kann es sein, daß sie mit einer völlig anderen Intelligenz konfrontiert worden sind und von dieser in gewissem Maße manipuliert wurden?

Doch wie auch immer unsere Spekulationen ausfallen, das Phänomen war bei unserer Zeugin nach wie vor präsent. In einem weiteren Schreiben teilte sie mir mit:
„Vorgestern Nacht träumte ich, ich liege im Bett und die Aliens sind bei mir im Schlafzimmer. Ich wußte das, konnte sie aber nicht sehen. Ich kann mich erinnern, daß sie mir eine Nadel in den rechten Oberschenkel stachen. Mehr weiß ich nicht. Am nächsten Morgen dachte ich noch: Na ja, wieder so ein komischer Traum! Ich maß dem Ganzen also keine besondere Bedeutung bei. Abends wollte ich dann baden und zog nur einen Schlafanzug an. Als ich ins Bett ging, bemerkte ich plötzlich Blutflecke auf meinem Schlafanzug. Das Blut sah frisch aus, es war in der Nähe des rechten

Oberschenkels. Ich sah mir die Haut genauer an. Und da stockte mir für einen Moment tatsächlich der Atem. Da war (ich kann es nicht anders beschreiben) eine Einstichstelle, die leicht blutete. Die Einstichstelle, also ein kleiner Punkt, war an meinem rechten Oberschenkel!
Anfangs war ich entsetzt, aber mittlerweilen ist es mir ziemlich egal. Ich will gar nichts behaupten, ich weiß auch nicht, was dahintersteckt. Ich kann nur erzählen, was ich erlebt habe.
Die Geschichte ging heute aber noch weiter: Meine Mutter erzählte mir, daß ihr meine Tante ziemlich beunruhigt von einem komischen Traum erzählte. Meine Tante hatte geträumt, daß Außerirdische sie aus dem Bett zerren wollten. Sie hatte sich vergeblich gewehrt. Das komische daran ist, daß sich meine Tante nicht mit UFOs befasst."

Tatsächlich weitete sich das Szenario immer mehr aus und nahm eine physische Dimension an. Zuletzt waren auch noch Familienmitglieder involviert. Ähnliche Beschreibungen sind zwischenzeitlich aus allen Teilen der Welt bekannt. Besonders häufig werden dabei kleine, grauhäutige Wesen beschrieben, die einen überproportional großen Kopf und riesige Augen haben sollen. Meine Kollegin Cynthia Hind aus Zimbabwe teilte mir unlängst mit, daß auch in den abgelegenen ländlichen Gebieten ihres Landes vergleichbare Berichte eingehen. Kurios ist dabei jedoch, daß UFO-Literatur dort völlig unbekannt ist. Selbst in Harare, der Hauptstadt, und in Bulawayo ist keine UFO-Literatur erhältlich. Woher nehmen also die afrikanischen Zeugen ihre Informationen? Für mich ergibt sich zwingend, daß die Menschen dort durchaus ähnliches erleben wie wir hier in Mitteleuropa oder die Menschen in anderen Weltgegenden. Interessant ist jedoch die Deutung der afrikanischen Zeugen. Diese glauben, daß die kleinen Wesen ihre Ahnen sind, die sie in transformiertem Zustand besuchen.

In einem weiteren Bericht an mich schrieb Heike Müller:

„Es geschah vorige Woche. Ich lag im Bett und träumte. Allerdings bin ich mir nicht sicher, ob es ein Traum war. Ich wußte nämlich ganz genau, daß ich in meinem Bett lag. Ich fühlte die Matratze unter mir. Plötzlich griff mich ‚etwas' psychisch an. Es war als würde sich jemand in mein Gehirn einschalten, um es zu konrollieren. Ich konnte mich nicht bewegen. Ich war zu keinem Gedanken mehr fähig, außer Angst und dem ‚Wissen', wenn du jetzt die Augen öffnest, siehst du einen ‚Grauen'. Ich glaubte zu fallen, wußte aber, daß ich noch im Bett lag. Ich schrie, aber mein Schrei blieb tonlos. Plötzlich ließ mich das ‚Etwas' los, ich kam zu mir und schaltete das Licht ein. Ich war hellwach, seltsamerweise ohne allzu große Angst. Ich fühlte in meinem Hinterkopf eine Art Druck und Hitze. Am nächsten Morgen war dieses Gefühl verschwunden. Und da ich langsam die Realität der Aliens akzeptiere, habe ich auch das Geschehnis der Nacht akzeptiert. Es ist eben so! Ich kann es nicht ändern, egal was es war, ob nun Aliens, Träume, Halluzinationen..."

Der Fall enthält eine Reihe von durchaus interessanten Aspekten, die wir nun näher betrachten wollen: Zum einen haben wir da eine durchaus sehr glaubwürdige Zeugin, ein Urteil, das ich ohne jede Einschränkung fällen kann. Sie hat bereits seit ihrer Kindheit Angstzustände, in denen „Monster" eine nicht unbedeutende Rolle spielen. Daneben entdeckte sie an ihrem Körper zwei verschiedene außergewöhnliche Male. Einserseits ein Dreieck, wie es von sehr vielen Abduzierten beschrieben wird, andererseits eine noch blutende Einstichstelle, nachdem sie „träumte", dort mit einer Nadel gestochen zu werden. In ihrem Bett entdeckte Frau Müller einen unidentifizierbaren Metallgegenstand. In dem an das Haus grenzenden Garten verschwand das Wasser eines Gartenteiches über Nacht.
Heike Müller verspürt oftmals eine unsichtbare Präsenz und ihre Tante träumte davon, von Aliens verschleppt zu werden. Daneben spielt noch die bizarre Erinnerung an ein UFO mit Blümchentapete

eine nicht unentscheidende Rolle. Das von Frau Müller geschilderte Erzähl- und Ablaufmuster ist alles andere als unbekannt, ja es ist fast schon typisch für die klassischen Besucher-Szenarien.

Ähnliche Vorgänge ereignen sich bei Frau Müller übrigens nach wie vor und die Recherchen sind noch lange nicht abgeschlossen. Wer weiß, was die Zukunft Frau Müller noch bringen wird...

Phantome der Nacht

Vor einigen Jahren, ich glaube, es war wohl 1988 oder 1989, erzählte mir ein Mitglied der „Münchner UFO-Gruppe", (der ich damals noch angehörte), daß der Grund seines UFO-Interesses in einer eigenen, unheimlichen Begegnung liege. Er hatte eines Nachts ein Geräusch in seinem Schlafzimmer gehört und war im Bett aufgeschreckt. Um sein Bett, das sich in der Raummitte befand, standen im Kreis angeordnet kleine kapuzenbehangene Gestalten, die nach einiger Zeit verschwanden.
Ich hielt den Bericht damals für sehr unwahrscheinlich und nahm deshalb auch kein Protokoll auf. Kapuzenbehangene Gestalten, die einfach so im Raum auftauchen und dann wieder verschwinden? Für mich seinerzeit eher ein Fall für den Psychiater oder die Märchenstunde, nicht jedoch für einen UFO-Untersucher!
Die Jahre gingen so dahin und Berichte über jene spezifische Alienart verfolgten mich regelrecht. Kaum hatte ich Kontakt zu einem Kollegen aufgenommen oder mit Interessenten gesprochen, schon kam das Thema auf eben diese Phantome. Doch ich blieb standhaft und verwies alle Reporte ins Reich der Phantasie. Im Jahr 1992 jedoch kam auch für mich die Wende. Ich befand mich mit einigen Freunden beim Essen und erzählte eher nebenher von meinem paranormalen Interessen, als eine sehr gute Bekannte anmerkte, ebenfalls etwas Seltsames erlebt zu haben. Ich erwartete eigentlich einen Bericht über punktuelle Lichter am Himmel oder etwas ähn-

liches. Doch was dann kam, ließ mir den Fisch von der Gabel springen! Die Bekannte beobachtete eine kapuzenbehangene Gestalt in ihrem Schlafzimmer, noch dazu beim Schein einer Nachtischlampe! Sie war damals (1985 oder 1986) 15 oder 16 Jahre alt. Eines Nachts wachte sie auf, weil sie spürte im Zimmer nicht mehr alleine zu sein. Sie öffnete die Augen und mußte erschreckt feststellen, daß eine Kapuzengestalt sich direkt über sie beugte. Obwohl die Nachttischlampe noch brannte, war das Gesicht der Erscheinung nicht zu erkennen. Die Gestalt richtete sich auf und bewegte sich, vom Bett weg, ohne sich umzudrehen in eine Schattenzone zwischen einem Schrank und der Wand und verschwand darin (die Tür als auch das Fenster befanden sich an anderer Stelle).

Noch völlig panisch, untersuchte sie das Zimmer, konnte allerdings weder einen Hinweis auf den Verbleib des Unbekannten noch irgendwelche Spuren finden. Sie war sich eindeutig sicher, das Wesen nicht nur geträumt zu haben!

Gerade dieser Report überzeugte mich von der möglichen Realität eben jener Phantome der Nacht. Etwa zu dieser Zeit fing ich auch an, grundlegende Vorarbeiten für die HUMANOIDEN-DATEI (HUMDAT) zu leisten und bemerkte erst bei dieser durchaus spezialisierten Tätigkeit, wie häufig „meine" nun sattsam bekannten und verhallten „Freunde" von Zeugen beobachtet wurden und noch immer werden.

Wie eigentlich nicht anders zu erwarten war, liefen weitere Reporte bei mir ein, von denen ich die beiden zur Zeit aktuellsten vorstellen möchte.

Ein Leser unserer IAN-Publikation „UFO-REPORT" (kurz UR) wies mich darauf hin, daß sein Neffe ein Erlebnis hatte, das durchaus interessant für mich sein könnte. Nach siebenmonatigem zähen Ringen um die Zusage einer Veröffentlichung, war der Erfolg gleich zweifach zu verbuchen, denn ein Freund des Hauptzeugen hatte ein durchaus ähnliches Erlebnis gehabt. Beide Zeugen baten mich, wie in den vorhergehenden Fällen, um absolute Anonymität. Auch der Ort des Geschehens, eine Stadt in Süddeutschland, sollte nicht

genannt werden. Lassen wir den ersten Zeugen berichten:
„Vorab möchte ich festhalten, daß dieses Erlebnis, das nun beschrieben werden soll, nicht ohne eine Erläuterung der Umstände bzw. Rahmenbedingungen stehen gelassen werden darf. Zu den Rahmenbedingungen gehören u. a. die Art und Weise der Sozialisation durch meine Familie oder des Freundeskreises oder auch durch Medien, wie die ökonomischen Verhältnisse waren, bis hin zu der Beschreibung der Medienbildung von mir als achtjähriger Junge. Ich versuche diese Aspekte in meinen Bericht mit anzukreisen, um Ihnen ein vollständiges Bild von mir, meiner damaligen Lebenslage und des Erlebnisses mitzugeben.

Heute, auch während ich diesen Bericht verfasse, löst dieses Erlebnis immer noch Ängste und unwohlige Gefühle in mir aus. Seit nun ca. 15 Jahre vergangen sind, bringt mich diese Erinnerung immer noch dazu, mir meine Gedanken darüber zu machen, es Freunden mitzuteilen oder nach Interpretationen zu suchen. Aus diesem Grunde hat eine mögliche wissenschaftliche Objektivität für Ihre Arbeit schon dadurch Schaden erlitten, daß ich mich seit ca. einem Jahr umfassender mit der UFO-Forschung beschäftige und mir allerlei Interpretationen und Skizzen schon bekannt sind. Diese dadurch entstandene Befangenheit meinerseits versuche ich dadurch auszuschließen, indem ich den Bericht so verfasse, wie ich es vor zwei Jahren, ohne jegliche Kentnisse über irgendwelche Grenzphänomene, getan hätte.

Über den Zeitraum des Erlebnisses bin ich mir leider unklar. Fest steht jedenfalls, daß es wohl zwischen 1977 und 1980 stattgefunden hat.

Mein Vater war zu dieser Zeit schon Frauenarzt, meine Mutter Hausfrau. Ich habe zwei ältere Geschwister, einen Bruder und eine Schwester. Die Familienlage war zu jener Zeit noch recht stabil, Streit oder eine schwierige Stimmung sind mir zu jener Zeit unbekannt. Vom Bildungsniveau war ich eher ein Nachzügler. In der Grundschule hatte ich zunächst noch ein wenig Schwierigkeiten, die sich aber bald legten. Ich wurde als besonders phantasievoll beschrieben, ich selbst bekam in der ersten Klasse den Ehrgeiz Schriftsteller zu werden. Ich zeichnete besonders gerne Science-Fiction-Comics, die sich hauptsächlich an die großen SF-Serien ‚Raumbasis Alpha Eins' und vielleicht ‚Raumschiff Enterprise' anlehnten. Ich zeichnete Raumschiffe, die sich bekämpften oder unerforschte Gebiete erkundeten, aber richtige sequentielle Inhalte gab es nicht. Außerdem zeichnete ich nie fremde Lebewesen oder Außerirdische, allerhöchstens deren Raumschiffe. Außerirdische wurden kaum thematisiert. Steven Spielbergs Film ‚Unheimliche Begegnung der dritten Art' war mir als Kind ganz unbekannt. Ich hatte den Film erst 1991 gesehen und fand ihn recht albern.

Das Erlebnis ereignete sich nachts, wahrscheinlich zwischen zwei und vier Uhr. Ich erinnere mich unscharf daran, auf die Uhr geblickt zu haben. Ich speicherte jedenfalls den Eindruck, daß es tief in der Nacht war. Als ich mein Zimmer danach verließ und ins Bad ging, war niemand im Hause noch wach, einschließlich unseres Hundes.

Mein Zimmer war ca. 25 Quadratmeter groß und hatte die klassische rechteckige Form. Die Eingangstür befand sich an einer der beiden kürzeren Zimmerseiten. Betrat man das Zimmer, befand sich das Bett links an der gleichen Wand längs aufgestellt. An den beiden langen Seiten waren Schränke und eine Couch, an der hinteren, kürzeren Seite war ein großes, zweiteiliges Fenster vor dem ein größerer Schreibtisch stand. Links und rechts vom Schreibtisch standen Stühle, auf denen Kleidung oder Bücher lagen. Rechts hinten im Raum war eine gläserne Balkontüre. Der Innenraum war ganz frei, dort lag kein Möbelstück oder zusätzlicher Teppich.

In jenen Jahren hatte ich große Einschlafprobleme. Ich hatte immer eine große Angst, wobei ich nicht erklären konnte, wovor ich genau Angst hatte. Meine Mutter berichtete mir, daß ich oft gekommen wäre und behauptet hätte, etwas wäre in meinem Zimmer. Jedenfalls gewöhnte ich mir ein Ritual an, wo ich alle verdächtigen Bereiche im Zimmer untersuchte, unter dem Bett, im Schrank, hinter dem Vorhang und Schreibtisch schaute, bevor ich beruhigt das

Licht löschen konnte. Außerdem ließ ich stets die Tür einen kleinen Spalt offen, damit Licht hineinfallen würde.
Ich wurde tief in der Nacht auf irgendetwas aufmerksam. In späteren Schilderungen erzählte ich stets, etwas in meinem Raum gespürt zu haben, das ich dann ‚Präsenz' nannte. Ich lag mit dem Gesicht zur Wand, hatte die Augen fest verschlossen und spürte oder hörte etwas, wobei ich nicht mehr beurteilen kann, ob es ein tatsächliches Geräusch oder eine Art Wahrnehmung war. Bei intensiverem Nachdenken wird mir die Erinnerung scharf, daß es doch eine Art Geräusch war, das ich als kurzes, sehr leises und in regelmäßigen Abständen immer wiederkehrendes Knistern, ähnlich einer elektrischen Entladung beschreiben möchte. Am besten läßt sich dies mit den Geräuschen einer elektrischen Entladung beim Ausziehen eines Fließpullovers vergleichen. Fest steht, daß es eine Art innere Wahrnehmung war, weniger eine offensichtliche audielle Reizung. Als dieses ‚Geräusch' immer wieder kehrte, stützte ich mich mit dem rechten Ellbogen auf, die Augen fest verschlossen und mit dem Gesicht zur Wand, um die Richtung, aus der die Wahrnehmung scheinbar kam, genauer zu orten. Schließlich rief ich dann leise ‚Hallo?' und ‚Ist da jemand?'. Als diese Wahrnehmung oder das Geräusch weiter anhielt, drehte ich mich zum Zimmerinneren, den Körper auf den Armen abstützend und hielt die Augen immer noch verschlossen. Nun wußte ich, daß ich mich nicht täuschte, da diese Wahrnehmung weiter anhielt. Ich fragte von neuem schlaftrunken ‚Hallo?... ist denn da jemand?' und als es nicht aufhörte, öffnete ich die Augen. Der Zeitraum zwischen der ersten Wahrnehmung und dem Öffnen der Augen dauerte vielleicht eine halbe Minute, so betone ich, daß dieses immer wieder auftretende Geräusch oder was auch immer vielleicht vier- oder fünf mal zu hören war, soweit ich das vermuten kann.
Dies war der erste Moment des Erschreckens, der mehr in Verwunderung als in einen Schock mündete. Ich sah am Ende des Zimmers links vom Schreibtisch ein grau-weißes Gesicht, daß ich in meinen Erzählungen immer ‚Oma-Gesicht' nannte. Der Körper war wohl

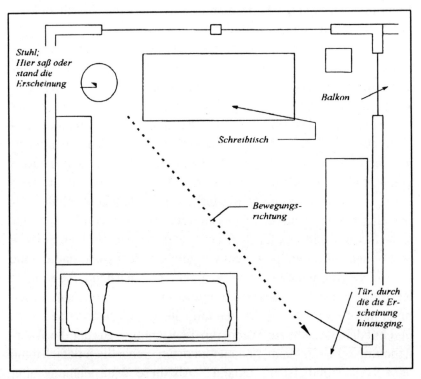

***Das Zimmer des Augenzeugen (oben)
und die von ihm beobachtete
kapuzenbehangene Gestalt***

in einen schwarzen Mantel oder eine Kutte gehüllt, da ich den Stuhl, der sich an diesem Ort im Raum befand nicht mehr sehen konnte. Weiterhin glaubte ich, daß auch das Gesicht von einer Art Kapuze umrandet war. Ich vermute, da sich das Gesicht etwa in Höhe des Schreibtisches oder etwas höher befand, daß die Figur auf dem Stuhl saß. Wie gesagt, ich konnte nur das ganze Gesicht erkennen, der Körper war verhüllt.
Obwohl das Gesicht ca. vier bis fünf Meter von mir entfernt war, konnte ich es paradoxerweise ganz deutlich erkennen, als ob es direkt vor mir wäre. Mir fiel auf, wie grau, runzelig und faltig das Gesicht war. Es war, wie wenn kein Blut in der Haut war, die Haut wirkte fast transparent. Es waren viele kleine dünne Falten, die teilweise längs im Gesicht fielen. Der Mund erinnerte mich an den meiner Großmutter, sehr dünnlippig und schmal aneinandergedrückt. Die Nase war wohl auch sehr klein. Ich kann mich nicht mehr genau an die Nase erinnern, ich bin mir jedenfalls sicher, zwei kleine Nasenlöcher oberhalb des schmalen Mundes erkannt zu haben. Die Augen waren verschlossen. Ich erinnere mich deutlich an den schlafenden Ausdruck, wie die Augen zugedrückt waren, das ganze Gesicht einen Ausdruck von Ruhe und, wenn man will, Schweigsamkeit verkörperte.
Ich fühlte mich äußerst bedroht. Ich ahnte irgendwie, daß das, was ich sah, Wirklichkeit war und kein böser Traum. Ein unruhiges Gefühl tat sich auf, das irgendwie als eine Art ‚lähmende Angst' zu beschreiben wäre. Diese kognitive Verarbeitung ging sehr schnell, was eintrat war dann eine Art Verwunderung und rasende Unruhe. Sofort rief ich, um mich ein letztes Mal zu vergewissern, nun laut und deutlich: ‚Hallo?' in Richtung dieser Person. Daraufhin reagierte dieses Wesen und löste in mir tiefgehende Angstzustände und eine Art übereskalierenden Schock aus: Die Augen klappten blitzschnell und sehr weit auf und starrten mich an. Dieser Blick war unglaublich. Es war kein bloßes Ansehen mehr, es war ein ‚durch einen durch Starren'. Es ist das Gefühl, wenn einer einen so eindringlich anblickt, daß man sich nackt und verloren fühlt, daß

man Panik kriegt und wegrennen möchte, nur um sich von diesem Bann lösen zu können. Die genaue Erinnerung an die Augen habe ich dabei leider verloren. Ich weiß nur sicher, daß sie ziemlich groß waren, dieses Weiße um die Pupillen herum war ziemlich flächendeckend und soweit ich mich erinnern kann, mit Blutäderchen, gefüllt. Die Pupille selbst ist aus meiner Erinnerung weg. Ich kann deshalb nichts über Farbe oder Größe dessen berichten. Charakteristisch für diesen Blick war, daß ich mich geprüft fühlte, streng ist vielleicht der richtigste Ausdruck. Dadurch, daß die Augen so weit aufgerissen waren, hatte dieser Blick auch einen Ausdruck von Entsetzen für mich.
Sofort schrie ich aus vollem Halse. Ich war ungeheuer entsetzt, mich ergriff die volle Panik und ich fühlte mich zugleich wie gelähmt. Ich hätte sofort das Licht anmachen können, statt dessen schrie ich. Vielleicht läßt sich das mit dem vergleichen, wenn jemand eine Starkstromleitung anlangt, unter körperlichen Schock gerät und nicht loslassen kann.
Dieser eindringliche Blick ging mit unverminderter Härte weiter, ich schrie weiter. Dann begann sich das Lebewesen, die ‚Oma', in meine Richtung zu bewegen. Es kam, und das blieb in meinen Erinnerungen fest hängen, in einer gleichmäßigen, relativ flotten Geschwindigkeit. Mir fiel auf, daß es komischerweise keine typischen Laufbewegungen machte, sondern daß der Kopf immer auf gleicher Höhe blieb, als ob es schwebte. Es bewegte sich auch nicht direkt auf mich zu, sondern ging direkt in Richtung Tür rechts neben mir, wo es dann aus meinem Blickfeld verschwand. Das war der einzige Moment, wo mir die Form des Wesens auffiel, das nun eindeutig in eine Art dunklen Mantel mit Kapuze gehüllt war. Das Gesicht verschwand in dieser relativ schnellen Bewegung aus meiner Erinnerung. Jedenfalls schrie ich nach wie vor, und ich spürte sofort, als es weg war.
Dieser Zeitraum zwischen Öffnen der Augen und dem Verlassen meines Zimmers dürfte wohl ca. 10 Sekunden gedauert haben.
Ich erinnere mich, daß ich bemerkte, mich wohl darin getäuscht zu

haben, daß diese ‚Oma' auf meinem Stuhl saß, da sie sich in gleicher Höhe durch den Raum bewegte. Jedenfalls machte ich sofort das Licht an und blickte auf meine Hände, die sehr stark zitterten, spürte, daß mein Herzschlag geradezu raste. Ich sah in die Ecke des Raumes zum Stuhl, wo sich dieses Ding zunächst befand. Der Stuhl, auf dem ein paar Kleidungsstücke lagen, war im Ganzen relativ unbeladen, so daß ich sofort wußte, daß ich mich nicht von Gegenständen assoziativ täuschen ließ. Ich spürte, wie mein ganzes Gesicht zitterte. Diese Körperreaktion war mir fremd (und trat auch nie wieder ein) und ich ging sofort ins Bad, das sich direkt neben meinem Zimmer befand, um mich anzusehen. Dort war dann die Überraschung bei meinem Anblick sehr groß: Meine Augen waren sehr weit aufgerissen, meine Zähne klapperten sehr stark und ich spürte, wie mein Herz immer noch ungeheuer schnell klopfte. Ich habe nie wieder im Leben aus einem Schock heraus Zähneklappern bekommen. Ich beschrieb das so, daß ich mich in meinem Schock gar nicht wiedererkannte, so ausdrucksvoll und ängstlich war mein Gesicht. Mir war die Angst buchstäblich ins Gesicht geschrieben.
In dieser Nacht und in den nächsten Wochen löschte ich das Licht nicht mehr beim Einschlafen. Die Furcht war ungeheuer groß, vor allem deshalb, weil mir bewußt war, daß es kein normaler Alptraum war. Der Bewußtseinszustand war ein ganz anderer als beim Träumen. Zugleich war es aber kein ausdrücklicher Wachzustand, denn ich erinnere mich, als ich das Licht anmachte, wieder ein vertrautes Bewußtsein erlangt zu haben, in dem man sich sicher fühlt. Ich kann mich nicht erinnern, mit Familienmitgliedern darüber geredet zu haben. Vielleicht auch deswegen, da sie es ohnehin als Traum abgetan hätten."

Soweit also der äußerst dramatische wirkende Fall des Zeugen. Bei mehreren Telefonaten, bei denen ich fallrelevant nachhakte, stellte sich heraus, daß der Zeuge sich absolut sicher war, den Vorfall nicht geträumt zu haben. Auch mein anfänglicher Verdacht, der

Bruder hätte sich womöglich verkleidet und sich so einen makabren Scherz erlaubt, bestätigte sich nicht. Das Gesicht des Wesens wirkte viel zu real und belebt, als das es sich um eine Maske hätte handeln können.
Als mögliche, wenn auch recht phantastische Erklärung, bot sich noch ortsbezogener Spuk an, die Figur wirkte ja nun ansatzweise wie eine kleingewachsene alte Frau. Doch auch dieses spiritistische Erklärungsmodell versagte, da das Haus von der Familie erstmals bezogen wurde. Ortsgebundener Spuk tritt jedoch mehrfach in Erscheinung und das ohne jede Interaktion mit anwesenden Personen. Nach mehreren Telefonaten mit dem Berichterstatter kann ich auch die hoax (Schwindel)-Hypothese als unrealistisch bezeichnen, zumal ich den Onkel des Zeugen persönlich kenne und mir dieser die absolute Glaubwürdigkeit seines Neffen bestätigte.

Wie bereits einleitend von mir erwähnt, ist dieser nicht der einzige Bericht, den ich erhielt. Ein guter Freund des Zeugen hatte ebenfalls Kontakt mit den Phantomen der Nacht. Er schrieb mir hierüber in einem Protokoll folgendes:
„Das Ereignis, von dem hier die Rede sein soll, läßt sich, obwohl es lange zurück liegt und ich nicht mehr alles so genau weiß, zumindest zeitlich in meinem Leben recht gut eingrenzen. Ich weiß sicher, daß ich schon in der Schule, mein Bruder aber noch nicht auf der Welt war. Das heißt, ich war zwischen sechs und acht Jahren alt. Leider weiß ich nicht mehr genau, in welche Jahreszeit mein Erlebnis fiel, aber ich bin mir ziemlich sicher, daß es Herbst oder Winter gewesen ist. Damit liegt also der wahrscheinlichste Zeitpunkt im Herbst oder Winter des Jahres 1981 oder 1982. Dies bestätigten auch meine Eltern. Wir wohnten damals (der Rest meiner Familie heute noch) in einem Reihenhaus. Mein Zimmer lag im ersten Stock. Ich war es gewohnt, bei Dunkelheit zu schlafen, vor meiner Zimmertüre war deshalb ein lichtundurchlässiger Vorhang angebracht, der das Licht, ausgehend vom Treppenaufgang, fernhielt. Wenn meine Eltern zu Bett gingen, pflegten sie mein Zimmer

nicht mehr zu betreten. Ich hatte in dieser Zeit Einschlafprobleme und einen ziemlich leichten Schlaf. In einer Nacht bin ich plötzlich wachgeworden, ich glaube von einer - aus oben erwähnten Gründen ungewohnten - Helligkeit, die von der von meinem Bett entfernten (‚vorderen') Tür ausging. Ich habe mich aufgesetzt und zur Tür geblickt. In der Tür, die aufgrund meines großen Schranks selbst nicht zu sehen war, sah ich, von hinten beleuchtet, eine dunkle, relativ kleine Gestalt stehen. Sie hatte, soweit ich mir das Bild in Erinnerung rufen kann, und in Anlehnung an meine früheren Erzählungen des Erlebnisses, einen schwarzen Mantel an. Im Kopfbereich wies die Gestalt einen ungewöhnlich großen Schattenumriß auf, was ich damals als Hut interpretierte. Ich geriet nicht in Panik, da ich die Gestalt für meine Mutter oder meinen Vater, wofür sie eigentlich viel zu klein war, hielt. Ich fragte schlaftrunken, was der Grund des Eindringens in mein Zimmer sei, erhielt aber keine Antwort, die Gestalt stand regungslos eine Weile und verschwand dann durch die Tür. Ich war zu verschlafen, um mich sofort weiter um den Vorfall zu kümmern, die Erklärung durch elterliches Eindringen (aus welchen Gründen auch immer) war, trotz der Merkwürdigkeit des ganzen, bequem und beruhigend genug, um mich relativ bald wieder einschlafen zu lassen. Als ich am nächsten Tag meine Eltern fragte, was sie nachts in meinem Zimmer gewollt hatten, noch dazu mit Mantel und Hut (?), erklärten sie, sie hätten mein Zimmer in der Nacht nicht betreten. Auf meine immer besorgter werdende Erklärungssuche, boten sie mir folgende, von mir seit damals nur teilweise akzeptierte Lösung an: Es könnte der alte Nachbar gewesen sein, der sich geirrt und unser Haus durch die offene Haustür betreten hatte. Auch Mantel und Hut sprachen dafür, da mein Vater, wie es sich herausstellte, keinen Hut besaß. Später erschien mir dies als zu unwahrscheinlich und ich dachte eher an einen Einbrecher. Trotzdem blieb diese Geschichte ein Teil meines Lebens, der meiner späteren, sehr sachlich nüchternen materialistischen Weltauffassung widersprach. Ich erzähle sie hin und wieder als Anekdote und gewann dadurch einige ironische Distanz.

Trotzdem ist diese Episode mir noch heute sehr unheimlich."

Fälle wie diese, in denen kapuzenbehangene Gestalten eine dominante Rolle spielen sind Legion. Sie tauchen scheinbar schon seit Jahrhunderten auf und selbst den Kelten waren sie bekannt. Im Geister- und Gespensterverwöhnten Victorianischen Zeitalter hielt man sie für Boten aus dem Jenseits, im Mittelalter galten sie als Symbol drohenden Unheils. Vor allem kündigten sie dort das Erscheinen der Pest an, woraus sich nach und nach das Bild des kapuzenbehangenen Sensenmannes herauskristallisierte.
Doch im Laufe der Zeit tauchten diese Wesen, scheinbar ganz dem Trend folgend, auch immer öfters im Zusammenhang mit UFO-Erscheinungen und Entführungsberichten auf. Geradezu gespenstisch ist hier vor allem der Symbolismus der Vorfälle! Betrachten wir nun einen dieser offenbar mit einem tieferen Sinn versehenen Berichte.

Symbolismus & Initiation

Am 6. Januar 1976 wurden drei Frauen unweit von Stanford, Kenntucky, USA, an Bord eines UFOs verschleppt. Es erfolgte eine ganze Reihe von fast schon obligatorisch zu nennenden medizinischen Untersuchungen durch kleine, kapuzenbehangene Gestalten, die für die drei Zeuginnen zum Teil recht schmerzhaft verliefen. Doch die eigentliche Entführung und die Vorgänge an Bord des Objektes sollen uns an dieser Stelle nicht weiter beschäftigen. Für bedeutender halte ich, was sich nach dem traumatischen Zwischenfall abgespielt hat.
Eine der Zeuginen, Mona Stafford, zog nach der erlittenen Pein in dem Objekt für einige Tage zu ihren Eltern. Nachdem sie das Erlebnis einigermaßen verkraftet hatte, kehrte sie wieder in ihr eigenes Haus zurück, wo es zu einer überaus mysteriösen Begegnung kam:

Sie stellte das Radio an und legte sich gemütlich auf die Couch, als sie in ihrem Inneren eine Stimme vernahm, die ihr sagte, sie solle sich umdrehen. Sie tat es und erblickte einen etwa 1,5 Meter großen Fremden, der neben dem Küchentisch stand. Das Wesen, das in ein strahlendes Licht getaucht war, forderte sie telepathisch auf, ihm in die Augen zu sehen. Sie widersetzte sich und starrte weiter auf seine rötlichgoldenen Haare und den Bart. Das Wesen befahl ihr erneut es zu tun und sie fügte sich. „Ich hatte keine Kraft zu kämpfen", erklärte sie. „Mir ist noch sehr gut im Gedächtnis, daß ich versuchte, nach dem Telefon zu greifen, aber irgendeine Macht ließ mich nicht dorthin gelangen. Ich glaube nicht, daß ich Angst vor ihm hatte. Ich weiß wirklich nicht mehr, ob ich überhaupt noch etwas gedacht habe."
Das menschenähnliche Wesen, das, wie Mona Stafford sagt, „aussah wie zu biblischen Zeiten", trug einen glänzenden, gewandartigen Umhang. Sie erinnerte sich nicht an alle Einzelheiten der Begegnung, ist aber immer noch verwundert über etwas, was das Wesen ihr gegenüber äußerte: „Ich weiß noch wie es sagte: ‚Buree, der Geist ist noch hungrig'", erklärte sie. „Als es verschwunden war, ging ich zu meinen Verwandten, um den Ausdruck ‚Buree' nachzuschlagen, konnte ihn aber nirgendwo finden. Dr. Sprinkle, der den Fall untersuchte, und alle anderen, die ich befragte, konnten den Begriff mit keiner Sprache in Verbindung bringen. Aber das waren die Worte, ‚der Geist ist noch hungrig', und dann verschwand das Wesen einfach." (7)

Den Hinweis auf den seltsamen Satz „Buree, der Geist ist noch hungrig", hielt ich für sehr interessant. Wenn man bedenkt, daß so manches Entführungsszenario auf den Zeugen wirkt wie ein Initiationsritus und musische und mediale Fähigkeiten fördert, kann es durchaus sein, daß der Hinweis auf den hungrigen Geist als Aufforderung gilt, sich tiefgreifend auf den symbolischen Gehalt des Erlebten zu konzentrieren: das Entführungserlebnis als Metapher (Gleichnis). Für „Buree" fand ich zwei mögliche Bedeutungen.

Einmal gibt es da den Aborigines-Ausdruck „Corroboree", womit der Platz gemeint ist, auf dem Initiationen stattfinden. (8) Gerade diese Bezeichnung würde ausgesprochen gut zu unseren Überlegungen passen. Die andere Variante bezieht sich auf das Gälische „Banshee". Eventuell könnte sich Mrs. Stafford verhört haben, womit das Wort falsch wiedergegeben wurde.

Zu dem Begriff „Banshee" kann man in einem einschlägigen Lexikon folgendes erfahren:

„Die Banshee oder ‚bean si', wie der Geist korrekt auf gälisch bezeichnet wird, ist die ‚Frau des Todes', die bei sehr alten irischen Familien ihr Unwesen treibt. Sie ist unzweifelhaft der bekannteste Geist dieses Landes. Sie erscheint unmittelbar vor dem Tod einer Person und kündigt ihn unter Geschrei und Wehklagen an. Die Todesfee erscheint gewöhnlich nachts in der Nachbarschaft des Stammhauses. Obwohl es sich bei ihrer Stimme eindeutig um eine menschenähnliche Frauenstimme handelt, klagte sie in einer jedermann unverständlichen Sprache. Sie kann ebensogut einige Nächte vor dem Ableben einer Person zu dem Haus kommen, und es ist möglich, daß die Ankündigung des bevorstehenden Todes jemandem gilt, der ganz woanders, selbst im Ausland lebt. Es sind einige Beispiele von Mitgliedern alter irischer Familien überliefert, die buchstäblich Tausende Meilen entfernt - wie z. B. Kanada und Australien - in dem Moment starben, wo die Banshee vor ihrem Geburtshaus im fernen Irland ihre Klagen anstimmte.

Die Banshee tritt entweder als schöne junge Frau auf, in elegante Roben gekleidet, wie zum Beispiel einen grauen Mantel über einem grünen Kleid im Stil des Mittelalters, oder sie erscheint als sehr alte Frau, gekrümmt und verfallen, eingehüllt in Wickeltücher oder Totenhemden. Beide Typen der Banshee haben langes, im Wind wehendes Haar, ihre Augen sind vom ständigen Weinen glutrot." (9)

Auf die fast schon kurios zu nennenden Parallelen zwischen UFO-Erlebnissen einerseits und Aspekten des Gälischen andererseits, wies auch der US-Autor Whitley Strieber hin. Er bezog sich dabei auf die Entdeckung des US-Forschers Leonard Keans. Dieser stellte fest, daß die Abduzierte (Entführte) Betty Andreasson Luca bei Hypnose-Regressionen die Sprache der Aliens wiedergab, die sich als Gälisch herausstellte. Das erscheint um so erstaunlicher, da Mrs. Luca die Tochter französisch-neuenglischer Eltern ist. (10) Unabhängig von diesen erstaunlichen Entdeckungen sind auch andere Beschreibungen der Zeuginnen im Stanford-Vorfall interessant. Ich sprach bereits im Vorfeld an, daß die Aliens kapuzenbehangen auftraten. In einem Nachschlagewerk über Symbole können wir erfahren, daß Kapuzen das Kleidungsstück verschiedener Dämonen, Götter und Zauberer waren. Sie gehören ebenso zur Kleidung von Mönchen und haben neben ihrem praktischen Aspekt den symbolischen Ausdrucksgehalt der Konzentration und geistiger Kraft, oder des Sich-Verbergens. Die Bedeckung des Hauptes mit einem Schleier oder einer Kapuze symbolisiert bei Initiationsriten verschiedentlich den Tod. (11)

Sowohl die Bezeichnung „Buree" bzw. „Banshee" als auch die Erscheinungsform der Wesen in Kapuzen bedeutet rein vom Symbolgehalt her den Tod. Eine der drei entführten Frauen, Elaine Thomas, ist kurz nach dem Vorfall gestorben. Purer Zufall? Sicherlich haben wir es hier nicht mit einem Fall extraterrestrischer Killer zu tun, viel eher steht fest, das „sie", die „Anderen", gewisse Motive der menschlichen Vorstellung für sich übernehmen. Im vorliegenden Fall betrifft es das Motiv des Todesboten, zeitgemäß im modernen UFO!

Man sollte auch darüber nachdenken, warum sich die meisten Kontakte und Entführungen in der Nacht ereignen. Blickt man in unsere Entwicklungsgeschichte, so waren unsere Urahnen am Tage Jäger und in der Nacht die Gejagten. Die daraus resultierenden menschlichen Urängste machen sich die „Anderen" scheinbar zunutze!

Neben der symbolischen und archetypischen Komponente des UFO-Phänomens gibt es noch einen weiteren Aspekt, den wir genauer untersuchen sollten. Es ist die signifikante Parallele von UFO-Entführungen und zu den von mir bereits öfters angesprochenen Initiationsritualen. Initiations-, also Einweihungsriten, sind wahrscheinlich genauso alt wie die Menschheit. Sinn und Zweck eines solchen Ritus ist es, im Initianten einen Bewußtseinswandel herbeizuführen bzw. den Wechsel von einer Lebensphase in eine andere zu kennzeichnen. Die meisten Initiationen werden in der Zeit der Pubertät durchgeführt, also an der Schwelle zwischen Kindheit und Erwachsenen-Dasein. Da in den meisten Gesellschaften das Patriarchat bestimmend ist, trifft dieser Ritus in vielen Fällen nur den männlichen Teil der Bevölkerung.

Initiationen bestehen aus einer Mischung von Isolation, Angst, Schmerz, veränderten Bewußtseinszuständen und Wissenszuwachs. Diese Bestandteile sind erstaunlicherweise bei fast allen Kulturen verwurzelt.

Doch was hat das alles mit dem Entführungssyndrom zu tun, werden Sie sich wohl zu Recht fragen. Betrachten wir doch einmal eine UFO-Entführung unter dem Initiationsblickwinkel: Sowohl der Initiant als auch der Abduzierte (Entführte) werden in einen veränderten Bewußtseinszustand versetzt. Beim Initianten wird dieser durch Pflanzen, Pilze bzw. Schlafentzug hervorgerufen, beim Abduzierten durch ein uns noch unbekanntes Mittel.

Beide werden von ihrer vertrauten Umgebung „entrückt" bzw. entführt. Bei Naturvölkern wird diese „Entführung" beinahe showgerecht aufgeführt. Unter großer Anteilnahme der Gemeinschaft werden die Initianten von den ältesten Männern, die auch die Initiation vornehmen, aus ihrer gewohnten Umgebung fortgeführt. Interessant ist, daß Abduzierte oftmals äußern, daß das „tonangebende" dominante Wesen an Bord des UFOs ihnen als sehr alt und weise erscheint. Gerade dieses Wesen nimmt dann auch die entscheidenden, schmerzhaften Eingriffe vor.

Beide, Initiant und Abduzierter, werden an einen für sie fremden Ort gebracht. Der Initiant oftmals in ein ihm unbekanntes Gebiet oder Waldstück, der Abduzierte an Bord eines vermeintlichen Raumschiffes. Signifikant ist, daß sich viele Abduzierte nach ihrer Be-

gegnung in der freien Natur wiederfinden.
Auch Schmerzen spielen bei Initiationen eine entscheidende Rolle. Bei vielen Stämmen der Aborigenes wird dem Initiant mit einem Knochen die Nasenscheidewand durchstochen und mit Messern werden tiefe Schnittwunden herbeigeführt (sogenannte Ritual- oder Initiationswunden), die dann vernarben. Alle diese Eingriffe sind auch von Abduzierten berichtet worden, gerade die Suche nach Narben ist in diesem Umfeld geradezu obligatorisch!
Bei Entführungen spielt ein Untersuchungstisch oftmals eine entscheidende Rolle. Auf diesem werden entweder sexuelle Handlungen vorgenommen oder aber schmerzhafte Eingriffe.
Auch diese Erfahrungen sind bei Initiationen einer ganz besonderen Art nicht unbekannt, denn viele Satanssekten führen entsprechendes auf Altären durch und verweisen dabei auf uralte „Traditionen", die bis in die heidnische Zeit der europäischen Initiationen zurückreichen! Noch heute werden diese Manipulationen von einigen Naturvölkern durchgeführt, wie etwa bei den Aborigenes. Diese nehmen auf einem Tisch oder Podium rituelle Beschneidungen vor. Der Grund hierfür liegt nicht darin, die Schmerzfähigkeit des Initianten unter Beweis zu stellen, sondern zu prüfen, ob der Initiant sich übersinnliche Fähigkeiten aneignen konnte, um sich über den Schmerz zu erheben.
Das „highlight" des Rituals, sowohl bei der Initiation, als auch bei der Entführung ist jedoch der Wissenszuwachs. Der Initiant erhält Einblick in die Geheimnisse und geheimen Rituale des Stammes, der Abduzierte wird Endzeitvisionen ausgesetzt oder erhält „kosmisches Wissen". Auch das effektive Resultat ist bei Abductions und Initiationen durchaus miteinander vegleichbar. Die Grenzsituation, in der sich beide befinden, führt zu einer völlig veränderten Sicht der Dinge, zu einer Verschiebung des Wertesystems. (12)
So schrieb z. B. die UFO-Forscherin Dr. Iris H. Maack: „Das Verblüffende ist, daß sehr viele der Entführten nach ihren Begegnungen festgestellt haben, daß sie für Übersinnliches empfänglich waren. Dabei geht es nicht um eine zufällige Handvoll Leute, sondern

um eine bedeutsam Gruppe. Irgend etwas bei der Entführung hat die Fähigkeit ihres Gehirns erweitert. Ich spreche von verifizierten Fällen, von Personen die ich genauestens untersucht habe. PSI-Bewußtsein ist eine Realität, und PSI-Bewußtsein bei Entführten kommt sehr oft vor." (7)

Ganz ähnlich äußerte sich die brasilianische Psychologin Gilda Moura. Sie stellte fest, daß viele Entführte aus Brasilien nach einer solchen Begegnung über paranormale Fähigkeiten verfügten. Dazu zählen unter anderem verstärkte telepathische Fähigkeiten wie Hellsehen oder das Empfangen von Visionen. Zugleich entscheiden sich viele Entführte nach einer solchen Erfahrung zu einem Berufswechsel.

Auch der bekannte Psychologe und UFO-Forscher John Mack hatte vergleichbares bei Abduzierten beobachtet. Er schrieb hierüber: „Bei vielen Entführten scheint sich ein intensives Interesse am Überleben des Planeten und ein mächtiges Umweltbewußtsein zu entwikkeln. Ob dies nun ein spezifisches Element oder sogar ein Zweck der Entführung ist oder ein ungewolltes Nebenprodukt einer selbstzerstörerischen traumatischen Erzählung, bleibt zu untersuchen." (13)

Aus welchem Grunde jedoch diese erstaunlichen Parallelen bestehen ist schwer zu sagen. Theoretisch wäre es möglich, daß Menschen diese archaischen Urerinnerungen unter veränderten Bewußtseinszuständen durchleben, also praktisch als imaginäre Initiation. Andererseits ist es möglich, daß eine uns unbekannte Fremdintelligenz auf diese Art direkt Einfluß auf unsere Kultur nimmt und die Initiationsriten Kopien des Verhaltens dieser Intelligenz darstellen. Wie man sich auch immer entscheiden mag, fest steht jedenfalls, daß wir das UFO- und Alienphänomen aus einem völlig neuen Blickwinkel heraus betrachten müssen, um es zu verstehen. Dies gilt auch für die folgenden Untersuchungsberichte, denen wir uns nun zuwenden wollen.

Die Erscheinung

Was mich bei meinen Untersuchungen noch heute sehr erstaunt, ist die hohe Zahl von Zeugen, die sich auf unsere Suchinserate in Zeitungen hin melden.
Ich frage mich dann unwillkührlich immer, wieviele Menschen wohl insgesamt von diesem Phänomen betroffen sind? Wieviele haben ein geheimes Leben, das sie oftmals nicht einmal ihren eigenen Familienangehörigen offenbaren?

Einer dieser betroffenen Menschen ist zweifellos Frank Wolf (Pseudonym), der sich aufgrund einer solchen „Zeugen-Such-Anzeige" bei mir gemeldet hatte. Frank Wolf ist ein sympathischer junger Mann, der seinen Beruf als Kaufhausdetektiv bereits seit mehreren Jahren mit großem Einsatz ausübt. Doch das Leben von Herrn Wolf entspricht nicht gerade dem, was für uns als „normal" angesehen werden könnte. Er wurde in Bremen geboren und verbrachte dort auch seine Jugend, bis ihn seine Angst vor dem Unbekannten dazu trieb, sich ständig nach einem neuen Wohnort umzusehen. Er war bei unserem ersten Treffen bereits sieben Mal umgezogen! Er schlief nur bei eingeschaltetem Licht. Die Gründe hierfür lagen in seiner Kindheit, doch dazu gleich mehr.
Der Grund, aus dem er mich kontaktierte, war eigentlich der, mit jemandem zu sprechen, der sich mit paranormalen Zwischenfällen beschäftigt. Einerseits um mehr über die eigenen Erlebnisse zu erfahren, andererseits um jemanden zu haben, der einen nicht ad hoc für verrückt erklärt, wenn man das „Pech" hatte, nicht gerade Alltägliches erlebt zu haben. Gerade als Untersucher hat man durchaus auch eine gewisse pädagogische Verantwortung, die auf keinen Fall unterschätzt werden sollte!
Der Grund für sein umtriebiges Dasein lag, wie bereits von mir einleitend erwähnt, in seiner Kindheit.
Es ereignete sich 1974 oder 1975 in einem (mir leider nicht bekannten) Bremer Vorort. Frank Wolf lag eines Nachts in seinem

Bett im ersten Stock des Wohnhauses seiner Großmutter, bei der er auch seine Kindheit und Jugend verbrachte.
Plötzlich kam ein Lichtstrahl durch das Fenster, der bis in die Zimmermitte hinein reichte. Am Endpunkt des Lichtstrahls bildete sich eine Art Wolke, aus der sich nach und nach die Gestalt eines alten Mannes bildete. Diese Gestalt ähnelte am ehesten den langläufig verbreiteten Darstellungen eines „alten Griechen" oder eines klassischen „Römers": das Wesen hatte eine weiße Tunika an, Haare als auch der Bart des „Mannes" waren weiß. Das Wesen schwebte in der Zimmermitte und beobachtete Frank Wolf nur. Dieser konnte sich nicht bewegen und hatte den Eindruck, daß ihn irgendetwas oder irgendwer berührte. Jedoch nahm er nur die projezierte Gestalt wahr, sonst konnte er nichts erkennen. Auf einmal verschwand diese „wie ausgeschaltet" und der Lichtstrahl wich allmählich zurück. Frank Wolf konnte sich nun wieder bewegen, sprang auf und rannte zum Fenster, dem Lichtstrahl folgend, wo er ein scheibenförmiges Flugobjekt beobachten konnte, das sich entfernte...
In den folgenden Jahren folgten einige UFO-Beobachtungen, die auch von anderen Zeugen bestätigt wurden, jedoch leider von mir nicht mehr verifiziert werden konnten, da das genaue Datum nicht eruierbar war.
Kurz bevor ich Kontakt aufnahm, ereignete sich bei Herrn Wolf abermals etwas Außergewöhnliches. Es saß eines Abends vor dem laufenden Fernseher und entdeckte auf dem Bildschirm einen seltsamen Punkt, der ihn am ehesten an einen Laserpointer erinnerte, wie er etwa bei Vorträgen Verwendung findet. Dieser Lichtpunkt bewegte sich nun langsam von einer Bildseite zur anderen. Plötzlich, er wußte nicht mehr warum, stand er auf, schaltete den Fernseher aus und ging zu Bett. Zu dieser Uhrzeit war das für ihn jedoch unüblich. Obwohl er nicht müde war, fiel er spontan in tiefen Schlaf.
Am nächsten Morgen entdeckte er an seinem ganzen Körper rote Punkte, die aussahen wie mit einem Entkerner ausgestochen, die aber recht bald wieder verschwanden.

Frank Wolf machte auf mich bei unseren persönlichen Begegnungen und Treffen einen durchaus seriösen Eindruck. Nie hatte ich das Gefühl, es mit einem Schwindler zu tun zu haben. Er hatte Außergewohnliches erlebt und berichtete sachlich darüber. Er interessierte sich trotz seiner eigenen Verflechtungen nicht für das UFO-Phänomen oder andere paranormale Aspekte.
Was nun seinen Bericht betrifft, so gibt es hier tatsächlich eine durchaus interessante Parallele zu dem von mir weiter oben zitierten Fall der US-Amerikanerin Mona Stafford. Diese beobachtete in ihrem Zimmer ja eine „Gestalt wie aus biblischen Zeiten". Eine Umschreibung, die auch auf das Wesen zutreffen würde, das Frank Wolf beobachtet hat. Es ist somit durchaus möglich, daß sowohl Mona Stafford als auch Frank Wolf die gleiche Erscheinung wahrgenommen haben.

Alb - Traumhafte Begegnungen

Als ich das erste Mal Jacob Thanner gegenüberstand, war ich mächtig beeindruckt. Er ist das Paradebeispiel eines Kosmopoliten. Finanziell unabhängig, hatte Thanner sein Leben mit Forschungsreisen und Exkursionen verbracht. Es dürfte wohl kaum ein Land geben, daß er nicht bereist, keine archäologische Sehenswürdigkeit, die er nicht vor Ort inspiziert hätte. Er gehört zu den Menschen, denen man gebannt zuhört, wenn sie über ihr abwechslungsreiches Leben erzählen. Jacob Thanner beschäftigt sich aber auch mit den Rätseln der Welt und den Thesen der „Götterastronauten" Erich von Dänikens. So konnte es nicht ausbleiben, daß wir uns eines schönen Tages über den Weg liefen.
Der Grund für sein Interesse am Rätselhaften lag, wie bei so vielen anderen am Phänomen Interessierten, in eigenen Erlebnissen begründet. Er wußte von meinem speziellen Forschungsgebiet und war so freundlich, mir zwei Berichte zu schicken, in denen er auf seine eigenen Erfahrungen einging. Er berichtete:

„Meine Eltern, mein jüngerer Bruder und ich lebten von 1936 bis 1939 in Berlin-Steglitz, in einer geräumigen Altbauwohnung. Das Kinderzimmer befand sich als sogenannter ‚gefangener Raum' hinter dem elterlichen Schlafzimmer und hatte ein Fenster zum Innenhof. Im März 1939 lag ich, damals fünf Jahre alt, nachdem mich meine Mutter zu Bett gebracht hatte, noch einige Zeit wach auf dem Rücken. Es war schon dunkel, durch das Fenster hinter mir fiel diffuses Dämmerlicht ins Zimmer, so daß ich dessen Umrisse wahrnehmen konnte.

Plötzlich sah ich vor mir drei ‚Gestalten', sozusagen im Reitersitz auf meiner Federbettdecke sitzen, ohne jedoch die geringste Belastung zu spüren. Die Gestalten hatten in etwa menschliche Proportionen. An den runden Köpfen waren Nase und Augen erkennbar, die sich schwarz, ähnlich wie bei einem Toten- oder Kürbiskopf abzeichneten, ein Mund war nicht vorhanden. Die Arme verloren sich ohne Hände im Dunkel.

Von den Erscheinungen ging ein relativ helles Leuchten in weißer bis hellgrauer Färbung aus, das ihre Umrisse deutlich erkennen ließ. Die Gestalten saßen hintereinander, die vordere blickte mich fast regungslos an, während die beiden hinteren sich nach links beugten, offensichtlich, um mich auch zu sehen.

Ich war nicht sonderlich erschrocken, fühlte mich aber auch nicht wohl und rief laut nach meiner Mutter, die nach kurzer Zeit die Tür öffnete und ihren Kopf hereinstreckte. Als vom Schlafzimmer aus Licht hereinfiel, verblaßten die Figuren, blieben aber noch undeutlich erkennbar.

Ich sagte zu meiner Mutter, daß Geister auf meinem Bett sitzen würden, worauf sie das Licht anmachte und meinte, ich hätte wohl geträumt. Im selben Moment, wo das Licht anging, war der ‚Spuk' verschwunden.

Meine Mutter redete mir gut zu, löschte das Licht, schloß die Türe und sofort saßen meine ‚Besucher' wieder auf der Bettdecke.

Der Vorgang (Mutter rufen, Licht an, ‚Geister' weg, Licht aus, ‚Geister' wieder da) wiederholte sich noch zwei- bis dreimal, bis meine

Zeichnerische Wiedergabe der „Engel"-Erscheinungen im März 1939 in Berlin-Steglitz (oben) und in Diessen im März 1942 (unten)

Mutter sich mehr Zeit nahm, sich an mein Bett setzte und mir erklärte, daß die ‚Geister' Engel wären, die nachschauen wollten, ob ich brav einschlafen würde. Dergestalt motiviert, schlief ich dann auch in Mutters Arm bald ein.
Am nächsten Morgen hörte ich nach dem Frühstück zufällig, wie die Mutter meinem Vater direkt stolz berichtete, was ‚der Bub für eine Phantasie hätte'.
Ich war mir jedoch sicher, daß ich die Erscheinungen wirklich gesehen hatte und habe den Vorgang nicht vergessen. Noch heute sehe ich die ‚Engel' vor mir, als ob es gestern gewesen wäre!"
Jacob Thanners interessanter Bericht errinnerte mich an die Alb-Überlieferungen unserer Vergangenheit. Denn auch unsere Vorfahren hatten scheinbar mit vergleichbaren Nachtwesen ihre Mühe.
Das Wort „Alb" ist vom angelsächsischen bzw. norddeutschen „alf" „elf" abgeleitet, meint also ursprünglich die mythischen Elfen (Elf = auf Englisch „leuchtendes" bzw. „strahlendes Wesen".) (14)
Regionale Abarten von Alb sind auch „Schratt", „Mahrt" „Doggi", „Drud" oder „Trud". (15)
Eine ausführliche Beschreibung dieser Erscheinung liefert uns ein einschlägiges Lexikon, aus dem wir folgendes entnehmen können:
„Alb: Nachtmähre, Nachtgespenst, Nachtgeist, der die Menschen durch Drücken im Schlaf quält; ein Unhold, welcher in Gestalt einer Katze, eines Bären, oder eines anderen, meist sehr häßlichen, Tieres sich auf den schafenden Menschen legt, sie am Atemholen hindert und auf solche Weise furchtbar ängstigt..." (16)
Scheinbar waren solche nächtlichen Heimsuchungen auch in der Vergangenheit an der Tagesordnung, was sogar dazu führte, daß die Betroffenen zur Selbsthilfe und somit zu Abwehrmaßnahmen griffen. Eine Sage aus Kärnten weiß uns hier interessantes zu berichten:
„Zu einem Bauernknecht in der Gmünder Gegend kam fast allnächtlich die Trud und drückte ihn derart, daß er ganz von Atem kam. Da riet ihm ein altes Weib, die Hände während des Liegens über der Brust zu falten und zwischen selbe ein Messer mit der

Spitze nach aufwärts zu stecken. Als nun die Trud des Nachts kam und sich wieder auf des Knechtes Brust legen wollte, fiel sie alsbald wieder herab und wälzte sich in Gestalt eines formlosen Klumpens unter kläglichem Gewimmer zur Tür hinaus. Den Knecht ließ sie fortan in Ruhe." (17)

Zu derart drastischen Mitteln wird in heutiger Zeit zwar nicht mehr gegriffen, doch die Vorfälle als Ganzes weisen ein Erzähl- und Ablaufmuster auf, das mit dem identisch ist, das unsere Zeitgenossen schildern. Signifikant an der zitierten Sage aus Kärnten ist auf jeden Fall die äußere Form des Wesens, die als formloser Klumpen umschrieben worden ist. Glaubt man heutigen Berichterstattern, so scheint es, als könnten jene Wesen ihre visuelle Erscheinungsform den Umständen entsprechend anpassen, was gerade im Bereich der fachtheoretischen Diskussion über die Natur der Wesen größere Beachtung finden sollte. Sowohl die Transformation als auch die Fähigkeit, plötzlich aufzutauchen und zu verschwinden, ist geradezu ein typisches Merkmal dieser Erscheinungen. Erstaunlich ist auch die oftmals beobachtete Leuchtkraft, die von den Entitäten ausgeht. Gerade diese intensive Lichtausstrahlung wurde auch von Jacob Thanner bei seinem zweiten Erlebnis beobachtet, daß er wenige Jahre später hatte:
„Von September 1939 bis 1953 lebten meine Eltern, mein jüngerer Bruder und ich in Diessen am Ammersee in einer alten Villa mit Garten und Wirtschaftsgebäude inmitten landwirtschaftlich genutzter Flächen, ca. 30 Gehminuten vom Ortskern entfernt.
In den Anfangsjahren hatten mein Bruder und ich im 1. Stock ein gemeinsames Kinderzimmer, das früher mal ein ‚hochherrschaftliches' Schlafzimmer war, denn der Raum wies in der Mitte zwei oder drei Stufen zu einer Art Empore auf. Mein Bett stand auf dieser Empore im rechten Winkel zur Längswand, während sich das meines Bruders gegenüber der Zimmertüre entlang der Längswand nach dem Kachelofen befand - ich hatte also im Bett, auf der rechten Seite liegend, Zimmertüre, Kachelofen und brüderliches

Bett gut im Blick.
Ende März 1942, der ‚Jahrhundertwinter' war gerade vorüber, wachte ich nachts - es mag zwischen 2.00 und 4.00 Uhr gewesen sein - auf, weil die nicht geölte Türe ihr typisches Quietschgeräusch von sich gab. Sie wurde ganz langsam geöffnet und herein schwebte eine Gestalt mit einer Wespentaille und einem weiten, krinolienartigen Rock, der bis zum Boden reichte und der über und über mit kleinen beleuchteten Sternen bedeckt war. Dieser Rock zeichnete sich deutlich und scharf begrenzt ab, während der Oberkörper samt Kopf mit langen Haaren mehr verschwommen erkennbar war.
Von der Gestalt, die etwas kleiner als der Kachelofen war, ging ein starkes Eigenleuchten aus, daß sowohl die Türe, als auch der Kachelofen und das Bett meines Bruders deutlich in dem sonst stockdunklen Zimmer zu sehen waren; ich erinnere mich noch ganz genau, daß das verchromte Gitter vor der Ofendurchreiche besonders aufleuchtete.
Seltsamerweise fiel die Tür mit einem lauten Knall in das Schloß, ohne daß die Gestalt ihr einen Stoß gegeben hatte. Sie ‚schwebte' - ich wähle diesen Ausdruck, weil typische Gehbewegungen nicht erkennbar waren - auf das Bett meines Bruders zu, streckte die Arme aus und löste sich dann in leicht gebückter Haltung auf, wobei das Leuchten parallel dazu immer schwächer wurde und endlich ganz verblaßte, das Zimmer war wieder völlig dunkel.
Meine Reaktion reichte von einem leichten Schrecken bis zu einer tiefgehenden Faszination. Ich war zunächst überzeugt, den Schutzengel meines Bruders gesehen zu haben, der sich mittels einer nächtlichen ‚Stippvisite' von seinem Wohlergehen überzeugen wollte. Ich war damals 8 Jahre alt und wurde gerade auf die erste Heilige Kommunion vorbereitet. Dies in Verbindung mit den sonntäglichen Besuchen in der herrlichen alten Klosterkirche, in der es von Engeldarstellungen nur so wimmelte, führte zwangsläufig zu meiner ‚Schutzengelerklärung'.
Nachdem der Spuk vorbei war, knipste ich die Nachttischleuchte an, weil ich vor Aufregung nicht mehr schlafen konnte und auch

etwas Angst davor hatte, daß vielleicht noch eine Erscheinung folgen würde. Im gleichen Moment öffnete sich die Türe wieder, meine Mutter kam im Nachthemd herein und wies mich dahingehend zurecht, daß ich, wenn ich schon nachts auf die Toilette gehen würde, doch gefälligst die Türe leise schließen sollte, sie war offensichtlich durch den Knall der zufallenden Türe aufgewacht.

Meine Erklärungsversuche wurden dann mit jenem Lächeln quittiert, das Mütter ihren Kindern immer dann schenken, wenn diese Traum und Wirklichkeit durcheinanderbringen und phantasievolle Erzählungen von sich geben.

Am nächsten Morgen fragte meine Mutter unsere Hausangestellte, ob sie die vergangene Nacht im Kinderzimmer gewesen wäre, was diese weit von sich wies.

Mich hat jedenfalls dieses Erlebnis so tief beeindruckt, daß ich mich noch heute an jede Einzelheit genau erinnern kann."

Jacob Thanners Erlebnisse zeigen meiner Meinung nach zwei grundlegende Tendenzen des Phänomens bzw. unseren Umgangs damit auf. Einmal haben wir es hier mit einem Phänomen zu tun, das nicht nur auf einer rein subjektiven Ebene abläuft, sondern auch, zumindest was die Sekundäreffekte betrifft („zufallende Tür"), auch von weiteren, nicht direkt involvierten Zeugen wahrgenommen werden kann. Darüber hinaus haben wir hier die kulturell geprägte Interpretation des Geschehens. Für Jacob Thanner war das Wesen im krinolienartigen Rock der Schutzengel seines Bruders. Alle Erscheinungen, Phantome und exotischen Entitäten werden im jeweiligen Zeitgeist der Epoche interpretiert und ausgelegt. Keine dieser Interpretationen ist jedoch verbindlich, denn sie spiegelt immer nur die menschlichen Vorstellungswelten wieder.

Der Schriftsteller Malcolm Godwin stellte hierzu einen interessanten Vergleich an, mit dem wir uns nun etwas näher beschäftigen wollen.

Engel oder Ufonaut?

Malcolm Godwin ist ein britischer Schriftsteller, der sich besonders intensiv mit Engelserscheinungen und der Interaktion zwischen uns Erdlingen und den himmlischen Boten beschäftigt. Bei seinen Recherchen stieß er auf einen seltsamen Umstand. Heutige UFO-Beobachter schildern verblüffenderweise signifikant ähnliche Beschreibungen der „Ufonauten" (Besatzungsmitglieder eines UFOs) wie dies Zeugen tun, die Engeln begegnet sein wollen. Tatsächlich sollten uns die Parallelen zu denken geben. Denn, sowohl Engel als auch Außerirdische sind Wesen „anderer Welten", ob diese nun im inneren oder äußeren Raum gedacht werden. Beide sind überlegene Wesen, die entweder auf einer höheren Entwicklungsstufe stehen und moralisch, spirituell oder technisch überlegen sind oder einfach in größerer Gottesnähe existieren. Die „gute" Variante von Engeln und Außerirdischen besitzt normalerweise harmonische und jugendliche Schönheit in ihrer höchsten Vollendung. Die nicht genau festgelegte, androgyne Natur ihrer Erscheinung suggeriert eine Vereinigung des männlichen und weiblichen Prinzips. Allerdings nehmen nordamerikanische Zeugen im Gegensatz zu ihren russischen, europäischen und südamerikanischen Pendants tendenziell betörende, eindeutig weibliche Außerirdische wahr.
Außerirdische wie Engel sind beachtliche Sprachgenies, sie sprechen perfekt Englisch, Deutsch, Französisch, Spanisch, Russisch, Holländisch oder Italienisch, wann immer es notwendig ist. Alle haben eine Botschaft. Wenn es überhaupt eine Tendenz gibt, scheinen Engel eher für den individuellen Informationstransfer zuständig zu sein, während die Außerirdischen eine mehr globale Botschaft bringen. Allerdings wählen Engel wie Außerirdische die Empfänger der Botschaft meist sogfältig aus.
Beide Gruppen verfügen über bemerkenswerte Möglichkeiten des Luft-Transportes, obwohl es nur wenige und nicht sehr glaubwürdige Berichte über Außerirdische mit Flügeln gibt. Aber Engel wie Außerirdische sind dafür bekannt, daß sie Scheiben, Räder oder

Untertassen aus Licht als Fortbewegungsmittel benutzen.
Beide sind Lichtwesen; sie scheinen ein göttlich-leuchtendes Wesen zu teilen. Diese Eigenschaft wird am deutlichsten in ihren Augen, die oft so leuchten, daß es fast den Eindruck von Strahlen hinterläßt; aber auch ihre Gesichter sollen leuchten. Eine feine Aura von Mitgefühl, Güte, Wohlwollen und friedvoller Harmonie umgibt sie. Daneben gibt es auch bemerkenswerte Ähnlichkeiten in ihrer Kleidung, wie z. B. eng anliegende Gewänder oder lange fließende Roben, die hauptsächlich in blauer und weißer Farbe beschrieben werden. Oft tragen sie einen goldenen Gürtel oder Armbänder, Stirnbänder und Ringe aus ähnlich kostbarem Material. Merkwürdigerweise erscheinen diese Wesen den Zeugen immer vollständig bekleidet. Dabei empfand der Mensch erst nach dem Sündenfall seine Nacktheit als böse. Insofern würden nur gefallene Engel es für nötig halten, Kleidung zu tragen. Sicherlich finden manche Außerirdischen ihre Nacktheit schön im Angesicht der Allmacht, an welche auch sie glauben möchten.
Ihre Größe wird im allgemeinen als menschlich beschrieben, obwohl manche Erscheinungen bis zu 2,50 m hoch gewesen sein sollen. Außerirdische wie Engel äußern beträchtliche Sorge über den Zustand der Menschheit und unseres Planeten. Ohne Unterschied scheint die Richtung, in die wir Erdbewohner steuern, Schrecken und Sorge auszulösen. Leider wird dies von Außerirdischen wie Engeln oft dem Wirken des Teufels zugeschrieben, was dafür spricht, daß der „Feind" einen langen galaktischen Arm hat.
Obwohl die Außerirdischen wie die Engel uns allen in beeindruckender Weise überlegen sind, sprechen sie oft von gleich zu gleich, als wären wir Geschwister oder Gefährten durch Raum und Zeit. Allerdings erscheinen sie selten als frei Handelnde, sondern eher als Botschafter, die an höhere kosmische Gesetze oder im Falle der Engel an Gott gebunden sind.
Zeugen und das Bezeugte sind eng und untrennbar miteinander verbunden. Die Beweiskraft ist subjektiv und hängt davon ab, ob wir die Ernsthaftigkeit und Glaubwürdigkeit der Zeugen akzeptie-

ren oder nicht. Das Phänomen der Außerirdischen wie das der Engel fußt auf Treu und Glauben. (18)
Die Gedankenspiele von Godwin sind wahrhaft verlockend und gehen in vielen Aspekten konform mit meinen eigenen Erfahrungen als Untersucher!
Engel und Außerirdische sind rein phänomenologisch tatsächlich kaum unterscheidbar. Liegt hinter beiden Erscheinungsformen ein und dieselbe Intelligenz? Ein verblüffender und durchaus auch aufregender Gedanke, den wir jedoch nicht ad hoc verwerfen sollten, nur weil er uns zu ketzerisch erscheint!

Glauben Sie an Geister?

„Glauben Sie an Geister?", fragte mich die weibliche Stimme am anderen Ende der Telefonleitung. So spontan herausgefordert, wußte ich keine Antwort auf diese Frage.
Die Dame, die mich da so „überfahren" hatte, war Rita Paintinger (Pseudonym), eine Frau mittleren Alters, die als Büroangestellte ihren Lebensunterhalt verdient und aufgrund unserer obligatorischen Anzeigenschaltungen im „Blätterwald" bei mir anrief.
Ich rettete mich mit einem knappen „Ja" aus der Situation, was sie ihrerseits mit „gut" kommentierte. Wie sie mir dann sagte, könne sie nicht frei reden, sie sei gerade an ihrem Arbeitsplatz und wolle keinen Gesprächsstoff für die Kollegen liefern. Also machten wir ein Treffen in einem der schönen Münchner Cafes aus, wo wir uns dann auch zwei Tage später sahen.
Man scheint mir meine Beschäftigung mit paranormalen Phänomenen entweder irgendwie anzusehen oder aber Frau Paintinger verfügt über spirituelle Fähigkeiten, auf jeden Fall erkannte sie mich sofort, als ich durch den Eingang spaziert kam.
Frau Paintinger ist eine lebenslustige und erfolgreiche moderne Frau. Glücklich verheiratet und mit zwei Kindern gesegnet. Ihre große Leidenschaft sei das Kochen, erzählte sie, was man ihr auch an-

sieht, wie sie selber schmunzelnd zugeben mußte.
Sie machte auf mich einen seriösen und kontaktfreudigen Eindruck, nichts deutete darauf hin, daß sie sich mit mir einen Scherz erlauben wolle. Wie ich nun erfahren sollte, gründete sich das geisterhafte Interesse der Frau auf ein eigenes Erlebnis. Sie konnte die ganze Geschichte zeitlich nicht mehr genau zuordnen und war sich nicht mehr sicher, ob es 1993 oder 1994 war.
Auf jeden Fall war es Nacht, der Mann von Frau Paintiger befand sich zu diesem Zeitpunkt auf Geschäftsreise in den Benelux-Ländern. Sie war kurz vor dem Einschlafen, als sie plötzlich ein helles Licht wahrnahm, das vom Kopfende ihres Bettes ausging. Sie richtete sich auf und konnte drei hellstrahlende Frauengestalten wahrnehmen, die dort, scheinbar betend, standen. Der Eindruck des Betens erklärte sich durch die gefalteten Hände jener Wesen. Den Beschreibungen von Frau Paintinger zufolge muß das ganze Szenario wohl wie eine klassische Marienerscheinung gewirkt haben. Frau Paitinger schilderte mir auch, daß zum Zeitpunkt der Erscheinung eine gespenstische Stille geherrscht habe. Nur wenige Sekunden nachdem die seltsamen Besucherinnen bei ihr aufgetaucht seien, verschwanden sie auch schon wieder. Sie hinterließen keinerlei Spuren. An Schlaf war nun nicht mehr zu denken, Frau Paintinger verbrachte die Nacht nervös bei eingeschaltetem Licht. Als sie am nächsten Tag völlig gerädert nach der Arbeit nach Hause ging, sah sie eine Bekannte, die man durchaus als katholische Fundamentalistin bezeichnen könnte. Frau Paintinger wollte sich auf keine theologischen Diskussionen einlassen und versuchte noch schnell die Straßenseite zu wechseln, wozu es jedoch bereits zu spät war. Sie war entdeckt worden und mußte sich dieser Frau nun stellen. Eben diese Frau, teilte unserer Zeugin nun mit, schien in der letzten Nacht ganz besonders intensiv für sie gebetet zu haben, da Frau Paintinger kurz vor einem wichtigen Lehrgangsabschluß stand.
Es stellt sich nun die Frage, ob es bei dem ganzen Vorfall nur um einen Zufall handelt, oder ob ein Zusammenhang bestehen könnte zwischen dem intensiven, konzentrierten Gebet und den hell-

strahlenden Erscheinungen? Spielte Telepathie eine Rolle oder verursachte das innige Gebet mehr oder minder feinstoffliche Gestalten, ähnlich den Tulpas (Erscheinungen, die lebenden oder auch „gedachten" Personen oder Gottheiten entsprechen sollen und die angeblich mittels reiner Gedankenkraft von indischen Yogis „erschaffen" werden können)?

Interessant ist an dieser Stelle auch die Hypothese des amerikanischen UFO-Forschers Erik Beckjord. Auf der TREAT-Konferenz (TREAT = Treatment and Research on Experienced Anomalous Trauma = Behandlung und Untersuchung von erlittenen anomalen Traumata; private amerikanische Gruppe von Psychiatern und Psychologen, die das Abductions-Phänomen untersuchen) im April 1992 in Malibu stellte er im Rahmen seines Vortrages „CRYPTOPHENOMENA: A VISUAL TOUR OF THE RECENT ANOMALIES RESEARCH" seine Forschungsergebnisse zur Diskussion. Beckjord meint, daß die verschiedenen Paraphänomene Projektionen von Gedankenformen darstellen, die unbewußt vom menschlichen Beobachter erzeugt werden. Möglich, daß Beckjord richtig liegt, wir wissen es (noch) nicht. Auch wenn der Fall der Frau Paintinger ein möglicher Hinweis auf die Richtigkeit der Hypothese sein könnte!

Der letzte Abschied

Einige Recherchen gestalten sich wahrhaft schwierig! Einer dieser „harten Brocken" hing mit einigen Vorfällen zusammen, die eine Frau, die in der Nähe der Gemeinde Starnberg wohnt, erlebt hat. Dabei wäre die Recherche vor Ort fast ein Ding der Unmöglichkeit geworden, da diese 1000-Seelen-Gemeinde ein Straßennetz aufwies, das eher an ein Labyrinth erinnerte.
Wir, ein Bekannter und ich, fuhren eine Ewigkeit durch den Ort auf der verzweifelten Suche nach der für uns „richtigen" Straße und

zogen dabei schon mißtrauische Blicke der Anwohner auf uns. Die glaubten wahrscheinlich, wir seien „Knackis" auf Diebestour und hielten Ausschau nach lohnender Beute. Ich erwartete eigentlich schon einen Streifenwagen, der sich nach dem „warum" unserer Zickzackfahrt erkundigt und unsere Papiere überprüft.
Doch so weit kam es zum Glück nicht, denn nach „nur" einer dreiviertel Stunde hatte unsere Odyssee endlich ein Ende und wir standen am Ziel unserer Reise - einem kleinen, schmucken Einfamilienhaus. Dabei bemerkte ich, daß es die Gemeinde tatsächlich geschafft hatte, fast jedem Haus eine eigene Straße mit dem dazugehörigen Straßennamen zuzuweisen - selbst sibirische Dörfer sind da schon übersichtlicher!
Während ich noch vor mich hin sinnierte, ob die arme Frau Gabi Kutz (Pseudonym) hier jemals Post erhielt, stand sie auch schon vor uns und bat uns herein.
Wie ich dann später erfuhr, ist sie Mitte 40, ledig und von Beruf Bankkauffrau. Während unseres darauf folgenden dreistündigen Gespräches machte sie auf mich einen normalen und durchweg seriösen Eindruck. Sie hatte sich vor ihren Erlebnissen niemals mit Spiritismus oder ähnlichem beschäftigt und interessierte sich auch nicht für religiöse Dinge.
Erst vor wenigen Tagen, während einer Silversterparty, hatte ich von den Erlebnissen der Frau Kutz erfahren. Mittelsmann war eben jener Bekannter, der von meinen außergewöhnlichen Interessen wußte und den Bericht an mich weitergab.

Nun stand ich also da und recherchierte Vorfälle, die im Sommer 1994 ihren Anfang nahmen. Damals hatte Frau Kutz in ihrer Geburtsstadt Düsseldorf ihre schwerkranke Tante gepflegt, die an Krebs erkrankt war. Nach dem sich der Gesundheitszustand der alten Frau allmählich gebessert hatte, wies sie ihre Nichte an, auch wieder an sich zu denken und in Urlaub zu fahren. Nach langem Zögern kam Frau Kutz dieser Aufforderung nach und fuhr zu Bekannten nach Österreich. Eines Morgens, als sie gerade aus dem

Bad gekommen war und sich anzog, hörte sie direkt neben sich die Stimme ihrer Tante, die sie mehrmals beim Namen rief. Sie drehte sich um, sah jedoch niemanden im Raum. Als sie dann beim Frühstück saß und fragte, ob man sie gerufen habe, verneinte ihre Bekannte dies.

Nur kurze Zeit später rief ihre Mutter aus Düsseldorf an und teilte ihr mit, daß ihre Tante gerade verstorben sei!

Dieser paranormale Zwischenfall war im Leben der Zeugin der erste seiner Art. Wie bereits von mir erwähnt, führte Frau Kutz über 40 Jahre lang ein völlig normales und ausgeglichenes Leben ohne „exotische Höhepunkte".

Doch gerade dieser kurze, für den Außenstehenden vielleicht unbedeutende Vorfall schien erst der Anfang gewesen zu sein!

Natürlich wird das Hören von Stimmen in der klassischen Psychiatrie häufig als Hinweis auf Schizophrenie oder beginnende Paranoia gewertet. Wir sollten aber nicht vergessen, daß erst eine pathologische Wiederholung auf ein Krankheitsbild hinweisen könnte, nicht jedoch plötzlich auftretende und einmalige akustische Phänomene.

Interessant ist an dieser Stelle eine durchaus ähnliche Erfahrung, die einer Zeugin wiederfuhr, die sich an meinen Kollegen Herrn Chris Dimperl gewandt hatte. Sie schrieb in einem Protokoll: „Es war gegen 6.10 Uhr morgens, mein Mann hatte Nachtschicht, ich fütterte unsere jüngste Tochter. Nachdem sie eingeschlafen war, wollte auch ich mich wieder hinlegen. Ich lag etwa eine Minute in Halbschlaf, als plötzlich eine Stimme ‚Hallo' rief, ich zuckte zusammen, und gleich darauf wieder ‚Hallo'. Vorsichtig schaute ich mich im Zimmer um. Es war niemand zu sehen. Und dann wieder und wieder dieses ‚Hallo'. Ich hatte wahnsinnige Angst, denn diese Stimme war so deutlich zu hören, als ob jemand genau neben meinem Bett stünde. Als ich nichts mehr hörte, schaute ich mich noch total verängstigt in unserer Wohnung um, jeden Winkel durchsuchte ich. Als mein Mann nach Hause kam, fiel ich ihm weinend in den Arm."

Die Stimme wirkte laut Aussage der Zeugin „dunkel und hallend, so als ob man in eine Gasse hineinruft". Während der Rufe kam sich die Zeugin „hilflos und ausgeliefert" vor. Sie hat seitdem große Einschlafprobleme.

Wie wir sehen können, sind auch außergewöhnliche akustische Phänomene keine Seltenheit. Doch kehren wir zu dem anfangs dargestellten Fall der Frau Gabi Kutz zurück.
Knapp ein dreiviertel Jahr nach dem Vorfall in Österreich, in dem die Zeugin die Stimme ihrer verstorbenen Tante gehört hatte, ereignete sich etwas, das in unserem Forschungsbereich als völlig unerotischer „Schlafzimmerbesuch" bezeichnet wird. Ein Phänomen, auf das wir bereits mehrfach eingegangen sind.
Es war Nacht und die Zeugin wurde durch Schritte in ihrem Schlafzimmer geweckt. Sie sah, wie sich die Tür öffnete und wieder schloß und hörte vertraute Schritte um ihr Bett. Ihr Freund war scheinbar früher als erwartet von einer Geschäftsreise heimgekehrt.
Sie hörte seinen Atem und spürte, wie er sich auf das Bett legte. Sie drehte sich um, um ihn zu begrüßen, sah aber nichts und niemanden auf dem Bett! Es war tatsächlich niemand da, obwohl sie visuell und akustisch seine Anwesenheit wahrgenommen hatte!
Tief verschreckt rief sie ihn am nächsten Morgen an. Wider Erwarten erfreute er sich bester Gesundheit und wunderte sich über die Ängste seiner Freundin, die schon das Schlimmste befürchtet hatte.
An einem anderen Abend im selben Monat nahm sie auch ihren verstorbenen Hund wahr, der sich auf ihrem Bett befand und anschließend ins „Nichts" sprang.
All diese Erlebnisse versetzten sie in Angst. Das grundlegende Problem für die Frau bestand jedoch darin, daß sie über diese für sie völlig neuen Erlebnisse mit niemandem reden konnte! Weder ihre Mutter noch ihr Freund nahmen sie ernst, womit für mich vor Ort, wie so oft bei meinen Recherchen, auch eine psychologisch-pädagogische Aufgabe zu erfüllen war.

Am 7. Dezember 1995 fand der bis heute letzte Vorfall dieser Art statt. Frau Kutz kam am späten Abend von der Arbeit wieder nach Hause und kochte sich noch schnell etwas zu Essen, als der Deckel eines Marmeladenglases plötzlich anfing, über den Küchentisch zu rollen, ohne daß sie an den Tisch gestoßen hatte. Es gab auch keinerlei Vibrationen von Küchengeräten, die eine mögliche Ursache hätten sein können.
Da wir gerade vor Ort waren, stellten wir die Situation nach, kamen jedoch zu keinem Ergebnis. Das gute Stück hätte sich, den Naturgesetzen folgend, nicht bewegen dürfen! Effektiv stellten wir alles mögliche an, um es in Bewegung zu versetzen: Schütteln am Tisch, Springen auf dem Boden und ähnliches (was man von potentiellen Geisterjägern eigentlich nicht erwartet), aber es half nichts!
Nach dem dreistündigen Gespräch schließe ich auch aus, daß uns die Frau belogen hat. Ich habe genug Recherchen durchgeführt und mich mit ausreichend Augenzeugen unterhalten, um das beurteilen zu können! Frau Kutz machte auf mich auch einen geistig gesunden Eindruck. Sie schmunzelte, als sie auf meiner Visitenkarte den Vermerk über UFOs las, denn der ganze grenzwissenschaftliche Bereich war ihr suspekt.
Signifikant an den Vorfällen ist, daß sie erst im Sommer 1994 mit dem Tod der Tante ihren Anfang genommen hatten. In knapp eineinhalb Jahren kam es somit zu vier paranormalen Zwischenfällen in ihrem Leben, in den über vierzig Jahren davor zu keinem einzigen!
Es bleibt abzuwarten, wie sich dieser Fall weiterentwickelt, wobei ich Frau Gabi Kutz wünsche, keine weiteren „Zwischenfälle" dieser Art erleben zu müssen!

Besuch in OZ

Wir haben uns in diesem Buch bisher nur mit Fällen auseinandergesetzt, in denen es Wesen gelang, in unsere Realitätsebene einzu-

dringen.
Fast alle Berichte, die bei unserer Forschungsgruppe eingegangen sind, verliefen nach diesem Schema. Doch es gibt auch Menschen, die unsere dreidimensionale Wirklichkeit verlassen, um in eine völlig andere einzutauchen.
Einer dieser Menschen ist Thomas Pringal (Pseudonym). Den Kontakt zu Herrn Pringal stellte ich über einige Umwege her. Ein Leser unseres Mitteilungsblattes „UFO-REPORT" hatte einen Freund, der wiederum Herrn Pringal kannte. Wie Sie sehen können, ist der Zufall bei der Erforschung von Paraphänomenen oftmals ein guter und unentbehrlicher Helfer.
Herr Pringal ist selbständig und leitet eine Firma für Software-Entwicklung. Als ich vor rund zwei Jahren bei ihm wegen seines Erlebnisses anrief, zeigte er sich überaus kooperativ und stellte mir sofort einen Bericht zusammen, den ich dann nach nur zwei Tagen per Fax erhielt. Bei den folgenden Telefonaten, die wir miteinander führten, bestätigte er mir nochmals, daß er seinen Bericht genauso niedergeschrieben hatte, wie er alles erlebte.
Doch lassen wir nun Herrn Pringal über sein Erlebnis zu Wort kommen:
„Zugegebenerweise stellen die nachfolgenden Aufzeichnungen nicht für jeden Leser das dar, was es mir bedeutet. Es ist schwer, in Worten Gefühle und Eindrücke zu vermitteln. Trotzdem will ich versuchen, alles so genau zu schildern, wie ich es erlebt habe.
Als ich nach einem längeren Spaziergang mit meinem Hund nach Hause kam, legte ich mich etwas hin, um auszuspannen. Plötzlich sah ich mich in einem dunklen Nichts, wo weder unten, rechts oder links zu erkennen war. In diesem dunklen Nichts irrte ich offensichtlich orientierungslos umher, bis ich eine Gestalt sah, die man etwa mit einem Apostel vergleichen könnte. Er hatte ein bodenlanges, graues Gewand an, trug Sandalen und hatte einen langen Wanderstock bei sich. Er blickte mich sehr grimmig, fast abweisend an und deutete in eine bestimmte Richtung. Ich wandte mich dieser Richtung zu und blickte in ein helles Licht. Auf dieses Licht

ging ich zu und plötzlich teilte sich das Licht und ich stand in einer Landschaft, besser gesagt am Rande eines Talkessels, in den ich hinunterblickte. Am Boden dieses Talkessels schien Korn zu wachsen, das jedoch sehr intensiv gelb gefärbt war, etwa zu vergleichen mit den Farbtönen eines Rapsfeldes. Die Hänge des Talkessels waren mit seltsamen Pflanzen bewachsen, und mit Blättern, wie bei uns etwa der Philodendron. Der Blattbewuchs war so dicht, daß man den Boden selbst nicht erkennen konnte.
Als ich mich etwas drehte, um mich umzusehen, erblickte ich seitlich von mir ein Mädchen, etwa 25 Jahre alt, das zirka 2-3 Meter von mir entfernt stand. Es hatte hellblondes, halblanges Haar, sehr feine Gesichtszüge und trug ein Stirnband, das wie eine Schnur silbern und golden geflochten war.
Bekleidet war die junge Frau mit einem weißen Gewand. Im Abstand von etwa 20 cm um ihren Kopf sah man die Umgebung sehr neblig, vergleichbar einem „Weichzeichner" einer Fotokamera.
Sie blickte mich an und lächelte, ohne ein Wort zu sagen. Jedoch war ich mir im Klaren, daß Worte völlig unnötig waren, da mich das Wesen offensichtlich besser kannte, als ich mich selbst. Die einzige Botschaft, die ich erhielt, war die, daß ich mir immer bewußt sein solle, daß das Wichtigste die Liebe sei, und daß ich immer danach handeln solle.
Diese Aussage wurde telepathisch übermittelt, nicht mit Worten.
Danach nahm mich das Mädchen bei der Hand und ging mit mir hinunter in den Talkessel, und wir schwebten beide über dieses ‚Kornfeld'. Dabei sah ich Ackerfurchen, also wurde dieses Feld angelegt bzw. bebaut.
Plötzlich verspürte ich einen Ruck und fand mich auf meinem Sofa wieder. Ich betone, daß ich nicht geschlafen habe. Dieses Ereignis dauerte etwa nur 10 bis 20 Sekunden.
Natürlich war ich emotional völlig aufgewühlt, spürte in mir aber eine ungeheure Kraft. Dieser Zustand hielt etwa noch zwei Stunden an und verging dann allmählich.
Nach einigen ereignislosen Wochen in dieser Hinsicht, sah ich die-

ses Mädchen bei einem Spaziergang wieder, nachdem ich mir zuvor Gedanken gemacht hatte, daß schon lange nichts mehr passiert sei. Sie saß am Rande eines Feldes und hatte ein schwarzes Lederkostüm an. In diesem Moment hielt ich es gedanklich für völligen Schwachsinn, daß ein ‚Engel' ein schwarzes Lederkostüm tragen sollte. Sie schien den Gedanken zu empfangen und wechselte plötzlich in Sekundenbruchteilen die Kleidung. Mal ein Kleid, mal Hose, Bluse, Rock, Kostüm, alles in verschiedenen Farben und Arten. Danach fragte sie mich telepathisch, wie ich es denn wohl am liebsten hätte und ich solle mich gefälligst nicht an solchen Äußerlichkeiten aufhängen. Andererseits gab sie mir zu verstehen, daß ich sie immer so sehe, wie ich sie gerne sehen möchte. Sie bedeutete mir, daß es für sie einen ungeheuren Aufwand darstelle, sich auf die niedere Ebene der Erde ‚herunterzutransformieren', daß dies jeweils nur sehr kurz sein könne und eine enorme Belastung für sie sei. Sie sagte: ‚Diesen Aufwand nehme ich nicht auf mich, nur um deine Neugier zu befriedigen.' (‚sagte' ist nicht das richtige Wort, denn die Kommunikation erfolgte per Telepathie).
Ich fragte mich, wie sie wohl in Wirklichkeit aussehe und ob diese Gestalt nur angenommen wurde, um mir ein angenehmes ‚Gegenüber' zu bieten. Daraufhin sah ich an ihrer Stelle einen kleinen, sehr grellen Lichtpunkt, der schlagartig verschwand.
Das nächste Mal begegnete mir dieses Wesen am Tage vor meiner Urlaubsreise. Ich machte mir Gedanken, ob wohl alles glückt mit der Fahrt. Plötzlich sah ich sie kurioserweise im Bikini vor mir stehen. Sie lächelte mich an, gab mir zu verstehen, daß alles in Ordnung sei und daß ich mir um nichts Gedanken machen solle. Sie wünschte mir einen schönen Urlaub und war verschwunden. Auch hier wurden Aussagen in Bildinhalte verpackt, wie das übrigens sehr oft geschieht.
Ein Erlebnis, daß mich am nachhaltigsten beeindruckte, lag im Gesamtzusammenhang längere Zeit auseinander.
Meine Mutter ist 1986 verstorben. 14 Tage vor ihrem Tod sprach sie mich sehr aufgelöst an, sie hätte im Traum meinen Vater gese-

hen, der ihr sagte, es sei bald Zeit zu kommen (mein Vater verstarb bereits 1962).
Nach der Schilderung meiner Mutter sei mein Vater nun homosexuell geworden, treibe sich mit Männern herum und wolle trotz dieser Aussage nichts von ihr wissen, was sie nicht verstehen könne. Dies alles schob ich auf ihre schwere Krebskrankheit, zerstreute ihre Bedenken und vergaß das Ganze relativ schnell.
Es dauerte fünf Jahre, bis mir aus diesem längst vergessenen Ereignis der Gesamtzusammenhang klar wurde. Ich sah eines Tages das Mädchen (Wesen, Engel) wieder vor mir. Sie sagte, sie freue sich, daß sie heute jemanden mitbringe, der aber ebenfalls nicht lange bleiben könne.
In etwa 5 bis 6 Meter Abstand sah ich meinen verstorbenen Vater, der mich eindringlich anblickte, und dem die Tränen über die Wangen liefen. Um ihn herum leuchteten und funkelten kleine türkisblaue Lichtblitze. Das Mädchen gab mir zu verstehen, daß sie als ‚Übersetzerin' tätig sein wolle.
Auf meine Frage, warum er weine, gab sie mir zu verstehen, daß es ihn sehr traurig mache, daß er nicht näher zu mir kommen könne, um mich in die Arme zu nehmen. Seine Energie würde mich sofort töten. Er könnte auch nicht lange bleiben, denn der Aufenthalt hier sei sehr mühsam.
Obwohl nach dem Tod meiner Mutter längst vergessen, kam die Frage nach der Homosexualität bei meinem Vater wieder auf. Das Mädchen erklärte mir lächelnd, daß diese eine Fehlinterpretation war. Mein Vater gab meiner Mutter nur zu verstehen, daß es nun Zeit sei zu kommen, daß er aber den Weg mit ihr nicht gemeinsam gehen könne, da die Entwicklung zu unterschiedlich sei. Da sie ihn zudem in Begleitung von Männern gesehen habe, zog sie hier sehr irdische Schlüsse. Das Mädchen machte mir klar, daß mein Vater ständig in Begleitung von sehr hohen Geistwesen sei. Sie sagte nicht, er sei ein hohes Geistwesen, sie sprach nur von Begleitung. Mein Vater würde sehr sorgsam über mich wachen und er würde versuchen, mir vieles aus dem Weg zu räumen, daß meiner Ent-

wicklung hinderlich sei.
Ich fragte dann nach, warum er, wenn er in der Entwicklung schon so weit sei, ein so einfaches Leben geführt habe mit vielen Entbehrungen und frühem Tod. Sie gab mir zu verstehen, daß er diesen Weg selbst gewählt habe, und daß es eine seiner Aufgaben war, mir den Weg zu bereiten, damit ich ein relativ sorgenfreies Leben führen könne und ich meine Aufmerksamkeit, von existenziellen Sorgen unbelastet, mehr dem spirituellen Fortschritt widmen könne. Als der Grundstein hierzu gelegt war, sei seine Anwesenheit hier nicht länger erforderlich gewesen. Es gäbe zudem immer noch zuwenige Menschen, die sich um den spirituellen Fortschritt kümmern.
Das Mädchen gab mir weiterhin durch, daß, obwohl er so gesehen ‚nur' mein biologischer Vater sei, ich eines der Wesen im Universum sei, das er am meisten liebe, das aber nichtsdestotrotz nun Zeit wäre, wieder zu gehen. Als letztes fragte ich, was nun mit meiner verstorbenen Mutter sei, wobei das Mädchen nur lächelnd anführte, daß dies ‚eine ganz andere Geschichte' sei. (Was immer dies bedeuten mag).
So ließ man mich relativ ratlos und aufgewühlt zurück. Wenigstens wurden ein paar Fragen geklärt, die vorher keinen Sinn ergaben."

Die Erlebnisse von Thomas Pringal gehören sicherlich zu den wichtigsten in unserem Archiv. Denn hier vereinen sich drei ansonsten immer getrennt betrachtete Phänomenen zu einem einzigen, zu einem „Metha-Phänomen", wenn man so will.
Zum einen haben wir hier das anfänglich Ausleibigkeits- oder Todes-Naherlebnis von Pringal. Er befindet sich zuerst in einer Zone der Dunkelheit und geht dann zum Licht. Im Licht findet er sich in einer fremden Welt wieder, wobei spekuliert werden kann, ob es sich hierbei um die Welt der Toten handelt, von der reanimierte Menschen immer wieder berichten.
Dann haben wir das showreife Auftauchen der jungen Frau, die sich erst auf unsere Ebene „heruntertransformieren" muß und ihre

Gestalt den individuellen menschlichen Vorstellungen anpassen kann. Womit ihr Auftreten rein phänomenologisch in dem Bereich der Besuchererfahrungen anzusiedeln ist.
Als Höhepunkt dieser Erfahrungen erscheint dann auch noch der vor Jahren verstorbene Vater des Zeugen, was die Kriterien für eine klassische Spuk- bzw. Geistererscheinung erfüllt...
Betrachten wir die signifikanten Parallelen zwischen Besuchererfahrungen und Todesnaherlebnissen etwas genauer.

Die Wesen aus dem Licht

Wenn es eine Frage in unserem Leben gibt, die sich wohl jeder Mensch schon einmal gestellt hat, so ist es wohl zweifelsfrei die, wie es mit uns nach unserem physischen Tod weitergehen könnte. Es gibt hier zwei populäre Denkschulen: Die einen, die den Menschen als eine belebte Biomasse ansehen, die nach einer gewissen Lebensspanne ihren Dienst versagt und für immer in einen Zustand verfällt, der mit einem traumlosen Schlaf vergleichbar ist.
Andere wiederum sehen im Menschen mehr als nur eine biologische „Maschine" und erkennen eine Komponente von Körper und Geist an, wobei der Geist als solcher mit unserem Tages„wach"-bewußtsein nicht verwechselt werden sollte. Große Vordenker in diese Richtung sind die Weltreligionen, für die sich diese Frage jedoch bereits zu unseren Gunsten entschieden hat - es geht, wie auch immer, weiter. Unabhängig, ob wir im Nirvana Sinnesfreuden nachgehen, in den Ewigen Jagdgründen Büffeln auflauern oder im christlich/jüdischen Himmel auf einer Wolke sitzen und Harfe spielen.
In all den vergangenen Epochen jedoch, war man auf den reinen Glauben angewiesen. Es gab, bis auf vereinzelte Berichte, jedoch kaum jemanden, der einen Blick nach „Drüben" werfen konnte und einigermaßen körperlich intakt von seinen Erlebnissen zu berichten in der Lage war. Sterben war halt schon immer lebensgefähr-

lich.
Die Sache sah dann aber ganz anders aus, als der Fortschritt in der Medizin Einzug hielt und es immer öfter gelang, klinisch tote Patienten zu reanimieren. Viele dieser Menschen erlebten Ausleibigkeitserfahrungen und wollten gar nicht mehr „zurück" in ihren Körper und unsere Realitätsebene. Das, was sie außerhalb ihres Körpers erlebten, beeindruckte sie stark - und zog sie schier magisch an. Sie berichteten von einem schönen Licht, einem langen dunklen Tunnel, durch den sie schwebten und sie begegneten Wesen. Und eben diesen Wesen wollen wir uns nun etwas näher zuwenden.

Begegnungen mit exotischen Wesen, ich sprach es bereits an anderer Stelle im Buch an, sind alles andere als neu. Vor Jahrhunderten hielten unsere Ahnen diese „Besucher" für Götter, Dämonen, Geister, Elementarwesen, Kobolde, Engel oder gar Feen. In der heutigen, technikorientierten Epoche, sind es Zeitreisende und Außerirdische. Das Problem, das uns umgibt, ist leider allzu menschlich. Wir interpretieren und glauben. Und sobald etwas im quasireligiösen Sinne geglaubt wird, schleicht sich nach und nach ein unguter Dogmatismus in die Diskussion ein. So natürlich auch bei den Todesnaherlebnissen.
Todesnaherlebnisse werden von den meisten Zeugen für sich selbst religiös gedeutet. So sprechen diese natürlich nicht von einer unbekannten Zone, sondern vom Paradies. Auch ist in den Berichten nie von „Fremd-Entitäten" die Rede, sondern von Engeln und Heiligen. Wir sollten aber auf jeden Fall bedenken, daß diese Interpretationen rein vom kulturellen Ursprung des Zeugen abhängig sind und nicht auf Informationen beruhen, die in der fraglichen Zone vermittelt worden sind!

Doch beginnen wir unsere Betrachtung mit dem Bericht eines Zeugen, der ein Todesnaherlebnis hatte und wenige Tage später folgendes erlebte:

„Eines Nachts las ich in der Bibel und konnte nicht einschlafen. Da erschien mir eine Vision. Ich war erstarrt und bewegungslos. Ich sah ein ungewöhnliches Licht, das nicht da war, das aber trotzdem leuchtete. Ich spürte deutlich, daß noch jemand in dem Zimmer bei mir war."

Diese Schilderung entspricht in vielen Punkten den klassischen Aspekten der bekannten „Schlafzimmerbesuche". Die angenommene oder tatsächliche Gegenwart eines Wesens („Präsenz"), die unerklärliche Lichterscheinung und die obligatorische Bewegungsunfähigkeit des Zeugen sind feste Bestandteile der unheimlichen Begegnungen mit den Fremd-Entitäten.

Ein ähnlich gelagerter Fall betraf einen Mann, der innerhalb eines Monats dreimal Lungenentzündung hatte und dem Tod nur knapp entronnen ist. Er wußte folgendes zu berichten:
„Eines Abends, es war eine sehr kalte, sehr dunkle Nacht in Denver, war ich auf dem Weg von der Arbeit nach Hause, als eine Stimme sagte: ‚Du mußt nach Phoenix fahren'. Ich dachte, jemand hätte mich angesprochen. Ich sah mich um und bemerkte einen jungen Mann, der auf mich zukam. Ich fragte: ‚Was?' Der junge Mann antwortete: ‚Ich habe nichts gesagt'.
Das machte mir Angst, und ich eilte so schnell wie möglich in mein Apartement zurück. Ich begann an diesem Abend zu denken, daß vielleicht mit meinem Kopf etwas nicht ganz in Ordnung war. Am nächsten Abend ging ich nach einer leichten Mahlzeit früh ins Bett, weil ich Ruhe brauchte. (Das hatte mir der Arzt verordnet). Ich hatte mein Fernsehgerät angeschaltet.
Plötzlich war der Ton weg, der Straßenlärm draußen verstummte und das Licht in meinem Zimmer wurde ganz weich. Ich wollte gerade aufstehen, als ich die Stimme hörte. Es war ein männlicher sanfter Bariton. ‚Mach dir keine Gedanken, du wirst nicht verrückt. Du mußt nach Phoenix. Bring deine Angelegenheit in Ordnung. Du wirst gehen.'

Ich spürte weniger Schmerz, und ein Gefühl des Friedens verbreitete sich in mir. Einige Momente später war das Licht wieder hart, der Lärm von draußen klang wieder herein, der Ton des Fernsehers ging an und alles war wie vorher."

Auch in dieser Schilderung tauchen mehrere Elemente auf, die wir von den klassischen Besuchererfahrungen her gewohnt sind: Eine unidentifizierbare Stimme, die Anordnungen gibt, der teilweise Funktionsausfall des Fernsehers und eine geheimnisvoll veränderte Atmosphäre, die der im Märchenland OZ ähnelt.
Wie wir bereits anhand der dargestellten Fallberichte gesehen haben, hinterlassen die unheimlichen Begegnungen bei den Zeugen einen nachhaltigen Eindruck, was natürlich im Rahmen meiner Spekulationen mit der Initiationswirkung des Geschehens zusammenhängt. Der Mensch, rein materialistisch orientiert, im Gedanken auf den täglichen Broterwerb und die Sportschau am Feierabend fixiert, wird erstmals mit einer unerklärlichen Manifestation konfrontiert, die es ihm ermöglicht, völlig neue Einblicke zu gewinnen. Die bisherigen Statussymbole verlieren ihre Wertigkeit und die eigene Existenz wird in einem völlig neuen Licht betrachtet. Ein solches Erlebnis hatte auch ein ehemaliger Sträfling, mit einer im negativen Sinn recht beeindruckenden Latte an Straftaten. Bei einer seiner kriminellen Aktivitäten wurde er angeschossen und schwebte in akuter Lebensgefahr. Die Anstaltsärzte wußten nicht, ob er überleben würde oder nicht. Zu diesem Zeitpunkt hatte er eine Begegnung mit einem Wesen, das sein ganzes Leben verändern sollte. Eines Nachts spürte er die tröstende Gegenwart des besagten Wesens und sein ganzes Leben begann vor seinen Augen vorüberzuziehen. Es war wie eine Art geistiger Film, über den er aber keine Kontrolle hatte - zumindest so lange nicht, bis mehrere Stunden später die letzte Rolle in seinem Kopf abgelaufen war.
Für Nick Pirovolo - so der Name des Ex-Sträflings - war dieses Erlebnis der Auslöser für eine tiefgreifende spirituelle Bekehrung, und er wurde zum fahrenden Gefängnisprediger.

Eine weitere Zeugin, von Beruf Grundschullehrerin, starb beinahe an einer plötzlich auftretenden Lungenentzündung, als sie keine Luft mehr bekam. Folgendes wurde von ihr geschildert: „Ich legte mich hin. Ich erkannte niemanden. Während ich bewußtlos war, sah ich den Herrn und sprach mit ihm. Er war ein wunderschöner Mann. Er sah aus wie die Sonne. Er kam an mein Bett und sprach zu mir."
Eine andere Frau hatte ein ganz ähnliches Erlebnis: „Ein geisterhaftes Wesen erschien mir und teilte mir mit, ich brauche keine Angst zu haben - meiner Familie würde es gut gehen. Es war mir völlig klar und bewußt, daß dieses Wesen allwissend war."
In einer anderen Situation war ein Mann nach seinen Worten „dem Tode nahe". Er wurde in einen herrlich schönen Palast geführt. Er berichtete: „Ich hörte eine Stimme, die mir sagte, ich solle überall erzählen, wie schön der Palast war. Er war wirklich herrlich." (19)

Menschen berichten, sie hätten außergewöhnliche Erfahrungen mit unbekannten Wesen gemacht und seien von diesen sogar in einen Palast geführt worden. Dieses Erzählmuster ist auch aus dem Sektor der Folklore und der Sagen wie auch dem Bereich der UFO-Forschung bekannt. Aus welchem Grund orientieren sich so unterschiedliche Paraphänomene an einem einheitlichen Erzählmuster? Wie auch immer man diese Frage beantworten möchte, fest steht zweifellos, daß hier verschiedene Phänomene miteinander verflochten zu sein scheinen.
In diesem Zusammenhang ist der Bericht eines Mannes sehr interessant, der wegen Bronchialastma und Lungenemphysmen im Krankenhaus lag. Er beschrieb dem amerikanischen Forscher und Autor R.A. Moody folgendes Erlebnis:
„Ich drehte mich im Bett herum und wollte mich in eine etwas bequemere Lage bringen, da erschien genau in diesem Moment ein Licht an der Zimmerecke, dicht unter der Decke. Es war so etwas wie eine Kugel aus Licht, etwa wie ein Leuchtglobus, nicht sehr groß, ich würde sagen 30 bis 40 Zentimeter im Durchmesser, nicht

mehr. Als dieses Licht da auftauchte, überkam mich ein Gefühl, kein schauriges Gefühl, nein das nicht. Es war eher ein Gefühl von vollkommenem Frieden und wunderbarem Gelöstsein. Ich konnte sehen, wie eine Hand zu mir herabreichte von dem Licht und das Licht sprach: ‚Komme mit mir, ich möchte dir etwas zeigen'. Ich zögerte keine Sekunde und streckte sofort meine Hand aus und ergriff die Hand, die ich sah. Als ich das tat, fühlte ich mich emporgehoben und meinem Körper entrückt, als ich mich umdrehte, sah ich ihn dort unten auf dem Bett liegen, während ich in die Höhe stieg zur Zimmerdecke hinauf.
Sobald ich nun also meinen Körper verlassen hatte, nahm ich dieselbe Gestalt an wie das Licht. Ich hatte das Gefühl, daß diese Gestalt nichts anderes war als ein Geist. Ich war kein Körper, nur ein Rauchfaden oder ein Dampfschleier." (20)

Wie man sehen kann, sind Berichte von Menschen, die am Abgrund des Todes standen und dabei außergewöhnlichen Wesen begegneten, recht zahlreich. Für mich stellt sich die Frage, ob diese Wesen wirklich nur dann auftauchen, wenn der betreffende Zeuge ein Todesnaherlebnis hat. Eine ganze Reihe von UFO-Entführungsopfern z. B. behauptet, an Bord von UFOs Ausleibigkeitserfahrungen gehabt zu haben. Betty Andreasson-Luca etwa beschrieb eine Erfahrung, in der sie sich außerhalb ihres Körpers wiederfand und von den Aliens zu einem Licht geführt wurde, das identisch mit dem sein dürfte, das klinisch tote Patienten wahrgenommen haben. Das helle Licht, das Schweben in einem Tunnel, die fremde Atmosphäre des Ortes und der Empfang durch unbekannte Wesen taucht sowohl bei Entführungen als auch bei Todesnaherlebnissen auf. Analysiert man Zeugenaussagen von Abduzierten, so fällt auf, das der Prozentsatz solcher Erfahrungen im ganzen Entführungs- und Besucherszenario einen breiten Raum einnimmt.
Tatsächlich sind viele der Berichte in ihrer Aussage zwingend. So berichtete z. B. eine Frau, daß, als sie Nachts schlief, von etwas aufgeweckt wurde. Als sie aufsah, bemerkte sie ein seltsames We-

sen, das zwar von Licht umgeben war, aber eine menschliche Gestalt hatte. Das Wesen, das sie als einen Engel bezeichnete, sagte nichts, deutete aber eindringlich auf das Zimmer, in dem der Enkel der Frau in einer Wiege schlief. „Ich spürte, daß ich sofort aufstehen und in das Zimmer meines Enkels gehen mußte", erinnerte sie sich. Als sie in die Kinderwiege sah, bot sich ihr ein entsetzlicher Anblick:
„Dem Kind war in der Nacht eine Glasflasche gegeben worden. Sie war zerbrochen, und eine Glasscherbe, lang und scharf wie ein Messer, lag direkt am Halse des Kindes."
Diese Frau war felsenfest davon überzeugt, daß das Leben ihres Enkels durch „... die Intervention eines Engels gerettet worden war. Wenn das Kind sich bewegt hätte, so hätte das seinen Tod bedeutet. Ich glaube, es war sein Schutzengel, der mich gewarnt hat."
(19)
Obwohl die Zeugin kein Todesnaherlebnis hatte, befand sich zum angegebenen Zeitpunkt das von ihr beaufsichtigte Kind in akuter Gefahr. Das beobachtete Wesen entspricht jedoch sowohl den Beschreibungen von TNE-Zeugen als auch den Beschreibungen vermeintlicher „Ufonauten", die in Schlafzimmerbesuche involviert sind.

Wir müssen feststellen, daß eine klare Unterscheidung der übernatürlichen Wesen im Ganzen kaum möglich ist. Je näher man sich den scheinbaren Grenzen zwischen den Phänomenen nähert, um so mehr verschwimmen sie.
Auch der nächste Fall macht eine klare phänomenologische Zuordnung kaum möglich. Wiederum verschwimmen die einzelnen exotischen Aspekte.

Visionen

Mitte Juni 1994 erhielt ich einen Anruf von Frau Gisela Kraus (Pseudonym). Sie hatte meine Telefonnummer und Anschrift von dem bekannten Autor und UFO-Forscher Dr. Johannes Fiebag erhalten. Dieser hat sich große Verdienste bei der Erforschung des Entführungsphänomens erworben und gilt zu Recht als führender deutscher Untersucher.

Frau Kraus hatte nur wenige Tage zuvor ein außergewöhnliches Erlebnis gehabt, von dem sie mir berichten wollte.
Im Vorgespräch erfuhr ich, daß es Frau Kraus geschafft hatte, ihr Hobby zu ihrem Beruf zu machen. Sie ist begeisterte Musikerin und gerät ins Schwärmen, wenn sie von ihrer Arbeit bei einem Orchester in Norddeutschland erzählt. Sie ist geschieden und hat einen erwachsenen Sohn. Das Leben von Frau Kraus verlief ihren eigenen Angaben nach immer ziemlich sorgenfrei, bis auf eine schwere Erkrankung, die sie vor acht Jahren an den Rand des Todes geführt hatte. Es war ein klassisches Todesnaherlebnis, das ihr ganzes Leben umkrempelte. Auch in diesem Fall scheint es so zu sein, daß der nahe Tod die Besuchererfahrung nach sich gezogen hat.
Der Vorfall, von dem sie mir erzählte, fand am 8. Juli 1994 in den frühen Morgenstunden statt. Sie lag in ihrem Bett und schlief. Auf einmal war das Zimmer lichtdurchflutet. Frau Kraus erwachte und glaubte zuerst an ein Feuer. An die genaue Uhrzeit konnte sie sich nicht mehr erinnern. Als sie sich aufgerichtet hatte, sah sie am Fußende ihres Bettes ein kleines Wesen stehen, von dem das intensive „mohnorange" Licht ausging.
Das Wesen schien so etwas wie ein kurzes Fell zu haben. Es war ca. 1,20 bis 1,50 Meter groß, hatte einen runden Kopf und einen zierlichen Körperbau. Die Zeugin konnte an dem Wesen weder Nase noch Ohren erkennen. Bemerkenswert an der Erscheinung waren die großen runden Augen. Die untere Körperhälfte war für Frau Kraus von ihrer Position aus nicht wahrnehmbar. Die Erscheinung

spielte sich in völliger Lautlosigkeit ab, auch fand keine Kommunikation zwischen dem Wesen und der Zeugin statt. Plötzlich setzte das Wesen zu einem Grinsen an - der Mund war davor nicht wahrnehmbar gewesen - und verschwand dann genauso rasch wie es erschienen war.
Über ihre Eindrücke nach dem Erlebnis schrieb sie mir später:
„Am Morgen des 8. Juli bin ich hoffnungslos fremd durch meine Zimmer gelaufen, habe sehr lange gebraucht, bis ich mein bißchen Frühstück machen konnte, als ob ich ‚nicht da' wäre. Erst im Verlauf des Vormittags normalisierte sich alles langsam. Selbst mein Spiegelbild sah mir leicht fremd entgegen.
Die Dinge (Bäume, Häuser usw.) haben im wesentlichen wieder ihre Normalerscheinung. Tagelang nach dem 8.7. habe ich alles draußen mit großer weißer Doppelschattierung gesehen, irgendwie fließend. Es gibt auch anderes Rätselhaftes. Es ist zwar unbeschreiblich, doch schien es mir so, als ob meine Seele aus dem Körper ausstieg. Wohlig umhüllt war mir, als stiege ich mit ihr in eine andere Daseinswelt."

Nur wenige Tage nach dem nächtlichen Vorfall ereignete sich nochmals etwas Außergewöhnliches im Umfeld von Frau Kraus. Sie berichtete mir hierzu:
„Am 24. Juli besuchte ich einige Bekannte. Es war heiß, fast klar. Wir haben im Schatten einen angenehmen Sommertag dort verbracht. Da habe ich so gegen 16 Uhr etwas Merkwürdiges ‚beobachtet'. Mit dem Tablett stieg ich die 8 Stufen zum Gartenhäuschen nach oben und plötzlich habe ich das Gefühl, als hält mich in Wadenhöhe etwas weich und sanft fest. Etwas wie ein langer, sehr warmer unnachgiebiger weicher Strang. Ich hatte Mühe mich auszubalancieren. Es war niemand außer mir da. Ein paar Stufen weiter unten quälte sich der kleine weiße Hund der Familie die Treppe herauf und blieb völlig erledigt oben liegen. Vorher hatte er ein ‚Nichts' hinten an der Laube verbellt und war wie wild nach hinten gerannt. Völlig verdreckt sah er nach seiner Laubenrunde aus und

hat noch mehrmals nach dort gebellt, wo wir nicht mal einen kleinen Vogel feststellen konnten."

Das Phänomen der „unsichtbaren Präsenz", das Frau Kraus hier recht eindringlich geschildert hat, wird uns noch in einem der folgenden Fallberichte beschäftigen. Eine rationale Erklärung gibt es hierfür jedoch nicht. Rein spekulativ könnte man annehmen, daß „etwas" visuell nicht Erfaßbares in Aktion getreten ist. Interessant ist jedoch die Reaktion des Hundes gewesen, der durchaus aktiv auf den unsichtbaren Eindringling reagiert hat.
Doch sind wir noch immer nicht in der Lage, viele Aspekte des Phänomens für uns erklärbar zu machen. So wissen wir nicht, was für Mechanismen dafür verantwortlich sind, daß einige Zeugen von Besuchererfahrungen paranormale Fähigkeiten entwickeln. Frau Kraus hat nach ihren Erlebnissen scheinbar auch präkognitive Fähigkeiten entwickelt, über die sie schreibt:
„Positive Erlebnismöglichkeiten und günstige Zeit für sehr schöne Unternehmungen werden auf stets andere Weise für mich wahrnehmbar angezeigt. Mitunter sind es ‚Prophezeiungen' von Geschehnissen, die anderweitig bereits in Aktion gesetzt worden sind, aber bei mir persönlich erst einige Wochen später ihre negativen Auswirkungen brachten. Das Problem ist, daß ich mit der Deutung der angezeigten Wirkungsart zu unerfahren bin und im Nachhinein oft erst erkenne, worauf das ‚Gesehene' gerichtet war. Übrigens ist deutlich erkennbar, wie stark das zu erwartende Unheil sein wird! Die ‚Wortweisungen', die ich (zweimal bisher) erhalten habe, waren für die entsprechende Situation äußerst wichtig und auf meine notwendige augenblickliche Reaktion absolut abgestimmt. Seither bin ich in eine gedankliche Zwiesprache getreten, die mir wie eine unentbehrliche Lebenshilfe erscheint. Seit zwei Jahren hat es nicht einmal eine falsche ‚Andeutung' gegeben, aber wesentliche Warnungen, so daß ich mich innerlich, ‚seelisch' auf etwas Negatives vorbereiten konnte und meine Handlungsweise mitunter vorsichtig genug verlief, um einer Havarie zu begegnen."

Berichte, wie der von Frau Kraus sind für Menschen, die sich nicht intensiv mit der Materie beschäftigt haben, schwer zu verdauen. Doch steht Frau Kraus mit ihrem Erlebten nicht alleine da - weltweit ist eine große Zahl von Menschen betroffen und es liegt an uns, aus ihren Erfahrungen Schlüsse zu ziehen. Auch wenn diese unser Weltbild ins Wanken bringen.

Das Erlebnis auf dem Hügel

Menschen, die außergewöhnliche Erlebnisse hatten und sich mehr oder weniger dazu in der Öffentlichkeit äußerten, haben einen schweren Stand.
Man hält sie schlicht für psychisch gestört, unterstellt ihnen betrügerische Absichten oder hält sie generell für unglaubwürdig, unabhängig von ihrer früheren Reputation. Wenn der Zeuge in der Anonymität einer Großstadt untertauchen kann, hat er in Anbetracht der Situation noch Glück, auf dem Lande kann ein solches Erlebnis jedoch gravierende Folgen haben, da die dortige soziale Anbindung viel engmaschiger ist.
Diese Folgen bekam Gerd Schwarz (Pseudonym) drastisch zu spüren. Herr Schwarz lebt mit seiner Familie in Thüringen und ist von Beruf Arbeiter in einer Fabrik für Autoteile. Seine große Leidenschaft, der er in seiner Freizeit nachgeht, ist der CB-Funk.

An jenem Abend im Herbs des Jahres 1990 war es mal wieder so weit. Herr Schwarz fuhr mit seinem Wagen und der CB-Funkanlage auf eine benachbarte Anhöhe und nahm dort den Kontakt zu seinen Kollegen auf. Ganz in sein Hobby vertieft, bemerkte er einen Lichtblitz, der die Umgebung kurzfristig erhellte, eher nur nebenbei. Neugierig geworden, stieg er aus seinem Wagen und ging auf eine benachbarte Lichtung, wo er einige „Kinder" sah. Er ging auf die Gruppe zu, um zu fragen, was sie zu so später Stunde noch hier draußen taten. Als er näherkam bemerkte er, daß die „Kinder"

alle gleich aussahen und einteilige Anzüge bzw. Overalls trugen. Dann erst stellte er fest, daß ihn sein erster Eindruck getäuscht hatte. Die „Kinder" hatten überproportional große Köpfe und riesige Augen - und sie kamen langsam auf ihn zu!
Panikartig lief Herr Schwarz zu seinem Wagen und fuhr anschließend mit Höchstgeschwindigkeit nach Hause. Und hier nahm das Unheil seinen Lauf, denn schon am nächsten Tag erzählte er Nachbarn und Bekannten von seinem nächtlichen Erlebnis, was in diesem kleinen, ländlich geprägten Ort, sofort entsprechend sanktioniert wurde. Niemand machte sich die Mühe, die Angaben von Herrn Schwarz zu überprüfen oder gar vor Ort zu recherchieren. Stattdessen wurde er als UFO-Spinner gebrandmarkt und mit ihm die ganze Familie. Scheinbar ist der Kontakt mit Menschen in vielen Fällen riskanter als der mit Aliens!

Objekte aus dem Nichts

Das UFO-Phänomen weist, wenn man sich selbst um Fallrecherchen bemüht, immer wieder neue und unbekannte Facetten auf. Als ich vor einigen Jahren anfing, nach UFO-Zeugen Ausschau zu halten, ahnte ich nicht, mit etwas völlig anderem konfrontiert zu werden, als es in der populären Literatur zum Thema vorgegeben wird. Der starke parapsychologische Aspekt dieser Berichte, der übereinstimmend von den Zeugen wiedergegeben wurde, widersprach allen bisherigen Überlegungen zu diesem Phänomen.
Auch der vorliegende Fall, der von meinem Kollegen Chris Dimperl aufgrund eines Hinweises von Hartwig Hausdorf recherchiert wurde, erfüllt diese Kriterien.
Die beiden Zeuginnen, Frau Schmidt und Frau Ulrich (Pseudonyme), wurden, wie beim INDEPENDENT ALIEN NETWORK üblich, vor Ort befragt. Es wurden Videoaufnahmen gemacht und Fragebogen ausgefüllt. Daneben hatte ich noch die Gelegenheit, mit Frau Schmidt den Fall ausführlich telefonisch zu erörtern. Sie

hat nach dem Vorfall übrigens ein psychologisches Gutachten über sich erstellen lassen, da sie ihre anfängliche Sichtung selber nicht erklären konnte und etwaige psychologische Ursachen ausschließen wollte. Aus diesem Gutachten, das mein Kollege einsehen konnte, geht hervor, daß die Zeugin geistig völlig gesund ist!

Der Vorfall ereignete sich am 13. Juni 1996 um 1.30 Uhr auf der B12. Aus dem Protokoll von Frau Ulrich geht folgendes hervor: „Mitte Juni fuhr ich mit meinem Auto von A. auf der B12 Richtung S.. Plötzlich tauchte aus heiterem Himmel ein fremdartiges Objekt auf und schwebte in 1-2 Metern Höhe vor mir her! Abstand zum Objekt ca. fünf Meter. Trotz Geschwindigkeitsänderung behielt das Objekt immer den gleichen Abstand bei. Zum Zeitpunkt der Beobachtung glaubte ich, daß wir nicht alleine im Wagen waren. Es lag ein süßlicher Geruch, wie wenn man einen Menschen seziert, im Wagen. Die Luft im Wagen war elektrostatisch geladen! Bei der Autobahn-Auffahrt wollte ich das Objekt endlich überholen und setzte den Blinker. In dem Moment gab es eine rote Farbexplosion bei diesem Objekt und es flog zur rechten Seite weg! Dann beschleunigte ich auf ca. 130 Kilometer. Kurz danach tauchte vor mir ein ungewöhnlicher Kastenwagen auf, ohne Auspuff, ohne Licht, ohne Nummernschild und ohne Geräusche, nur die Räder waren sichtbar. Die Räder sahen aus (bewegten sich) als ob sie einen ‚Achter' hatten! Irgendetwas hinderte mich bei beiden Objekte am Überholen und es war kein Verkehr in beiden Richtungen unterwegs! Der Geruch vom ersten Objekt intensivierte sich jetzt noch um das Vielfache! Das Gefühl, diesen Kastenwagen nicht zu überholen, wurde immer stärker in mir. So plötzlich wie das Auftauchen des Wagens war auch das Verschwinden. Er war einfach weg!"

Aus dem Fragebogen von Frau Ulrich sind weitere interessante Aspekte zu ersehen: Für eine Strecke von 21 Kilometern wurde eine Zeit von 2 1/4 Stunden benötigt. Die normale Fahrzeit auf dieser Distanz beträgt selbst bei gemächlicher Fahrt ca. 20 Minuten! Es bleibt eine Zeit von etwa 2 Stunden, in denen sich beide Zeuginnen keine Rechenschaft über das Geschehene ablegen konnten. Übrigens schilderte Frau Ulrich noch, das bei dem zweiten beobachteten Objekt (dem „Kastenwagen") die Gegend dunkler war als bei der Sichtung des ersten Objektes. Die vorher sternenklare Nacht war auf einmal tiefschwarz. Nachdem das zweite Objekt jedoch wieder verschwand, war auch die Nacht erneut sternenklar!

Um Ihnen ein möglichst genaues Bild der Vorgänge skizzieren zu können, möchte ich auch die Aussage von Frau Schmidt zitieren, die sich ebenfalls im Wagen befand:
„Ich fuhr Mitte Juni mit meiner Freundin von A. nach S., plötzlich erschien ein rotes Ding, das wir nicht definieren konnten. Im Inneren des Dings war ein rotierendes Licht, es war ein Leuchten, das nicht blendete, ein schönes Licht. Es fuhr genau mit unserer Geschwindigkeit. Als wir nach langer Zeit, zumindest kam es uns ewig vor, überholen wollten, sauste es nach rechts in Feld. Etwa ein bis zwei Kilometer weiter fuhr vor uns plötzlich aus heiterem Himmel ein großer seltsamer Lastwagen, der keine Fenster, Lichter und keinen Auspuff besaß. Wir bekamen wieder Angst, denn es kam weit und breit kein Auto, wir waren die ganze Zeit allein auf der Straße. So wie er kam, war er auch wieder weg. Mit ziemlicher Geschwindigkeit fuhren wir dann wieder nach Hause. Die ganze Zeit hatten wir das Gefühl, wir wären nicht allein im Wagen, aber es war niemand da. Wir fuhren um 1.30 Uhr von der Gaststätte weg und kamen gegen 3.45 Uhr nach Hause."

Dieser Bericht erinnert an eine ganze Reihe durchaus ähnlicher Szenarien, die wir von UFO-Entführungen her gewohnt sind. Rund 50% der klassischen Abductions spielen sich auf entlegenen Landstraßen ab, auf denen sich die Zeugen zu später Stunde noch aufhalten. Das Auftauchen des Objektes direkt vor dem Wagen, die fehlende Zeit und die veränderte, fremdartig wirkende Umgebung

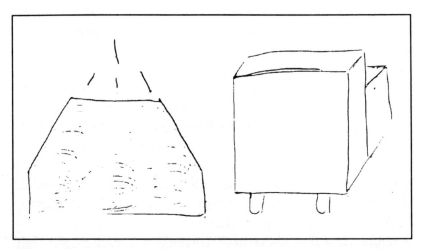

Die von den beiden Augenzeuginnen während ihrer nächtlichen Fahrt beobachteteten merkwürdigen Objekte

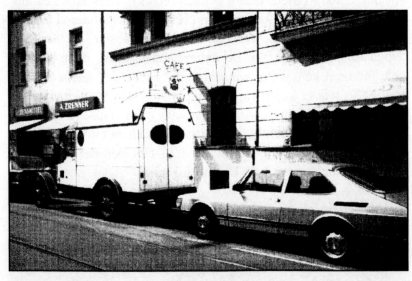

Zum Vergleich: Im Bild ein Kastenwagen, wie er in den zwanziger und dreißiger Jahren unseres Jahrhunderts in Gebrauch war

(„OZ-Faktor") sind feste Bestandteile dieser Szenarien. In vielen vergleichbaren Fällen mit Zeitverlust geht man, vor allem in den USA, mit Hypnose-Regressionen (Rückführungen) vor, um die nicht mehr greifbaren Zeitabschnitte wieder ins Bewußtsein der Zeugen zurückzuholen. Ich möchte kurz schildern, warum unsere Forschungsgruppe dieses Verfahren nicht anwendet: Zum einen ist es so, daß bei einer Hypnose-Regression nur die subjektive Realität des Probanden zu Tage gefördert wird. Das heißt, wir erfahren nicht, was wirklich geschehen ist, sondern nur das, was der Zeuge glaubt, daß es geschehen sei. Was natürlich einen sehr großen Unterschied ausmacht.

Zum anderen kann man bei einer solchen Regression sehr gut mit Suggestion arbeiten, Erinnerungsbilder also sozusagen ins Bewußtsein „implantieren", die rein fiktiv sind, jedoch als real aufgefaßt werden. Einen wissenschaftlichen Wert haben Regressionen daher nicht, was sie somit jederzeit angreifbar werden läßt. Besonders problematisch ist auch, daß fehlende Erinnerungen bei Probanden mit Phantasie-Versatzstücken ausgefüllt werden.

In den USA werden sogar Zeugen hypnotisiert, die sich gar nicht an eine Entführung oder UFO-Sichtung erinnern können. Daß das Freilegen von subjektiv oder objektiv Erlebtem horrende Gefahren in sich bergen kann, sieht man am Beispiel von Opfern sexuellen Mißbrauchs. Patientinnen, die im Verlauf einer Rückführungstherapie traumatische Kindheitserlebnisse reproduzieren oder vielleicht nur produzieren, geraten in schlimme Lebenskrisen, werden unfähig, den Alltag zu meistern, fallen in Depressionen und Haß und werden keineswegs immer geheilt!

Auch das umgekehrte Ergebnis ist wissenswert: Bei mehreren Untersuchungen von Kindern, die nachweislich sexuell mißbraucht wurden, kam zutage, daß sich ein hoher Anteil - bis zu einem Drittel - nicht an die traumatischen Ereignisse erinnern konnte. Bemerkenswert: Diese Kinder zeigten keinerlei seelische Krankheitssymptome, ganz im Gegenteil zu denen, die sich an die schreckliche Zeit deutlich erinnerten! (21)

Dementsprechend sind vorgenannte Regressionen meiner Meinung nach unverantwortlich, vor allem wenn man bedenkt, daß sich die beiden Zeuginen in unserem Fall durchaus an viele interessante Einzelheiten erinnern können. Hier etwa an die paranormalen Elemente. Wir haben da einmal den ausgesprochenen Leichengeruch im Wagen, das Gefühl einer unheimlichen „Präsenz" und den phantomartigen Kastenwagen, der aus den zwanziger Jahren unseres Jahrhunderts entlehnt scheint. Hier verbinden sich die Elemente des „modernen" UFO-Phänomens mit denen von uralten Spukerscheinungen zu einem völlig verwirrenden „Meta-Phänomen"

In dieser Hinsicht sind auch die Biografien der beiden Zeuginen sehr interessant:
Frau Schmidt z. B. wurde im Alter von neun Jahren von einem Auto angefahren und schwerverletzt ins Krankenhaus eingeliefert. Sie konnte sich daran erinnern, an der Decke geschwebt zu haben und sich selbst unter einem Sauerstoffzelt liegen zu sehen. Daneben saß eine Nonne, betete den Rosenkranz und gab ihr die letzte Ölung. Dann riß die Erinnerung ab. Ein typisches Nahtoderlebnis, das, wie wir bisher gesehen haben, eine ganze Reihe von Menschen schildern, die später Besuchererfahrungen machen. Es scheint, als ob ein Tor zu einer anderen Welt geöffnet wird. Es wäre dabei interessant zu erfahren, wie viele Abduzierte (von UFOs entführte Personen) vor ihrem Erlebnis schon einmal an der Schwelle des Todes standen!
Im Alter von 19 Jahren hatte Frau Schmidt ein besonderes Erlebnis. Als sie im Bett lag und morgens aufwachte, konnte sie sich nicht mehr bewegen und auch ihre Augen nicht öffnen. Sie war vollkommen paralysiert. Sie hatte die Nacht sehr schlecht und unruhig geschlafen, da sie Alpträume hatte, an deren Inhalt sie sich aber nicht mehr erinnern konnte. Sie wollte am Morgen gleich zu ihrem Bruder laufen, um ihm von der Nacht zu erzählen. Der Zustand der Paralyse verhinderte dies jedoch. Es kam ihr vor, als sei eine Stunde vergangen, bis sie sich wieder bewegen konnte.

Im Alter von ca. 30 Jahren ging sie im Wald spazieren und bemerkte dabei zwei alte „Mütterlein" auf einer Lichtung stehen. Hinter diesen befand sich ein alter Schlitten, wie er in den Alpen zum Holztransportieren in den zwanziger Jahren üblich war. Die alten Frauen trugen Kopftücher, sodaß ihre Gesichter nicht erkennbar waren. Als sich Frau Schmidt dann noch einmal umdrehte, war alles Beschriebene verschwunden. Kurze Zeit später ging sie noch einmal mit ihrer Mutter und ihrem damaligen Ehemann zu der Stelle, wo man tatsächlich Abdrücke des erwähnten Schlittens fand.
Der Sohn von Frau Schmidt, heute 13 Jahre alt, hatte drei Erlebnisse, die sie als „merkwürdig und erschreckend" beschreibt. Er zeichnet heute übrigens am häufigsten „Monster" im „Grey-Stil".
Erlebnis 1: Im Alter von 2 1/2 Jahren kam er weinend ins Schlafzimmer von Frau Schmidt und sagte aufgebracht: „Mami, ich habe noch eine zweite Mutti. Wir waren auf einem Bauernhof und da kamen lauter schwarze Männer und töteten alle!"
Falls die Aussage des Kindes nicht auf einem schlechten Traum beruht, könnte man rein spekulativ annehmen, daß sich der Sohn von Frau Schmidt u. U. an eine frühere Existenz erinnerte. Immer wieder werden weltweit Berichte von Kindern publik, die von früheren Leben berichten. Zum Teil sind diese Aussagen so minutiös und genau, daß man bei entsprechenden Recherchen tatsächlich jene bereits verstorbenen Personen ausfindig machen kann. Die biographischen Daten der Verstorbenen gleichen signifikant jenen, die die Kinder zu Protokoll gaben. Hängt womöglich das ganze Entführungsphänomen irgendwie mit dem Leben und Sterben des Menschen zusammen? Berichten Abduzierte deshalb immer wieder von Ausleibigkeitserlebnissen an Bord von UFOs?
Erlebnis 2: Im Alter von vier Jahren sagte Frau Schmidt's Sohn, daß in seinem Zimmer schwarze Monster mit großen langen Hörnern gewesen seien.
Erlebnis 3: Im Alter von fünf Jahren sah er im Badezimmer-Spiegel einen Totenschädel, der aussah wie ein „typischer Grey".

Auch Frau Ulrich konnte über außergewöhnliche Erlebnisse berichten. Sie beobachtete insgesammt fünfmal eine riesige Gestalt in ihrem Keller. Das Wesen war schwarz gekleidet, hatte einen langen Mantel und einen tief ins Gesicht gezogenen Hut. Die Gestalt hatte vier Finger an jeder Hand und kam aus dem hinteren Teil des Kellers auf sie zu. Ihr Ehemann, ein „Ur-Bayer", vermutete hier einen Teufelsspuk und verteilte Weihwasser in besagtem Raum, was jedoch ohne Erfolg blieb!

Sowohl Frau Schmidt als auch Frau Ulrich haben sich, trotz eigener Erlebnisse, niemals mit grenzwissenschaftlichen Aspekten befaßt. Und dennoch reiht sich ihr Bericht nahtlos in Dutzende weitere ein, was meiner Meinung nach ein wichtiger Hinweis auf die Realität des Geschehens ist.
Was ist das für ein Phänomen, das allgegenwärtig scheint? Und: Seit wann interagiert es mit uns?
Betrachten wir einen Teilaspekt des Phänomens näher, nämlich die Spukerscheinungen. Diese Manifestationen haben nicht nur Frau Schmidt und Frau Ulrich zugesetzt, sondern lassen sich auch bei weit zurückliegenden Beispielen in der Vergangenheit eruieren!

Supraterrestrier

Der erste Fall, der uns hier beschäftigen soll, behandelt die Ereignisse, die sich im März des Jahres 1661 in Wiltshire (Großbritannien) ereignet haben. Betroffen war die Familie Mompesson, die anfänglich in ihrem Haus von einem beharrlichen Klopfgeräusch genervt wurde, das sich nach einer Weile in den Lüften verlor. Noch ehe das besagte Klopfen einsetzte, war ein Geheul in der Luft über dem Haus zu vernehmen, wie es auch häufig im UFO- Zusammenhang beschrieben wird. Zu dem Geräusch gesellte sich dann auch noch ein höchst unangenehmer Schwefelgeruch (auch eine durchaus geläufige UFO-Sekundärerscheinung, die auch im Zusammen-

hang mit dem Erscheinen des Teufels stehen soll - der Autor). Dieses zu Beginn zwar recht lästige, jedoch noch ungefährliche Treiben trat recht bald in eine neue Phase, die der physischen Übergriffe nämlich. Während der unsichtbare Quälgeist die bemitleidenswerten Opfer auf vielerlei Weise attackierte, konnten sich diese dabei oftmals nicht bewegen, ein Umstand, der z. B. bei den Berichten über Besuchererfahrungen vielfach zitiert wird.
Über ein weiteres Phänomen, das in diesem Zusammenhang auftrat, schreibt der Autor Leberecht H. Obst:
„Auch Lichter irrten im Hause umher. Eines kam in das Schlafzimmer des Herrn Mompesson. Die Lichter brannten mit blau leuchtender Flamme, und wer sie sah, vermochte den Blick nicht mehr abzuwenden. Das blaue Licht wurde auch mehrmals im Kinderzimmer beobachtet. Dort mußten die Mägde erleben, wie von unsichtbarer Hand mindestens zehnmal die Türen geöffnet und geschlossen wurden. Dabei waren Schritte zu hören, als beträten ein halbes Dutzend Menschen den Raum."

Dieses Indiz läßt uns wieder Rückschlüsse auf das UFO-Phänomen ziehen, bei dem hellstrahlende Kugeln und umherirrende Lichter eine nicht unbedeutende Rolle spielen.

Das große „Finale" all dieser mysteriösen Vorfälle in England wurde mit dem seltsamen Tod eines Pferdes eingeläutet, daß eigentümliche Krankheitssymptome aufwies, an denen es auch zugrunde ging. Eines Nachts hörte dann Herr Mompesson sogar jemanden die Treppe heraufkommen und an seine Schlafzimmertür klopfen. Danach sah er eine große Gestalt mit zwei roten, glänzenden Augen vor seinem Bett stehen.
Dieser Vorfall schließt das klassische Besucherphänomen in die Spukerscheinungen ein.
Fassen wir zusammen: Mysteriöse Geräusche, die vom Himmel kommen, Lichterscheinungen aller Art, die Unfähigkeit der Zeugen, sich bei den unheimlichen Heimsuchungen zu bewegen, selt-

sames Tiersterben und nicht zuletzt das Auftauchen von exotischen Gestalten - all dies entspricht auch dem bekannten UFO-Erzählmuster!
Der soeben Vorfall steht bei weitem nicht alleine da. Im Jahre 1834 suchte sich die uns unbekannte Intelligenz ein weiteres Wirkungsfeld aus, diesmal war es ein Pfarrhaus in Cleversulzbach, das von der Familie Mörike bewohnt war. Dort liefen die Ereignisse wie folgt ab:
„Die Merkwürdigkeiten begannen damit, daß Herr Mörike, der Pfarrer, bei hellem Wachen und völliger Gemütsruhe unter seinem Bett ein Fallen und Rollen, wie von einer kleinen Kugel, vernahm. Eine solche Kugel oder sonst eine Erklärung für das Geräusch konnte aber trotz aller Bemühungen nicht gefunden werden." (22)

Eine erstaunliche Parallelität bei dieser Schilderung ist, daß der Autor Johannes Fiebag in seinem ausgezeichneten Buch „Kontakt" einen potentiellen Entführungsfall vorstellt, in dem die Zeugin ein ganz ähnliches Erlebnis in ihrer Wohnung hatte. Sie gab Fiebag zu Protokoll, wie sie glaubte „gesehen zu haben, wie etwas, das wie ein dunkler Ball aussah, durch mein Zimmer rollte, alle nötigen Kurven vollziehend und dann nach einer solchen Runde verschwand." Von dieser Kugel ging ein Geräusch „ähnlich dem Geräusch eines Motors" aus. (23)
Eine weitere Übereinstimmung findet sich in der alpenländischen Sagenwelt, wo man die „Kugel der Klage" kennt. In einer entsprechenden Überlieferung können wir erfahren, daß die Klage als hageres altes Weib geschildert wird, „das, wie die meisten Dämonen, sich als Werkzeug seines Unheils der Schicksalskugel bedient. Wohin die Kugel rollt, dorthin bringt die Klage Verderben und Tod. Hört man um Mitternacht die auch als feurig geschilderte Kugel in einem Hause winseln und rauschen, so muß man auf ein schweres Ereignis gefaßt sein. Steht man auf einer Treppe und blickt hinab, so sieht man oft einen unförmigen Knäuel, blaue Funken sprühend, bald einer Kugel, bald einem Rumpf ähnlich, von Stufe zu Stufe

emporhüpfend... (24)
An anderer Stelle können wir erfahren, daß „in einem Heidedorfe einst am Abend, ein Vater am Krankenbette seiner Tochter saß. Zu seiner Bestürzung fiel plötzlich von der Zimmerdecke ein schwarzer Gegenstand polternd herab. Es war eine sich selbst drehende Kugel, die knarrend und sausend dahinrollte. Der alte Mann erkannte die Schicksalskugel der Klage und trachtete, sich gegen diese zu wehren, indem er eiligst auf einen Stuhl stieg, um von ihr nicht berührt zu werden. Die Kugel durchkreiste sausend und tobend das ganze Zimmer und verschwand schließlich unter dem Bett der Kranken. Nach drei Tagen war diese eine Leiche - die Klage hatte sie geholt". (24)
Diese mysteriöse Kugel wurde immer wieder auch als unheilverkündendes Zeichen gedeutet. So hat man sie etwa im Marchenfelde (Niederösterreich) während der Türken- und Schwedenzeit, „dann in den schrecklichen Pestjahren, in der Huzulennoth und zuletzt im unseligen Neunerjahr gesehen. Es ist eine Feuerkugel, etwa so groß wie ein Kinderkopf, und Tage, Wochen vor Einbruch des Unglücks rollt sie lallend durch die Straßen und Gassen". (25)

Doch das Auftauchen besagter Kugel war nicht die einzige unheimliche Begegnung der Familie Mörike. In seinem Tagebuch schrieb Eduard Mörike über einen weiteren Vorfall:
„So hörte ich in den verflossenen Nächten oft eine ganz unnachahmliche Berührung meiner Fensterscheiben bei geschlossenen Laden, ein sanftes, doch mächtiges Andrängen an die Laden von außen, mit einem gewissen Sausen in der Luft verbunden, während die übrige äußere Luft vollkommen regungslos war; ferner schon mehrmals dumpfe Schütterungen auf dem oberen Boden, als ginge dort jemand oder als würden dort schwere Kasten gerückt."

Über einen weiteren Vorfall weiß unsere Quelle zu berichten: Karl Mörike „war um zu Bett zu gehen, kaum in sein Schlafzimmer getreten, hatte sein Licht auf den Tisch gesetzt und stand ruhig, da

sah er einen runden Schatten von der Größe eines Tellers, die weiße Wand entlang auf dem Boden, gleichsam kugelnd, ungefähr vier bis fünf Schritte lang hinschweben und in der Ecke verschwinden. Der Schatten konnte, wie ich mir umständlich dartun ließ, schlechterdings nicht durch die Bewegung eines Lichts und dergleichen entstanden sein. Auch von außen konnte kein fremder Lichtschein kommen, und selbst die Möglichkeit vorausgesetzt, so hätte dadurch jene Wirkung nicht hervorgebracht werden können".
Weiter können wir erfahren, daß ein Freund des Hausherren, der vom 9. bis 15. Oktober 1834 im Pfarrhaus zu Besuch weilte, Seltsames erlebte. Nicht lange nach Mitternacht „sah er in dem Fenster, das seinem Bette gegenüber steht, eine purpurrote Helle sich verbreiten, welche allmählich wieder verschwand, kurz nachher aufs neue entstand und solange anhielt, daß er sich vollkommen versichern konnte, es liege hier keine Augentäuschung zu Grunde". In einer der folgenden Nächte erlebte die Mutter Mörikes ähnliches in ihrem Schlafzimmer und machte ihre Tochter darauf aufmerksam. Ein weiteres Lichtphänomen registrierte auch ein anderer Gast der Mörikes, der folgenden Bericht hierzu niederschrieb:
„Ich war am 29. November 1840 um 8 1/2 Uhr zu Bette gegangen und hatte sogleich das Licht gelöscht. Ich saß nun etwa 1/2 Stunde noch aufrecht im Bett, indem ich meine Gedanken mit einem mir höchst wichtigen Gegenstand beschäftigte, der meine ganze Aufmerksamkeit so sehr in Anspruch nahm, daß er keiner Nebenempfindung Raum gab. Weder den Tag über noch besonders so lange ich im Bette war, hatte ich auch nur im entferntesten an Geisterspuk gedacht. Plötzlich, wie mit einem Zauberschlage, ergriff mich ein Gefühl der Unheimlichkeit, und wie von unsichtbarer Macht war ich innerlich gezwungen, mich umzudrehen, weil ich etwas an der Wand zu Haupte meines Bettes sehen müsse. Ich sah zurück und erblickte an der Wand (welche massiv von Stein und gegipst ist), in gleicher Höhe mit meinem Kopfe, zwei Flämmchen, ungefähr in der Gestalt einer mittleren Hand, ebenso groß, nur nicht ganz so breit, und oben spitz zulaufend. Sie schienen an ihrem un-

teren Ende aus der Wand herauszubrennen, flackerten an der Wand hin und her, im Umkreis von etwa zwei Schuh. Es waren aber nicht nur sowohl brennende Flämmchen als vielmehr erleuchtete Dunstwölkchen von rötlich blassem Schimmer. So wie ich sie erblickte, verschwand alles Gefühl der Bangigkeit, und mit wahrem Wohlbehagen und Freude betrachtete ich die Lichter eine Zeit lang. Ob sie doch wohl brennen? dachte ich und streckte meine Hand nach ihnen aus. Allein das eine Flämmchen, das ich berührte, verschwand mir unter der Hand und brannte plötzlich daneben; drei, viermal wiederholte ich den nämlichen Versuch, immer vergeblich. Das berührte Flämmchen erlosch jedesmal nicht allmählich und loderte ebenso wieder nicht allmählich sich vergrößernd am anderen Orte auf, sondern in seiner vollen Gestalt verschwand es und in seiner vollen Gestalt erschien es wieder daneben. Die zwei Flämmchen spielten hie und da ineinander über, so daß sie eine größere Flamme bildeten, gingen dann bald wieder auseinander. So betrachtete ich die Flämmchen vier bis fünf Minuten lag, ohne eine Abnahme des Lichts an ihnen zu bemerken, wohl aber kleine Biegungen und Veränderungen in der Gestalt."

Die Serie von Spukfällen begann jedoch nicht erst mit dem Einzug der Mörikes, womit ein personenbezogener Spuk ausgeschlossen werden kann. So wurde auch bereits ein Vorgänger von Mörike, Pfarrer Hochstetter, auf ganz unhimmlische Weise heimgesucht. Er berichtete von Klopfen an den Wänden, Atmen unter seiner Bettstelle, Geräusche von Tritten und von einer anscheinend im Zimmer umherrollenden Kugel, von unerklärlichem Öffnen und Schließen der Türen. Sein schweizerisches Dienstmädchen sah bei Tage nicht selten „eine schwarze Schattengestalt wie die eines Mannes, oft auch die Schattengestalt eines Hundes". Womit die Intelligenz, das Phänomen wenn man so will, den Kreis zu dem mythischen „Black Dogs" auf der britischen Insel und anderswo schließt. Gerade diese „Black Dogs" sollen uns noch an anderer Stelle beschäftigen.

Die beschriebene Schattengestalt hatte wohl eine ausgesprochene

Vorliebe für Dienstmädchen, denn eine Kollegin jener Schweizerin sah im Gange des Hauses eine schwarze Gestalt auf sich zugehen, worauf sie totenbleich in das Zimmer ihrer Herrschaft lief und dort ohnmächtig wurde. Das Beispiel jener schwarzen Gestalt macht deutlich, wie eng verflochten an sich scheinbar verschiedene Paraphänomene sind.

Auch der nächste Bericht, mit dem wir uns beschäftigen wollen, stammt von einem Geistlichen. Es geht hier um die Erlebnisse des Pfarrers Emanuel Philipp Paris aus Herzegerode. Eben jener hatte Konfrontationen mit dem Unbekannten, die dem ähneln, was wir heute im Rahmen unserer Vereinigung untersuchen. Um das moderne Phänomen einschätzen zu können, muß man sich eingehend mit den historischen Wurzeln beschäftigen. Das Phänomen, das Herr Paris beobachtet hat, erregte ihn so sehr, daß er sogar seinem Landesfürsten davon Bericht erstattete. Lassen wir ihn an dieser Stelle zu Wort kommen:

„In der Nacht zwischen 2 und 3 Uhr hat mich in der Kammer der untersten Wohnstube, so nach dem Hofe gehet und darinnen ich mit meinem Schwager, Herrn Wilhelm Colero, stud. jur., in meinem Bette gelegen, eine Stimme bei meinem Namen gerufen. Als ich nun davon erwachte und nicht recht konnte wissen, ob es wahr oder ob es im Schlafe mir so vorkommen, so hat diese Stimme mich zum andern Male, und das bald wieder, bei diesem meinen Namen gerufen. Als ich sehr erschrak und mich sehr entsetzte und fürchtete, rufet diese Stimme zum dritten Male mich bei eben diesem Namen und ließ mich diese Worte hören: Fürchte dich nicht! Darauf schlug ich meine Augen auf und sah mich um, ward aber niemand gewahr als ein hellglänzendes Feuer, dessen Strahlen so heftig und penetrant waren, daß ich auch dasselbe nicht länger konnte ansehen, sondern meine Augen wieder wegwenden mußte. Obwohl die Vorhänge vor meinem Bette gegen mein Gesicht waren zugezogen, so war es doch, als wenn dies strahlende Feuer weit von mir wäre entfernt gewesen und eben als ob ich solches durch

ein Perspektiv sähe. Dabei aber geriet ich in solche Angst, daß ich zitterte und bebte."
Wenig später meldete sich die Stimme wieder und überbrachte eine Nachricht, die sich auf die damaligen sozialen Schwierigkeiten und den rigorosen Führungsstil des Fürsten bezog. Die Stimme forderte den Pfarrer auf, eben diese Nachricht (die mit einer Drohung verbunden war) an den Despoten zu überbringen. Als die Mission beendet war „kam das hellglänzende Feuer wieder weg, und alles war still und schlug die Glocke 3. Ich indes konnte nicht wieder einschlafen, sondern lag und hatte meine Gedanken darüber und das in großer Angst und Zittern meiner Glieder, bis die Glocke 5 geschlagen", läßt uns Paris wissen. „Da ich alsdann, als mein Schwager erwachte, ihn gefraget, ob er nichts gesehen oder gehöret? Und als er mir zur Antwort gab: Nein, er hätte nicht gesehen und gehöret, bin ich endlich aufgestanden und kam aus der Kammer in die Stube gegangen, allwo meine Frau mit ihrem Kind und Magd geschlafen, und habe auch dieselbe gefraget, welche aber von nichts wissen wollten. Darauf habe ich mich angekleidet und solches meinem gnädigen Fürsten und Herrn hinterbracht."
Acht Tage später, in der Nacht des 29. Novembers 1709, schläft Paris wieder in der unteren Wohnstube des Pfarrhauses. Nachts zwischen 2 und 3 Uhr hört er es rufen: „Emanuel Philipp Paris!" Er fährt im Bett hoch, sieht sich um, kann aber nichts Auffälliges entdecken. Kurze Zeit später ruft es ein zweites Mal, dann ein drittes Mal.
Nun sieht er das hellglänzende, blendende Licht, das ihm schon vor einer Woche erschienen war. Er fragt: „Was soll ich?" Die Stimme antwortete: „Höre, denn ich will reden!" Der Pfarrer möchte wissen, wer mit ihm redet. „Ich bin, der ich bin!" wird ihm geantwortet. Die Stimme fragt, ob Paris getan habe, was ihm aufgetragen wurde. Als er dies bejahte, läßt sich die Stimme vernehmen: „Hättest du nicht getan, was ich dir befohlen, so hätte ich alles Unglück, so ich anderen bereitet, über deinen Kopf kommen lassen." Doch da er dem Befehl nachgekommen ist, wird Paris des göttlichen

Schutzes versichert. Außerdem verheißt ihm die Stimme, in acht Tagen sich wieder vernehmen zu lassen.

Am 7. Dezember 1709, dem Sonnabend vor dem zweiten Advent, sitzt Pfarrer Paris in seiner Studierstube und schreibt an der Sonntagspredigt. Es ist zwischen 2 und 3 Uhr nachmittags. (...) Da läßt sich die ihm nun schon bekannte Stimme wieder hören, erneut wird sein Name gerufen. Paris dreht sich um. Hinter ihm steht, so berichtet er, „ein Mann, der etwas größer und stärker als ich war, dessen Angesicht und Physiognomie so schön war, als ich meinen Lebtag unter den Menschen nicht gesehen, dessen Haar flammig und eben als wenn lauter Feuerfunken wären darinnen gewesen, die sie durchschimmerten. Dessen Kleidung war weiß, rot und bläulich und eben als Flittergold dahinter läge, das so durchschimmerte. Die Schuh waren ganz weiß, es schimmerte aber auch Gold durch. In Summa, es glänzte von Gold an ihm. Und als ich nicht die geringste Furcht vor ihm hatte, fragte ich ihn, warum er mich gerufen und was ich sollte."

Das Wesen, das sich sowohl durch sein Auftreten als auch durch seine Kleidung Respekt verschafft hatte, bezeichnete sich selber als der „endzeitliche Herr". Scheinbar bestand seine ganze Mission abermals darin, auf den despotischen Fürsten hinzuweisen und die damaligen Mißstände anzuprangern.

Das soziale Engagement des Aliens ist zwar zu würdigen, es stellt sich jedoch die Frage nach dem eigentlichen Grund des Auftretens. Wollte eine, wie auch immer geartete, „höhere Macht" einfach nur einen kleinen, absolutistischen Fürsten einschüchtern? Oder bestand das ganze Anliegen darin, einen Gemeindepfarrer zu beeindrucken? Wie ganz allgemein bei den Alien-Erscheinungen können wir keine rationale Lösung finden.

Doch wie auch immer, nach seinem showreifen Auftreten verschwand der Fremde auf bekannte Weise im Nichts, aus dem er auch gekommen war. Paris, als gläubiger Mann natürlich höchst beeindruckt, lag betend auf dem Boden und wartete wohl auf das letzte Gericht. Seine Frau, die zufällig in die Studierstube trat, fand ihren Mann also auf dem Boden und dachte zuerst, daß er verschieden sei, mußte ihn erst aufrichten und ihm gut zusprechen. Am folgenden zweiten Adventssontag, schreibt Paris all seine ungewöhnlichen Erlebnisse auf und vergißt nicht, die Versicherung dazuzusetzen, alles mit einem „körperlichen Eid" beschwören zu können und auf die Wahrheit seines Berichts „leben und sterben" zu wollen. (22)

Mir persönlich erscheint es höchst unrealistisch, daß ein Geistlicher sich eine solche Geschichte „aus den Fingern gesogen" haben soll. Tatsächlich hat dieser Mann etwas Außergewöhnliches erlebt, ist Zeuge einer exotischen Intelligenz geworden...

Auch Ignaz Martin, ein französischer Bauer, der 1783 geboren wurde, hatte im Jahr 1816 mehrere Erscheinungen eines Wesens, das ihn beauftragt hatte, den damaligen König, Ludwig XVIII., vor einem Umsturzversuch zu warnen. Wir wissen, wie im Falle des Pfarrers Paris, nicht, was dieses Wesen wirklich wollte, doch lesen sich die Schilderungen über das Auftauchen und Verschwinden von ihm sehr interessant.

Am 15. Januar 1816, Martin war gerade 33 Jahre alt, sah er den geheimnisvollen Boten zu ersten Mal. Zum Ende dieser ersten Erscheinung hin, die ebenfalls mit der Übergabe von Befehlen verbunden war, sah Martin den Unbekannten ungefähr auf folgende Weise verschwinden: Seine Füße schienen sich von der Erde zu erheben, sein Haupt sich zu neigen, sein Leib immer kleiner zu werden, und endlich verschwand er.

Martin, der mehr über diese Art des Verschwindens als über die plötzliche Erscheinung selbst erschrak, wollte davongehen, konnte aber nicht; er blieb wieder Willen. Dieser Zustand der Bewegungslosigkeit während einer Erscheinung wird immer wieder beschrieben. Wie es jedoch möglich ist, einen Menschen „zu bannen", entzieht sich bei weitem unseren Vorstellungsmöglichkeiten. Die Angst des Zeugen alleine kann es nicht sein, die ihn bewegungslos wer-

den läßt.
Martin teilte, als er sich wieder bewegen konnte, alsbald mit, was ihm begegnet war; er ging zum Herrn Pfarrer, um zu erfahren, was dieses außerordentliche Ereignis bedeuten sollte. Dieser suchte ihn zu beruhigen, indem er alles, was ihm Martin erzählte, seiner Phantasie zuschrieb, was auch noch heute an der Tagesordnung zu sein scheint, geglaubt wurde den Zeugen nur selten. Auf jeden Fall sollte der Zeuge Martin wieder seiner Arbeit nachgehen...

Am 17. Januar ging Martin gegen sechs Uhr abends in seinen Keller hinab, um einige Äpfel zu holen, als ihm dieselbe Person erschien. Sie stand neben ihm, während er kniete, um die Äpfel zu sammeln. Martin ließ vor Schrecken sein Licht zurück und lief davon.
Am Samstag, dem 20. Januar, holte Martin um fünf Uhr abends Futter für seine Pferde. In dem Augenblick, in dem er die Scheune betreten wollte, zeigte sich ihm der Unbekannte an der Türschwelle - und Martin floh wieder.
Am folgenden Sonntag, dem 21.Januar, begab sich Martin zur Vesperstunde in die Kirche. Als er Weihwasser nahm, sah er den Unbekannten, der dasselbe tat und ihm bis zu seiner Bank folgte. Er ging aber nicht hinein, sondern blieb vor der Bank und war während der ganzen Vesperandacht sehr gesammelt. Er hatte keinen Hut bei sich, als er aber mit Martin aus der Kirche ging, war sein Kopf mit einem solchen bedeckt. Der Unbekannte folgte Martin in sein Haus. Unter der Tür befand sich der Unbekannte, der bisher neben ihm gegangen war, plötzlich mit dem Angesicht vor ihm und sprach: „Richte aus, was ich dir sage; du wirst nicht eher Ruhe haben, bis du es getan hast". Kaum hatte er diese Worte gesprochen, verschwand er, aber nicht mehr auf dieselbe Weise wie beim ersten Mal. Martin fragte die Familienmitglieder, welche mit ihm in die Vesper gegangen waren, ob sie von dem nichts gesehen oder gehört hätten, was ihm in der Kirche begegnet sei; alle versicherten weder etwas gesehen noch gehört zu haben.

Alle diese Erscheinungen und Ankündigungen machten Martin aus verständlichen Gründen sehr zu schaffen; er dachte daher, er könne der Sache dadurch ein Ende machen, daß er das Land verließe und so weit als möglich fortginge. Und dies am besten ganz allein und ohne Rücksicht auf Weib und Kind. Während er mit diesem Gedanken beschäftigt war, erschien ihm der Unbekannte in der Scheune, wo er sein Getreide drosch: „Du hast beschlossen", sprach er zu ihm, „fortzugehen, allein du wirst nicht weit kommen, denn du mußt tun was ich dir angekündigt habe." Nach diesen Worten verschwand er.

Nach wirklich langem Kampf gelang es Ignaz Martin tatsächlich beim König vorzusprechen. Als ihn dieser fragte, wie der Unbekannte denn aussehe, beschrieb in Martin wie folgt:
„Er trug einen lichtfarbenen Rock, bis zum Halse hinab bis zu den Füßen zugeköpft. An seinen Füßen hatte er Sandalen und auf dem Haupte einen hohen, schwarzen Hut. Er mochte mehr als fünf Fuß groß sein, hatte einen schlanken Körperbau und ein höchst blühendes Aussehen."

Nach einigen Unterredungen mit dem König wurde Martin von keinen weiteren Erscheinungen heimgesucht. (26)

Ein Rückblick in die Vergangenheit des Besucherphänomens hat entscheidende Aspekte aufgezeigt:
▲ Das Erzähl- und Ablaufmuster der Fallberichte ist über Jahrhunderte hinweg das gleiche geblieben, selbst immerkehrende Datails lassen sich nachweisen.
▲ Die Erscheinungen wurden immer im jeweiligen kulturellen und zeitlichen Kontext erklärt.
▲ Menschen, die über Erscheinungen berichtet haben, sind in den meisten Fällen für unglaubwürdig erklärt worden. Es bleibt zu prüfen, ob dieser Umstand rein soziologisch mit Sanktionierung von „Abweichlertum" zu erklären ist, oder ob das Phänomen selber damit

zu tun hat.
▲ Es gibt keine kulturell signifikanten Unterschiede in den aufgeführten Berichten. Weltweit ist immer das gleiche Schema anzutreffen.
▲ Die Phänomene treten selten einzeln auf. Stattdessen gibt es oftmals eine Reihe von paranormalen Erscheinungen, die kombiniert agieren.

Wer oder was hinter den Erscheinungen steht, bleibt nach wie vor ungeklärt. Vielleicht sind es ja „Supraterrestrier", wie der französische Autor und Forscher Jean Sider vermutet. Mehrdimensionale Entitäten, die in unsere Realität eintauchen und diese manipulieren können. (27)

Die Begegnungen mit diesen „Supraterrestriern" verlaufen jedoch nicht immer angenehm, wie der nächste Bericht eindringlich belegt.

Wesen aus der Schattenwelt

Eine der außergewöhnlichsten Gestalten in der Kunstwelt war zweifellos der Maler Hieronymus Bosch, der 1450 in Hertogenbosch, Niederlande, geboren wurde und bis 1516 lebte.
Ein Großteil seiner Werke stellt eine völlig entrückte, aus Dämonen und Chimären bestehende Welt dar, die sich so gar nicht dem damaligen schöngeistigen Stil anzupassen schien.
Bizarre Wesen in noch bizarreren Flugkörpern, geflügelte Monster, kapuzenbehangene Schreckensgestalten sowie technisch anmutende Gegenstände und Artefakte, die nicht so recht in seine Zeit passen wollen, säumen unseren Blick in seine exotische Welt.
Man hat den Eindruck, Bosch sei ein Blick in die Dimension der „Anderen" gestattet worden, denn bereits zu seinen Lebzeiten rätselte man über die unzeitgenössischen Bildinhalte seiner beeindruckenden Werke und stellte allerhand Spekulationen darüber an. Über

Bosch selber wissen wir nur wenig, persönliche Aufzeichnungen, Tagebücher oder ähnliches, sucht man leider vergeblich, womit auch die Frage offenbleiben muß, was der Anreiz für Bosch war, dergestalt bannende und fremdartige Kunstwerke zu schaffen. (28) Doch, hier und da scheinen einige Wesen aus Bosch's Universum ihren Weg zu uns zu finden, mitten hinein in unsere Realität und das nicht immer mit guten Absichten!

Frau Alexandra Köhler (Pseudonym) ist in ihrem Leben bereits viel in der Welt herumgekommen. Ihr Mann ist Ingenieur und arbeitete im Laufe ihrer langen gemeinsamen Ehe auf allen fünf Kontinenten. Ständige Umzüge, Klima- und Zeitzonenwechsel sind ihr längst vertraut. Bei ihren langen Auslandsaufenthalten erlebte sie viel Außergewöhnliches, was sie sehr aufgeschlossen in ihren Ansichten machte. Frau Köhler ist heute Mitte Fünfzig und genießt mit ihrem Mann ein ruhiges und komfortables Leben.
Trotz ihres aufregenden und abwechslungsreichen Lebens gibt es einen Vorfall, der ihr noch heute zu schaffen macht und den sie in gelegentlichen Alpträumen nacherlebt. Eines Tages erzählte sie auch einem ihrer Bekannten, Herrn Jacob Thanner, davon.
Herr Thanner hatte selbst zwei außergewöhnliche Erlebnisse gehabt, die ich hier bereits geschildert habe. Er bat Frau Köhler einen Bericht über den Vorfall zu verfassen, was sie auch dankenswerter Weise tat. In diesem Bericht schrieb sie:
„Es war im September 1963 in Lahore in Indien. Die Tage im September sind in Lahore noch immer sehr heiß, so daß man erst abends aus dem Haus geht, um sich zu ermuntern.
Ich war an diesem Abend von einem Spaziergang zurückgekommen und hatte mich angekleidet im Dunkeln auf mein Lager gelegt, um vor dem richtigen zu Bett gehen noch ein bißchen zu entspannen. Ich lag flach und lang ausgestreckt da, die Arme am Körper entlang und den Kopf nach links gewendet mit dem Blick aus dem Fenster. Hinter den Bäumen war der Mond hochgestiegen. Ich sah ihm bei seiner stillen Wanderung zu, atmete den Duft der Büsche

Die von Frau Köhler beobachtete Gestalt

und dachte an nichts, als höchstens das, daß ich angesichts all der Schönheit glücklich sei. Plötzlich vernahm ich zu meiner Rechten das Knarren, das für meine Badezimmertür typisch war. Sie führte in den Garten, also mußte jemand von draußen hereingekommen sein. Ich erschrak, wußte ich doch, daß ich beide Türen, die von meiner Wohnung ins Freie führen, verriegelt hatte, bevor ich mich hinlegte. Nach einer Minute des Wartens raschelte ein Frauenkleid und mir schien, als kämen leise Schritte näher. Da wollte ich aufstehen und nachsehen, wer das sei - aber zu meinem größten Entsetzen konnte ich nicht einmal den Kopf wenden. Er war in Richtung auf den Mond wie festgewachsen. Systematisch versuchte ich nun nacheinander die Arme zu heben, die Beine zu bewegen, den Oberkörper aufzurichten - alles umsonst. Von einem Moment zum anderen war ich in eine gräßliche Starre verfallen, in der ich nichts rühren konnte, nur die Augen. Soweit es ging, drehte ich sie nach rechts in die Richtung, aus der das Wesen herkam - ich war ganz sicher, daß es eine Frau war - hörte aber dabei nicht auf, den aussichtslosen Kampf gegen meinen starren Körper zu kämpfen. Ich hörte mich laut stöhnen und merkte, wie mir der Schweiß vor Anstrengung in die Augen lief, so daß sie brannten.

Mittlerweiler stand das unsichtbare Geschöpf neben mir, im toten

Winkel meines Blicks. Und nachdem es mich eine Zeitlang betrachtet hatte, tat es etwas ganz Merkwürdiges: es zog eine Art Stricknadel hervor, scharf und spitz, und stach damit langsam und bedächtig in meinen rechten Oberarm bis auf den Knochen. Es tat mächtig weh, ich schrie aber nicht. Dann wurde die Nadel herausgezogen und gleich darauf ein zweites Mal, daneben, hineingestoßen. Die Person - das fühlte ich deutlich - beobachtete mich dabei unbeteiligt. Danach blieb sie noch eine Weile neben mir stehen und entfernte sich schließlich in Richtung auf die andere Tür. In demselben Augenblick war ich aus der Starre erlöst. Sofort sah ich ihr nach, sah wie sie durch den Vorhang an der Eingangstür verschwand, sprang auf und rannte hinterher. Doch ich erreichte sie nicht mehr, nur den Laut der zufallenden Fliegengittertür hörte ich sehr deutlich. Da stand ich dann und schaute in die Nacht hinaus. Niemand war zu sehen. Der Riegel der Tür, die ich doch soeben hatte zufallen hören, war fest vorgeschoben und draußen lag immer unser Koch, ein steinalter Mann, der dort auf meinem Vorplatz seinen Schlafplatz hat, zusammen mit dem Diener, und beide waren am Einschlafen. Sie hatten mich zwar stöhnen gehört, aber aus- oder eingehen sahen sie niemanden. Übrigens war natürlich auch die erste Tür, durch die das Wesen gekommen war, verriegelt. Und trotzdem kann das alles kein Traum gewesen sein. Mein Arm schmerzte. Ich sah auf die Uhr: Es war halb zwölf.

Wenn ich die Frau beschreiben soll, die ich ja für den kurzen Augenblick gesehen habe, bevor sie durch den Vorhang verschwand, so würde ich sagen: Ich habe in ihr niemanden erkannt, den ich je einmal sah. Sie war recht unscheinbar gekleidet: in grau-grüngelbliche Farben, nach Landestracht. Ihr Gesicht schien mir lang. Ihre Bewegungen sehr ruhig und leidenschaftslos, fast kalt. Überhaupt drückte ihr ganzes Verhalten die vollständige Sicherheit eines Wesens aus, das niemand berühren, geschweige denn festhalten kann..."

Es gibt eine ganze Reihe von gleichgelagerten Reporten, die von

physischen Übergriffen auf den Zeugen künden. Im Bereich der UFO-Forschung sind gerade die Abductions bekanntgeworden, in denen zum Teil sehr komplexe medizinische Eingriffe an den Opfern vorgenommen wurden. Das Erstaunliche daran ist jedoch die recht primitive Gerätetechnik, die da von den Fremden verwendet wird und deren Einsatz für das Opfer sehr schmerzhaft ist. Gerade diese traumatischen und schmerzhaften Übergriffe lassen auch an eine gewisse diabolische Motivation der Wesen denken.
Im Falle von Frau Köhler scheint kein medizinisches Interesse ausschlaggebend gewesen zu sein. Was die effektive Motivation für das Wesen war, muß also dahingestellt bleiben.

Ein Münchner Kollege hat einen Fall untersucht, der - zumindest was den Einsatz der Nadel betrifft - mit dem soeben geschilderten durchaus vergleichbar ist.
Die Zeugin dieses Falls war zum Zeitpunkt des Vorgänge 54 Jahre alt und hatte Jahre davor zwei UFO-Sichtungen, was u. U. in einem gewissen Zusammenhang miteinander gesehen werden könnte.
Der erste Vorfall ereignete sich am 20. Dezember 1994. Die Zeugin wurde in der Nacht aus ihrem Bett verschleppt und fand sich an einem unbekannten Ort wieder. Sie lag auf einer Art Krankenbahre, während sie von drei Personen, die sie an Armen und Beinen festhielten, betrachtet wurde. Die Personen sahen wie stämmige Krankenpfleger aus. In Bezug auf deren Gesichter und Körper war nichts Auffälliges oder Andersartiges zu beobachten.
Eine vierte Person brachte nun eine lange, überdimensionale Spritze, ca. 30 cm lang, und stach mit dieser in den Bereich der Schamlippen rechts und links bis auf die Knochen, was sie mehrfach und mit Nachdruck tut. Dann wird die Zeugin auf den Bauch gedreht. Der gleiche Vorgang mit der Spritze wird wiederholt, dieses Mal von hinten am Gesäß unterhalb des letzten Wirbels senkrecht in den Körper hinein. Die Schmerzen sind unerträglich, die Zeugin schreit laut auf. Wenig später findet sie sich in ihrem Bett wieder,

ohne jedoch Spuren von Eindringlingen zu finden.

Am 23. Dezember 1994 wiederholt sich das gleiche Szenario, jedoch mit dem Unterschied, daß jetzt deutlich mehr Personen im Raum sind. Mit der selben großen Spritze wird auf ihrer rechten Gesichts- bzw. Kopfhälfte erneut die etwa 15 cm lange Nadel unmittelbar unter der Hautschicht drei Mal hindurchgestossen. Das erste Mal oberhalb der Schläfe innen an der Stirn, dann rechts unter dem Wangenknochen zum Ohrläppchen. Der nächste äußerst schmerzhafte Einstich erfolgte an der Nasenwurzel, genau zwischen den Augen, und wurde dann unter das Augenlied bis rechts zum Haaransatz geführt. Das dritte Mal erfolgt der Einstich vom Kinn her nach schräg oben, geführt unter der Wange zur Schläfe bis zum Haaransatz, auch dieses Mal - wie in den vorigen Fällen - auf der rechten Gesichtshälfte.

Die Nadel fühlte sich nach Beschreibung der Zeugin kalt an. Sie glitt ruckweise unter der Haut durch. Es fühlte sich an, als ob danach die Spritze abgeschraubt worden wäre, die Nadel aber unter den Hautpartien verblieb und danach die nächste Nadel auf die Spritze gesetzt wurde.

Die Zeugin erwachte am nächsten Morgen mit starken Schmerzen an den „behandelten" Körperstellen. Sichtbare Spuren hinterließen die nächtlichen Eingriffe allerdings nicht.

Betrachtet man Fälle wie diese, stellt sich natürlich unweigerlich die Frage nach der Einstellung dieser Wesen uns Menschen gegenüber. Es bleibt zu hoffen, daß derartige Vorfälle, wie sie eben beschrieben wurden, in der Minderheit bleiben.

Eindringlinge

Der Lokalsender „tv München" brachte im Herbst 1996 einen Beitrag zur UFO-Thematik, in dem das INDEPENDENT ALIEN

NETWORK als Anlaufstelle für Sichtungszeugen vorgestellt wurde. Die Reaktion war erstaunlich groß, wobei die meisten Meldungen jedoch auf Scherzanrufe zurückzuführen waren. So hatte ich mit mehreren „Marsianern" und „Venusiern" kommunizieren dürfen und selbst Mr. Spock persönlich rief bei mir an. Daneben erreichten mich natürlich auch ernstgemeinte Anrufe, so auch der von Herrn Richard Böck (Pseudonym). Herr Böck ist 31 Jahre alt, von Beruf Werkzeugmacher und wohnt noch bei seinen Eltern am Münchner Stadtrand. Er hatte ein nächtliches Erlebnis mit einer fremdartigen Gestalt gehabt und daneben mehrfach unidentifizierbare Flugkörper beobachtet. Herr Böck zeigte sich äußerst kooperativ und nur wenige Tage nach unserem ersten Telefonat hatte ich seinen Bericht vor mir liegen, aus dem ich nunmehr zitieren möchte. Vorab geht er jedoch auf seine UFO-Sichtungen ein:

„1. Beobachtung am 9. März 1996: Im Orbit fest positionierte runde Lichtkörper, die zeitweise mal heller, mal dunkler aufleuchteten. Das in verschiedenen Primärfarben, zeitgleich mehrere Farben erkennbar, die ungleichmäßig aufleuchten. Durch das Fernglas gesehen wirken sie als flache Scheibe. Eventuell drehte sich dieses Objekt um die eigene Achse. Höhe unbekannt, konnte durch Wolken verdeckt werden.

2. Beobachtung: Dreieckige Flugobjekte, Mitte Ror, die Ecken meist weiß und blau. Leuchten ungleichmäßig auf, bewegen sich ruckartig fort. Drehbewegung während des Fluges und ‚Rückwärtsflug'. Breite Seite nach vorne.

3. Beobachtung: Ungewöhnlicher Bewußtseinszustand im Schlaf: Liege im Bett, am Fußende erscheint eine junge schwarzhaarige Frau. Sie hat Locken, ist feingliedrig und scheint von ‚unten' hervorzukommen (aus dem Fußboden?) Legt ihre Hände an meine Füße, es entsteht ein Gefühl, wie wenn man Strom abbekommt, aber nicht körperlich schmerzhaft. Mein ‚Traum' - Körper spannte sich an, erzitterte, ich trete geistig etwas weg. Dann bekomme ich Angst, ziehe meine Füße weg. Sie kommt an die linke Seite des

Bettes, will ihre Hände auf meine legen (sie sagt es nicht, ich weiß es einfach). Ich traue mich nicht, verdränge geistig was ich sehe, will aus der Situation. Mit großer Willensanstrengung wache ich auf, sehe einen Schatten und fühle mich beobachtet. Der Schatten verschwindet. Ich höre ein sirrendes Geräusch, das sich binnen drei Sekunden rasend schnell entfernt.
4. Beobachtung am 19. April 1996 gegen 0.30 bis 1.00 Uhr, von Donnerstag auf Freitag: Beobachte den Himmel, bemerke etwas. Schaue vom Fernglas herunter und sehe eine leuchtende kleine Kugel, weiß oder weiß-gelb, die binnen einer Sekunde über unseren Balkon flog und hinter dem Haus verschwand. Mögliche Größe zwischen Tennisball und Fußball."
An anderer Stelle im Fragebogen führt der Zeuge noch folgendes über die äußere Erscheinung der beobachteten Gestalt aus: „Klein, zart, feingliedrig, schwarze, lockige Haare, menschliches Aussehen. Geschätztes subjektives Alter zwischen 22 und 35 Jahren, faltenlos, gütiges, rücksichtsvolles und liebevolles Auftreten. Ich sah ‚es' nicht lange und habe nur diffuse Erinnerungen. Ich sah sie auch nur ab ihrem Oberkörper aufwärts. An so etwas wie Brüste kann ich mich nicht erinnern."
Der Zeuge schildert die Bewegungen des Wesens als „langsam und ruhig". Das ist bereits der dritte von uns untersuchte Bericht, in dem eine junge Frauengestalt eine Rolle spielt.
Einen ähnlichen Report erhielt ich von einer Schweizerin, die mir folgendes schrieb:
„Während ich schlief, erschien mir das Gesicht einer Frau. Sie teilte mir mit deutlichen Lippenbewegungen ein Datum mit. Ich erwachte sogleich und wiederholte das Datum in Gedanken, doch ich war mir nicht mehr sicher, welchen Tag sie genannt hatte. Sehr bald schlief ich ein, und vielleicht war es noch in der selben Nacht, vielleicht erst die Nacht darauf, als ich noch einmal den gleichen Traum träumte.
Ich hatte schon früher von dieser Frau geträumt. Einmal stand sie vor mir, groß und schmal, mit ihrem ebenmäßigen, hellen Gesicht.

Ihre dunklen Haare trug sie hochgesteckt, und sie war mit einem langen, hellblauen Gewand bekleidet. Wir trafen uns irgendwo in der Natur draußen. Es waren auch noch ein paar andere Wesen dabei, die die Frau offenbar begleiteten. Die Gestalten waren klein und bis über den Kopf in enganliegende, braune Overalls gehüllt. Die Frau und ich redeten miteinander, wobei ich wohl eher die Zuhörerin war. Die braunen Wesen mischten sich währenddessen in keiner Weise ein."

Haben wir es in beiden Fällen einfach nur mit Träumen zu tun, spielte sich das ganze Szenario nur in den Köpfen der Zeugen ab? Theoretisch wäre dies durchaus möglich, doch sollte man ins Grübeln kommen, wenn diese „Träume" physische Spuren hinterlassen! So stellte z. B. der Zeuge Richard Böck an sich unerklärliche körperliehe Effekte fest. Er schreibt darüber:
„In den letzten Wochen stellte ich kleinere Schnittwunden, zwei bis drei Mal an der Hand und am Handgelenk fest, außerdem wurde ich am rechten Fuß, an der linken Seite während des Schlafes gestochen. Beide Socken waren etwas blutig, die Stelle ist immer noch etwas geschwollen, ohne daß es juckt oder schmerzt."

Besonders interessant sind an den Schilderungen des Herrn Böck die Parallelen zu den klassischen Entführungsberichten:
1. Das Auftauchen einer fremdartigen Frauengestalt, die an den Füßen des Zeugen manipuliert und mit ihm telepathisch kommuniziert („sie sagte es nicht, ich weiß es einfach").
2. Eine akustische Stimulation unbekannter Herkunft, gleich nach dem „Besuch" der Frauengestalt.
3. Die Beobachtung unidentifizierbarer Flugobjekte.
4. Die Erscheinung einer kleinen, fliegenden Kugel in der nahen Umgebung des Zeugen.
5. Schnittwunden und Einstiche an den Beinen des Zeugen.

Die Untersuchungen im Falle des Herrn Böck gehen zur Zeit übrigens noch weiter. Immer mehr stellen sich nun auch paranormale Aspekte ein, die von uns jedoch noch genauer untersucht werden müssen, bevor sie der Öffentlichkeit zugänglich gemacht werden können.

Der Domino-Effekt

Bei all den berichteten Vorfällen stellt sich gerade in Anbetracht der hohen Zahl von Zeugen die Frage nach der Motivation des Phänomens. Welchen Sinn hat es für die unbekannte Intelligenz, nachts in den Wohnräumen der Zeugen aufzutauchen und anschließend wieder spurlos zu verschwinden?
In vielen Fällen kommt es nicht einmal zu Eingriffen am Zeugen, die ja sonst im Entführungs- und Besucherszenario eine Standarderfahrung darstellen. Der Beobachter erhält weder Botschaften noch Anweisungen; das Phänomen als solches ist so flüchtig, wie man es sonst nur von Spukerscheinungen her gewohnt ist.
Auf der anderen Seite sind jene Besuche jedoch traumatisch genug, um beim Betroffenen einen nachhaltigen Eindruck zu hinterlassen. Meine eigenen Erfahrungen mit Zeugen haben mir gezeigt, daß sich viele über ihr Erlebnis austauschen wollen. Sie suchen einfach jemanden, der ihnen zuhört. Oftmals wird den Zeugen nicht einmal von Familienangehörigen geglaubt, da das Erlebte einfach zu fremdartig ist.
Wir müssen also feststellen, daß das Erlebnis als solches schon zwangsläufig diskutiert wird und gerade hier könnte der eigentliche Grund für das Phänomen liegen. Nehmen wir das Fallbeispiel des Herrn Böck. Sein Bericht wird anhand dieses Buches einigen tausend Menschen bekannt. Wohlgemerkt, haben wir es hier mit einem einzigen Bericht zu tun, der eine große Zahl von Menschen erreicht, die selber nicht betroffen sind. Und es spielt dabei gar keine Rolle, ob Sie in diesem Falle glauben, daß der Zeuge ein reales Erlebnis hatte oder nicht, denn der entscheidende Schritt ist

bereits getan! Die Verinnerlichung des Musters in ihrem Unterbewußtsein. Dergestalt konditioniert befindet sich die westliche Kultur auf einem regelrechten „Alien-Tripp". Die Werbebranche etwa greift das Thema ebenso begierig auf wie die Medien generell. Merchandising - Produkte zum Phänomen sind ein kommerzieller Renner und Serien wie „Akte X" sind ein regelrechter Straßenfeger geworden.
Man muß sich die Situation beim UFO-Phänomen einmal vor Augen halten. Das Phänomen an sich ist, wie ich bereits erwähnt habe, extrem flüchtig. Es hinterließ bisher keine eindeutig fremdartigen Artefakte und die Berichte über physikalische Wechselwirkungen sind in der Regel immer vielschichtig interpretierbar. Und dennoch konditioniert es unsere Kultur dermaßen, daß das Erscheinungsmuster des Phänomens zu Pop-Art wird! Es ist absolut zeitlos obendrein, denn UFOs tauchen in den Medien bereits seit über 50 Jahren auf.
Was diese Konditionierung im Endeffekt jedoch bewirken soll, vermag auch ich nicht zu sagen. Ob wir auf einen „offenen Kontakt" vorbereitet werden sollen oder ob eine völlig andere Intention dahintersteht, muß sich erst noch erweisen. Eines dürfte aber schon jetzt klar sein: Man darf das Phänomen nicht nur als solches betrachten, sondern man muß auch seine soziokulturellen Auswirkungen studieren!

Anatomie eines Phänomens

Im Rahmen des INDEPENDENT ALIEN NETWORK führen wir bereits seit mehreren Jahren Fallrecherchen durch. Der Report, den ich Ihnen nun jedoch schildern möchte, enthält einige Besonderheiten, die ihn für uns einmalig machen:
▲ Der Hauptzeuge, Herr Klaus Krebs (Pseudonym) führt bereits seit mehreren Jahren ein „Tagebuch", in dem er seine außergewöhnlichen Erlebnisse festhält.

▲ Der Bericht, den ich von ihm erhielt, ist außergewöhnlich umfangreich. Er umfaßt sage und schreibe 44 Seiten! Dieser Umstand machte es notwendig, Daten, die mir am bedeutendsten erschienen, herauszuselektieren und hier zu verwenden. Obwohl ich an dieser Stelle nur die „Spitze des Eisberges" präsentieren kann, habe ich mich bemüht, möglichst alle Facetten des Falles aufzuzeigen.
▲ Es gibt zwei Zeuginnen, die auf dem Grundstück des Herrn Krebs einen fremdartigen Flugkörper und zwei Aliens wahrnahmen.
▲ Es tauchen gehäuft paranormale Sekundärerscheinungen auf, die auch von Familienangehörigen des Herrn Krebs beobachtet werden konnten.

Vorgeschichte
Herr Krebs rief mich am späten Abend des 10. Juni 1996 an. Er hatte einen von mir stammenden und mit meiner Adresse versehenen Artikel in einem grenzwissenschaftlichen Magazin gelesen. Er schilderte mir während des Telefonats, daß er eine Reihe seltsamer Erlebnisse gehabt habe, die mich vielleicht interessieren könnten. Er bot an, mir sein ausführliches Protokoll zur Verfügung zu stellen. Bereits wenige Tage später hielt ich seinen Bericht in Händen. Die vorliegenden Daten entstammen diesem sowie einem ausgefüllten Fragebogen..

UFO-Sichtungen
Herr Krebs hatte eine ganze Reihe von UFO-Sichtungen, über die er u. a. berichtet:
„Wenn ich also jetzt einige meiner UFO-Sichtungen beschreibe, so will ich damit nicht zwangsläufig behaupten, ich hätte die Fluggeräte außerirdischer Intelligenzen beobachtet. Obwohl diese Möglichkeit von mir nicht ausgeschlossen wird."
September 1989
Herr Krebs befand sich gerade im Freien, als er folgende Beobachtung machen konnte:
„Ziemlich nahe dem Zenit war ein kleines rundes Etwas. Ich strengte

meine Augen an, um noch Einzelheiten an diesem Ding auszumachen. Aber ich sah nicht allzu viel. Ich hatte auch keine Brille dabei, die ich normalerweise zu tragen pflege. Was ich definitiv sah, das war ein kleines mehr oder weniger rundes Ding, welches dunkel metallisch aussah. Es hielt sich relativ ruhig in seiner Position. Und doch bewegte es sich ein ganz klein wenig. (...) Ich lief dann schnell in den ersten Stock unseres Hauses, um mir ein Fernglas zu holen. Lange kann es nicht gedauert haben. (...) Aber das Objekt, um das es mir ging, es war nicht mehr aufzufinden. Ich suchte den ganzen Himmel mit dem Fernglas ab."
26. August 1990
Am Morgen dieses Tages, gegen 4.20 Uhr, ging Herr Krebs kurz in den Garten und bemerkte einen plötzlichen Lichtblitz:
„Ich suchte nach einer Ursache, z. B. einem Flugzeug. Aber nichts dergleichen war am Himmel auszumachen. Erwähnenswert wäre bestimmt der Hinweis in meinem Tagebuch, daß ich einen Alptraum hatte und erschreckt aufgewacht war. So, als ob etwas schweres in der Bauchgegend auf mein Bett gedrückt hätte."
Am 24. Februar, 16. Juni und am 16. August 1991 sah Herr Krebs am nächtlichen Himmel Lichtpunkte, die u. a. Bewegungsänderungen vornehmen, stoppen und plötzlich verlöschen.
30. August 1991
An diesem Tag erscheinen gegen 22.30 Uhr drei Lichtpunkte am Abendhimmel, die in der Form eines gleichschenkligen Dreieck angeordnet waren und von West nach Ost flogen. Herr Krebs verglich die Geschwindigkeit dieser Lichtpunkte mit der von Satelliten.
Am 12. Dezember 1991 entdeckte Herr Krebs am morgendlichen Himmel ein sternförmiges, gelbliches Licht, daß sich mit einem „eierigen" ungeraden Kurs fortbewegte. Am Abend des 27. Dezember 1991 beobachtet er ein blasses Objekt am Himmel in scheinbarer Vollmondgröße. Weitere Sichtungen folgten am 11. August 1993 (nächtliche Lichterscheinung) und am 28. Juni 1994 (Blinken am Himmel).

Daneben wurden durch den Zeugen am 4. Juni 1995 sowie am 25. und 27. Januar 1996 Lichtblitze am Abendhimmel registriert. Herr Krebs räumte jedoch immer ein, daß es sich hierbei um ganz natürliche Objekte hätte handeln können, die ihm jedoch unbekannt waren!
Interessant ist an dieser Stelle noch ein Erlebnis, das am 9. Juli 1994 stattfand und nur unmittelbar mit Herrn Krebs in Verbindung steht.
Unser Zeuge trifft sich hier und da mit einigen Personen, die Besuchererfahrungen gemacht hatten. Darunter befinden sich auch zwei Damen, die gerade von einem solchen Treffen nach Hause gefahren waren und etwas Sonderbares am Himmel erblickten. Eine der involvierten Zeuginnen schilderte das Erlebnis wie folgt: „Aus Richtung C. kommend, ca. um 20.30 Uhr, fuhren wir von der B75 über den Bahnübergang und von hier weiter durch K. Und hier, kurz vor dem Dorfteich, fiel mir ein helles Licht am Himmel auf! Ich sagte es sofort meiner Schwester, die den Wagen fuhr. Wir suchten eine baumfreie Straße auf, um das Licht besser sehen zu können. Wir fuhren dann direkt vor einer kleinen Weide rechts ran! Wir standen dort etwa zwei Minuten, da bemerkten wir, daß das Licht, das jetzt aussah wie ein weiß leuchtender Rhombus oder Diamant, direkt auf uns zu kam! Wir fuhren weiter Richtung D. Ich beobachtete das Licht weiter aus dem Rückfenster des Autos. Als wir in eine Straße einbogen, sah ich, wie das Licht sich rotorange färbte und die Gestalt eines Dreiecks annahm. Es flog mit einem Satz aus seiner Position direkt in die Straße rein. Meine Schwester bekam Panik und gab Gas. Das Ding flog zickzackartig direkt hinter unserem Auto her. Es flog nicht höher als ein Lastwagen und hatte einen Abstand zu unserem Auto von etwa 10 Metern! An der Kreuzung mußten wir halten. Das Ding war plötzlich verschwunden. Doch dann flog es direkt über unser Auto hinweg. Jetzt sah es aus wie ein Zeppelin mit Rillen am Bauch. Es hatte keinerlei Räder wie etwa ein Flugzeug. An den Seiten gingen eine Art Flügel ab. Hinten waren rote Lichter angebracht! Es machte keinerlei Geräu-

sche. Nicht einen Ton gab es von sich, wie es bei einem Flugzeug der Fall gewesen wäre!"

Nächtliche Besuche
„Schlafzimmerbesuche" durch fremdartige Wesen haben uns in diesem Buch schon öfters beschäftigt und gehören zweifellos zu den am weitesten verbreiteten paranormalen Phänomenen. Der Autor und Forscher Johannes Fiebag spricht sogar von einem Massenphänomen. Auch Herr Krebs hat entsprechende Vorfälle protokolliert:
10. April 1992
„Ich ging aufs WC (da ich im Keller schlafe, muß ich ins Erdgeschoß hinaufgehen). Ich konnte den ganzen Weg alles ohne Licht sehen. Es hätte eigentlich zu dieser Uhrzeit stockfinster sein müssen. Ich hätte den Weg ertasten müssen. Doch es war nicht nötig. Ich konnte ja sehen. Das Licht war leicht rötlich. Es war auch mal mehr und mal weniger hell. Wie ich oben durch das Wohnzimmer ging, war dort auch zufällig mein Sohn Boas. Als er mich dann sah, ging er wieder hoch. Es waren aber zwei Personen im Zimmer. Einer von ihnen ging hoch. Dies konnte ich beobachten, wie ich am WC stand ... Jene Person, die ich für Boas hielt, war bestimmt nicht mein Sohn. Dieser war zu jener Zeit 11 Jahre alt. Er mag also eine Größe von vielleicht 1,20 Meter gehabt haben. Auch haben Kinder proportionsbedingt relativ große Köpfe. Dies war mir aufgefallen. Aber es waren ja zwei ‚Kinder' in gleicher Größe. Während ich am WC war, bzw. dort hin ging, schaute ich auf die Uhr, sie zeigte ca. 1.30 Uhr an. Ich ging dann wieder zum Bett hinunter. Hier schaute ich nochmal auf die Uhr. Diese zeigte jetzt 0.30 Uhr an. Das Ganze ist total verwirrend. Es mag sein, daß in der Erinnerung auch Zeiten falsch zugeordnet wurden. Mir fiel auf, daß es nachher früher war, ein Paradoxon."
23. Dezember 1995
„Fühlte mich, als wenn ich ganz normal im Bett liegen würde. Vom Kopfende her spürte ich, wie ich deutlich aber sanft am Kopf ange-

faßt wurde. So, wie wenn jemand meinen Kopf zwischen seine Hände nimmt und etwas drückt oder einfach nur festhält. Ein Gefühl, das dem ähnlich ist, was ich in der Meditation habe, wenn mein Kopf gedreht wird. Irgendwie wurde ich auch in meiner Lage im Bett verschoben. Nach hinten zum Kopfende heraus und wieder zum Fußende hin. Das kann ich aber in der Reihenfolge nicht mehr so ganz zuordnen. Man machte also etwas mit mir. Hin und wieder schmunzelte ich sogar darüber. Mir machte es offenbar nichts aus. Ich empfand das auch nicht als beängstigend.
Als ich jemanden schon eine ganze Zeit hinter mir stehend spürte, nahm ich meine Hände über den Kopf und griff hinter mich. Zu meiner Überraschung ertastete ich einen festen Wiederstand. Ich ergriff also offenbar zwei Arme. Es fühlte sich zumindest so an.
Nachmittags entdeckte ich in der Mitte meiner rechten Hand, genau über einer Ader, einen winzigen Bluttropfen. Hatte man mir hier etwas Blut in der Nacht entnommen? Ich kann mich an keine kleine Verletzung erinnern, die ich kürzlich hier bekommen hätte."
Der Bericht von Herrn Krebs kam mir seltsam vertraut vor und tatsächlich hatte sich bei uns eine Zeugin mit einem durchaus ähnlichen Erlebnis gemeldet. Mein Kollege Chris Dimperl hatte sich vor Ort bei der Zeugin nach dem Verlauf des Ereignisses erkundigt. Ich werde den Bericht noch an anderer Stelle erörtern.
10. August 1995
„Wache um 4.11 Uhr auf. Habe meine Augen bereits aufgerissen, wie ich dann seitlich neben dem Bett, an der Stelle, wo meine Uhr und auch der Zettelblock normalerweise liegen würden, einen großen Totenkopf sehe (Bemerkung: Ich liege aber nicht bei mir im Bett, sondern schlafe in jener Nacht im Auto. Ich bin auf der Höhe der Rhön und auf der Fahrt nach Österreich. Mein Schlafplatz ist ein kleiner Parkstreifen neben einem Friedhof. Es ist sehr ruhig hier.) Das, was ich sehe, scheint mir ein Bild, eher eine Projektion auf meiner Netzhaut zu sein, als denn etwas, was ich wirklich außerhalb von mir sehe. Der ‚Totenkopf' (wegen der Nähe zum Friedhof) ist aber plastisch, d. h. er wirkt auf mich dreidimensional. Ich

sehe einen weißen Kopf neben mir. Er wirkt auf mich so wie ein Totenkopf. Besonders die großen schwarzen Augenhöhlen fallen mir auf. Ich schaue mir diesen Kopf dann genauer an. Verändert er sich jetzt - oder erkenne ich erst jetzt, daß die Augenhöhlen gar nicht leer sind, sondern, daß in diesen riesige, große, schwarze Augen stecken, die deutlich länglich sind. Vergleichbar mit den Augen von Wespen. Eventuell mag die Oberfläche der Augen auch ein Wabenmuster gehabt haben. (Facettenaugen?) Dabei bin ich mir aber nicht mehr ganz sicher."

18. März 1996
„Es ist fünf Uhr Morgens und etwas hell. Ich sah eigentlich nichts, was mir besonders auffiel. Dieser Zustand hielt ca. 3 Minuten an. Doch dann entdeckte ich noch an der Seite von mir ein Oval mit schrägen, großen, schwarzen Augen. In ganz leichter Profilansicht, so daß ich erkennen kann, daß die Augen etwas aus dem Kopf herausragten."
04. März 1996
„Ich erwachte um 5.32 Uhr nach einem Traum. Ich nahm etwas Helles wahr. Ich sah wieder, genau wie gestern, Schattengestalten. Sie waren bei mir am Bett gewesen. Jetzt glitten sie wieder fort. Nicht so, daß sie gegangen wären. Fast so, wie wenn Wolken dahineilen. Es mögen fünf Wesen gewesen sein. Sie sahen gegen den Hintergrund dunkel aus. Ihre Größe, so man diese überhaupt einigermaßen schätzen kann, war die eines normalen, ausgewachsenen Menschen."
14. April 1996
„Morgens, 5.30 Uhr Wieder ist es hell im eigentlich dunklen Raum.

Ich sah ein schemenhaftes Wesen am Fußende meines Bettes entlang huschen. Hatte aber den Eindruck, daß auch auf meiner linken Seite noch Wesenheiten standen."

Succubus
13. Juli 1996
„Morgens 6.35 Uhr. Kann sehen, wie eine Wesenheit sich von der Höhe des Fensters um das Bett herum auf mich zubewegt. Seine Fortbewegung war ganz gleichmäßig, sie scheinen nicht Schritt vor Schritt zu setzen. Sein Kopf reichte etwa bis zum Fernseher. Dieser steht in Brusthöhe. Ist das Wesen 1,2 bis 1,5 m groß? Seine Konturen sehe ich nur sehr undeutlich. Man könnte auch sagen, es war ein Geist. Ich würde als Farbe helles Grau angeben. Wie er dann nach links neben mir am Bett stand, merkte ich wenig später einen Druck auf meinen Körper. Dieser wurde dann noch etwas stärker. Außerdem sah ich jetzt einen Schatten über mir. Ich hatte das Gefühl, daß das Wesen jetzt genau auf mir lag. Der Druck auf

Alptraum mit einer Succubus-ähnlichen Erscheinung

mir ist sehr gut zu spüren. Aber im Bereich der Beine spürte ich nichts. Ich war gespannt, was jetzt geschehen würde. Ich bemühte mich so entspannt wie nur möglich zu sein. Ich war wohl etwas aufgeregt, doch dies hielt sich stark in Grenzen. Er lag dann auch nur kurz auf mir. Vielleicht 5 oder 6 Sekunden. Dann war der ‚Spuk' auch schon vorbei."

Das Erlebnis von Herrn Krebs weist deutliche Parallelen zu den Mythen über den Succubus auf. Der Succubus soll demnach ein Dämon sein, der geschlechtlich mit Männern verkehrt. Der Name kommt vom lat. „succumbre" (darunterliegen).
Die Babylonier nannten den Dämon Lilitu, den Dämon des Windes, der des Nachts Männer verführte. Die Juden bezeichneten ihn als Lilith, die haarige Nachtkreatur. Er war der Succubus des alten Rom, der auf den Schläfer sprang, um ihn zur Liebe zu verführen oder ihn zu Tode zu reiten. Im Mittelalter wurde er zur Hexe Lamia. In Deutschland früherer Zeiten schließlich kannte man ihn als die Mare, das alte, häßliche Weib, das auf der Brust des Schläfers hockte und die bösen Träume verursachte, auch Nachtmahr genannt. Daher auch das englische Wort „nightmare". In Psalm 91 wird er als das, was er wirklich ist, bezeichnet: „der Schrecken der Nacht".
(29)
Der Succubus konnte durchweg die Gestalt einer Frau annehmen und mit Männern verkehren. Die Dämonologen behaupten, die Früchte einer solchen von Succubi hervorgerufenen Klimax würden von Dämonen davongetragen, die dann die Gestalt von Incubi annehmen und menschliche Frauen damit schwängerten. Hier sei auf zwei zeitgenössische Berichte verwiesen.
Nicolas Remy berichtete von einem im 16. Jahrhundert für das Vergehen der Hexerei schuldig befundenen Hirten, der auf die Frage, wie er in die Gesellschaft der Hexen geraten sei, erklärte, von einem Succubus dazu verführt worden zu sein.
Der Hirte sagte, er hätte sich leidenschaftlich in ein Milchmädchen verliebt, das seine Gefühle jedoch nicht erwiderte. Eines Tages, als

er, mit seinen eigenen Worten, „auf seiner einsamen Weide vor Begierde brannte", sah er etwas hinter einem Busch, das er zuerst für seine Angebetete hielt. Er rannte hin, unternahm heftige Annäherungsversuche und wurde zurückgewiesen. Doch nach einer Weile gestattete das „Milchmädchen" - in Wirklichkeit ein Dämon, der die Gestalt des Mädchens angenommen hatte - dem Hirten, mit seinem Körper zu tun was er wollte, unter der Bedingung, „daß er sie als seine Herrin anerkannte und sich so verhielt, als wäre sie Gott selbst".

Offensichtlich fand der Hirte den Verkehr mit dem Dämon als körperlich befriedigend, mußte aber feststellen, daß „sie in jener Zeit von mir Besitz ergriffen hatte, daß ich keinen anderen Willen mehr hatte als ihren".

Ähnliche Probleme hatte auch der französische Schriftsteller J.K. Huymans während eines Aufenthaltes in einem Kloster, wo er angab, von einem Succubus attackiert worden zu sein.

Huymans, ein namhafter Romancier, der lange Zeit nicht an Gott geglaubt hatte, aber jetzt im Begriff stand in die Katholische Kirche zurückzukehren, hatte sich für eine Weile in ein Kloster zurückgezogen. Damit wollte er die psychischen Auswirkungen der jahrelangen Beschäftigung mit etwas verarbeiten, was er selbst als „die Latrinen des Aberglaubens" bezeichnete - womit er den Umgang mit der manchmal grausigen Subkultur des Okkultismus im Paris des neunzehnten Jahrhunderts meinte.

Als er eines Nachts auf seinem harten Klosterbett lag, erwachte er aus der Klimax eines erotischen Traums und sah einen Succubus entweichen. Daß es keine Illusion war, sondern der Dämon tatsächlich körperliche Gestalt angenommen hatte, ergab sich, wie Huysmans erklärte, aus dem Aussehen des Bettes, das er sich mit dem Dämon geteilt hatte. Huysmans Traum hatte mit einer heftigen Ejakulation geendet. (30)

Die Aussagen Huymans sind an dieser Stelle im höchsten Maße interessant, denn auch Herr Krebs hatte Vergleichbares durchgemacht. Über ein Erlebnis vom 13. April 1992 schrieb er in seinem

Bericht:
„0.20 Uhr - ich wachte auf. Ich habe Schmerzen im Schließmuskel. In einer Form, wie dies nur nach einem Samenerguß bei mir vorkommt. Ich kontrollierte sofort meine Schlafanzughose, ob diese Spuren eines möglichen nächtlichen Samenerguß zeigen. Nicht ein geringster Hinweis. Auch muß mindestens noch ein weiteres Mal eine Spermaprobe entnommen worden sein, denn in der Nacht vom 4. auf den 5. Juni 1995 wachte ich gegen 2 Uhr auf und hatte erneut so ein merkwürdiges Gefühl in der Dammgegend. Daß ich damit gar nicht so falsch lag, wird noch dadurch bestätigt, daß mir meine Frau am nächsten Tag etwas ganz nebenbei erzählte. Sie sagte, daß ihr aufgefallen war, daß die Knopfleiste beider Betten auf der falschen, der oberen Seite am Kopfbereich gewesen waren."

Diskussion
Besucherszenarien mit einer sexuellen Komponente sind für den „Normalbürger" aus verständlichen Gründen kaum nachvollziehbar. Die Sichtung scheiben- oder kugelförmiger Flugkörper läßt sich noch einigermaßen in unser Weltbild einbauen, denn man hat letztlich immer noch die Möglichkeit, geheime staatliche Projekte, exotische Geheimwaffen und ähnliches zu vermuten. Auch das kurzzeitige Auftauchen von humanoiden Besatzungsmitgliedern ließe sich gerade noch eben in unsere Vorstellungswelt integrieren, doch Berichte über sexuelle Übergriffe lassen einen Einblick zu, der nichts mit dem gemeinhin üblichen zu tun hat.
Eine Erklärung hierfür zu finden, dürfte sehr schwierig sein. Einmal ist es so, daß historische Quellen immer wieder über erotische Kontakte zu nichtmenschlichen Wesen berichten. Das Erzählmuster ist demnach also sehr alt. Unverständlich ist jedoch, was den Reiz solcher Geschichten ausmacht, wenn sie wirklich erfunden sein sollten. Die beschriebenen Wesen haben nach irdischen Vorstellungen keinerlei erotische Qualitäten. Vielfach sind die Eingriffe schmerzhaft.

Viele UFO-Forscher glauben nun, daß die fremden Wesen biologische bzw. genetische Experimente durchführen. Ziel sei es, Mischwesen zwischen uns und ihnen zu züchten. Wenn man bedenkt, daß die Chroniken vieler Völker voll von diesen Berichten sind und sich diese selbst vor Tausenden von Jahren eruieren lassen, taucht unweigerlich der Verdacht auf, daß die potentielle Technologie der Wesen nicht sehr weit fortgeschritten ist. Warum werden über einen solch langen Zeitraum immer wieder die gleichen Versuche durchgeführt?
Rationalisten werden wohl anführen, daß lediglich sexuelle Wunschphantasien befriedigt werden. Doch wieso ausgerechnet durch Monster und Ungetüme? Machen wir es uns mit dieser bequemen Erklärung nicht zu einfach?
Auf jeden Fall sollte dieser Aspekt des Besucherphänomens weiterhin vorurteilslos untersucht werden!

Die Erscheinung im Garten
Wie von mir bereits anfänglich erwähnt, fand auf dem Grundstück des Herrn Krebs ein äußerst seltsamer „Zwischenfall" statt. Ich meine damit die Landung eines UFOs und die Sichtung zweier Insassen! Das Kuriose daran ist, daß das Szenario nur von zwei der fünf dort anwesenden Personen beobachtet worden ist!
Die Hauptzeugin schreibt in ihrem Bericht:
„Wir saßen bei Herrn Krebs im Garten und unterhielten uns über UFOs und Außerirdische. Als alle am Erzählen waren, bemerkte ich plötzlich ein Schimmern, so wie es an heißen Tagen auf der Straße glimmerte. Direkt auf dem Rasen, einige Meter vor mir. Ich konzentrierte mich darauf und überlegte, was das sein konnte. Es wurde immer größer und bildete eine Form. Es baute sich irgendwie auf! Die anderen bemerkten mittlerweile, daß ich völlig abwesend war, aber ließen mich in Ruhe. Da stand nun ein Ding auf Füßen mit einer rotierenden Kugel auf dem Dach! Sogar eine Tür sah ich plötzlich, die mir offen schien. Darin befand sich ein ovales Rad mit zwei Stäben durchzogen! Dann wie aus dem Nichts eine

kleine Treppe ohne Geländer, einfach nur stabähnliche Stufen. Als ich dann auch noch ein Wesen sah, das nicht größer als einen Meter vierzig oder fünfzig war und große schwarze Augen hatte, sprang ich aufgeregt vom Stuhl auf und erzählte alles, was ich dort sah! Nun waren da auf einmal zwei. Einer versteckte sich hinter dem anderen! Vielleicht erschrak er vor mir, weil ich so barsch herumwirbelte. Fassungslos schauten mich alle an! Langsam zweifelte ich an meinem Verstand! Ich nahm meinen ganzen Mut zusammen und ging auf das Objekt und die beiden Wesen zu. Ich beschrieb genau, was ich dort sah. Die kleinen Wesen huschten irgendwo dort rum. Ich setzte mich wieder hin und zweifelte immer mehr an meinem Verstand. Auf einmal schrie meine Schwester auf. Nun sah sie es auch! Plötzlich mußten wir weinen, vielleicht vor Aufregung. Sie sah sie, aber nicht so deutlich, sondern mehr wie Lichtstrahlen. Da kam eines der Wesen auf mich zu. Es huschte an Herrn und Frau Krebs vorbei und kam - schwankend-hektisch, eine mir einfach unbekannte Bewegungsmöglichkeit - zu meiner Linken. In Gedanken sagte er zu mir, ich solle die Zigarette ausmachen! Ich hatte sie vor Schreck schnell angezündet. Ich gehorchte ohne weiter nachzudenken. Dann kam er zu meiner Rechten, faßte mich an die Schulter und nahm mir irgendwie die Angst vor ihm. Er stellte sich gerade auf, hob den Kopf ein wenig und streckte seine Hände aus. Und wieder sagte er in Gedanken ‚Lege deine Hände in meine!' Was ich auch tat. Meine Schwester ebenfalls. Es war ein wunderschönes Gefühl. Mir wurde richtig Energie in die Seite gepumpt und das Herz klopfte uns beiden bis zum Hals. Als konnten wir mit ihm einen Moment eins sein. Seine Kultur, sein Wissen konnten wir für einen kurzen Augenblick spüren. Man kann es gar nicht beschreiben. S., unsere Freundin, konnte einfach nicht länger zusehen. Sie kam hinzu und legte ihre Hände in unseren Bund. Ich fing auf einmal an zu zittern. Ich stand wie unter Strom, den beiden ging es nicht anders.
Er sagte dann telepathisch: ‚Habe keine Angst. Wir werden wiederkommen. Wir holen euch alle, oder wir nehmen euch alle mit!'

Meine Schwester mußte Frau Krebs einige Dinge sagen, die ihr das Wesen eingab. Es war ein Moment des Sehens. Als wenn das Herz sich frei macht. Ich kann es so schwer in Worte fassen. Man sah alles mit anderen Augen. Alles war umhüllt mit blauem Licht, sogar die Bäume. Frau und Herr Krebs hatten eine blaue Aura auf dem Kopf. Dann ging das Wesen wieder. Es drängelte sich an dem Tisch vorbei und bewegte S. Kaffeetasse, was sie auch sah. Zurück blieb die Kugel mit einem Meter Durchmesser. Darin befanden sich kleine Bindfädchen, die umherwirbelten! Ähnlich wie ein Wassertropfen unter dem Mikroskop. Das Flugobjekt zog sich dann in eine Zigarre zusammen, dann in eine Kugel, die nicht größer war als zwei Meter und verschwand dann beim Rotieren.
Die Kugel war noch lange über dem Tisch zu sehen. Sie löste sich später auf. Der Witz ist, keiner hatte zu der Zeit ein Zeitgefühl. Meine Schwester sagt, es waren 20 Minuten. S. 10 Minuten. Ich sagte 10 bis 15 Minuten. Herr und Frau Krebs 5 Minuten. Die beiden haben allerdings nichts gesehen, gespürt, noch sonstwas. Wir haben das aber genau so wiedergegeben, was im Moment passierte. Sie haben schon mitbekommen, daß da was war. Sie glauben uns auf jeden Fall. Ich muß dazu sagen, es hörte sich alles ein wenig verrückt an, aber es hat sich auf jeden Fall wirklich zugetragen."

Eine weitere Zeugin - Frau S. -, die zugegen war, schrieb ihre Eindrücke von der Situation ebenfalls nieder:
„Mir fiel auf einem ca. 20 qm großen Wiesenstück ca. 4 km von unserer Runde entfernt, ein Flimmern auf - komisch, denn es war alles andere als heiß. D. blickte immer noch wie hypnotisiert dort hin. Merkwürdigerweise störte sie niemand von uns. Plötzlich rief sie: ‚Dort steht etwas ... etwas ganz Großes!' Sie lief hin und zeigte uns die Umrisse. Sie kam zum Tisch und war logischerweise völlig überwältigt. Diese Situation live miterleben - kann ich leider kaum mit Worten beschreiben. Sie schrie dann: ‚Es ist ein Raumschiff! Sie sind hier bei uns! Da ist einer! Es sind zwei!' Und tatsächlich -

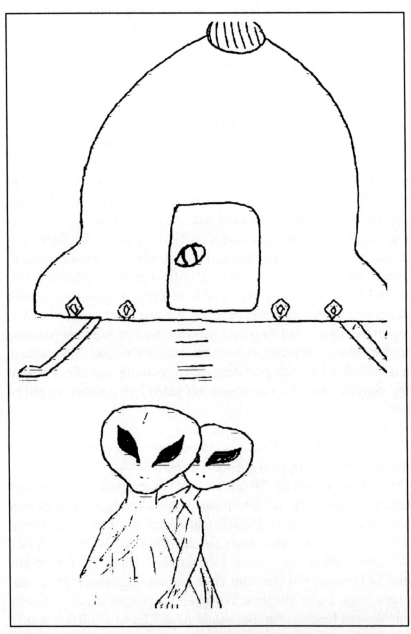

Die Erscheinung im Garten (Zeichnung der Augenzeugen)

sie schrie, weinte und zitterte plötzlich am ganzen Körper. ‚Ich sehe sie ... ich kann sie beide sehen!' (...)
Die beiden, ein großer und ein kleiner, kamen nach einigem Zögern zu uns und einer stellte sich zwischen uns. D. links, dann der Kleine, ich und rechts in meinem Arm I., die natürlich immer noch am Weinen und Zittern war vor Freunde! (...)
Ich schloß die Augen und fragte sie im Geiste, ob sie in guter Absicht kämen. Es wurde bejaht. Wahrscheinlich Einbildung, dachte ich. Und plötzlich laut und deutlich: ‚Wir kommen in guter Absicht'.
Zeitgleich bekam D. wellenmäßig starke Impulse in Form von Botschaften mitgeteilt. Sie wollen alle mitnehmen. Wir sollen beruhigt sein. Sie sah uns Anwesende und Familien in ihrem inneren Auge in die Raumschiffe einsteigen. Nach einer halben Stunde (?) fühlten sich unsere kleinen Besucher gestört und verließen uns, für D. und I. sichtbar - mit ihrem Raumschiff."

Kurioserweise hat gerade unser Hauptzeuge, Herr Krebs, dessen Fall wir hier nachverfolgen, nichts beobachtet. Auch seine Frau konnte nichts Außergewöhnliches wahrnehmen. Dennoch liest sich seine Beschreibung des Geschehens sehr interessant:
„Es muß so gegen 16.30 Uhr gewesen sein. Wir hatten uns schon eine Weile an einer schattigen Stelle im Garten angeregt unterhalten. Auch war die Kaffeetafel weitgehend beendet. Ich erzählte gerade etwas. Eine der Gäste, D., welche mir gegenüber sitzt, wirkt plötzlich abwesend. Ich ignoriere ihren Zustand und erzähle weiter. Dann sagt D.: ‚Da ist etwas Großes." Ich breche meinen Satz ab und schaue in jene Richtung hinter mir, wo D. gerade etwas gesehen hatte. Ich kann aber nirgends etwas sehen. Sie weist auf den Bereich der Hecke zum Nachbargrundstück hin. Hier soll ein Flimmern zu sehen sein. So ein Flimmern, welches man über einer Asphaltstraße manchmal sehen kann. Aber beim besten Willen, ich kann hier wirklich nichts erkennen. Sie sagte, versucht es doch einmal mit dreidimensionalem Sehen. Was mag sie damit gemeint ha-

ben? D. geht zu der Stelle hin und beschreibt mit ihren Händen Form und Größe dessen, was da sein soll. (...)
Wenig später bestätigt D., daß es sich um so etwas wie ein UFO handelt, welches dort mitten auf dem Rasen steht. Ich bin fasziniert. In meinem Garten ein UFO!
Entzückt ruft D. aus, daß da ein Wesen ist. Es steigt aus, es ist sehr klein. Weniger als einen Meter. Es sieht niedlich aus, meint sie. Es steht dort auf dem Weg (ein kleiner Plattenweg trennt den Rasen in zwei Hälften). Da ist noch einer! Er wirkt schüchtern. Er scheint sich hinter dem anderen etwas zu verstecken. Sie wollen zu uns. Scheinen sich aber nicht zu trauen. Wie ich das von D. sagen höre, meinte ich, ihr könnt gerne kommen. Ich rutsche mit meinem Stuhl etwas näher zur Nachbarin hin, damit auf der anderen Seite etwas mehr Platz zum Durchgehen ist. Dann höre ich D. sagen, er kommt rüber. Allerdings ging er außen herum, um die Sitzgruppe, zu D. hin. Vielleicht ist ‚gehen' der falsche Ausdruck. Besser wäre vielleicht fliegen oder huschen. Und dies passierte alles recht schnell. Mehrmals erwähnt D. nun, daß er (das kleine Wesen) ihr Energie gibt. I., die Schwester von D., äußerte sich so, daß sie auch so gerne etwas sehen wollte. Augenblicklich später ruft sie erfreut aus, ‚Ich sehe sie'. Gleichzeitig bricht sie vor Freude in Tränen aus. S. geht zu ihr rüber, um sie in den Arm zu nehmen, sie zu trösten. Nachher sagt man ihr, sie sei durch das Wesen aus der anderen Dimension hindurchgegangen.
Eines der Wesen schien in Richtung Haus gegangen zu sein. Es war nicht mehr zu sehen. Ich denke, der macht dort bestimmt etwas. Er ist bald wieder zurück. Zirka eine 1/2 Stunde später findet S. ihre Kette, welche sie eigentlich an ihrem Hals trug, in ihrer Handtasche wieder, die auf der Terasse auf einem Stuhl lag. Keiner wußte, wie diese dorthin gekommen ist. Haben die Wesen dafür, daß wir sie nicht alle sehen konnten, ein Zeichen gesetzt?
D. bekommt nun eine Flut von telepathischen Informationen, welche sie in kurzen Augenblicken erreichen. Wieder und wieder erwähnt sie, daß sie Energie bekommt. Sie kann gar nicht so schnell

sprechen, um das zu erzählen, was mit ihr geschieht. In Erinnerung habe ich noch, daß die Wesen zu ihr gesagt haben sollen, ‚ihr kommt alle mit, wir nehmen euch mit'. Als D. dann sich eine Zigarette anzündete, bekam sie durchgegeben: ‚Nicht rauchen!' ... Ich habe noch nie gesehen, wie sich jemand, der sich gerade eine Zigarette angezündet hatte, diese so schnell wieder ausgedrückt hatte. Um so erstaunter war ich dann allerdings, wie D. fünf Minuten später sich erneut eine Zigarette ansteckte.

Inzwischen begannen die Nachbarskinder auf dem Trockenplatz, gleich neben unserem Garten, Fußball zu spielen. Außerdem flog deren Ball, wie es bei ihnen ohnehin Gewohnheit war, mehrmals über die Hecke. Offenbar wollten die Wesen noch etwas machen. Auch schienen sie sich jetzt gestört zu fühlen. So äußerte sich zumindest D.

Die Wesen verschwanden dann in ihrem kleinen Raumschiff. (Durchmesser gut drei Meter). Dies veränderte dann offenbar seine Form. Es wird ovaler und kleiner und ist dann fort. Das alles dauerte nach meinem Empfinden ca. 15 bis 20 Minuten. Aber auch danach noch können die beiden Schwestern ‚sehen'. So sehen sie z. B., wie sich über unserem Tisch im Garten noch eine ganze Zeit eine Energiekugel befindet. Außerdem sehen sie Auren. Auren von jedem von uns, von Gegenständen und von Bäumen. Wir sollen fast so aussehen, wie ‚Heilige'. (...)

Etwa ein halbes Jahr später besuchten wir D. in ihrer Wohnung. Sie sagte, daß sie nach jenem 9. Juli jede Nacht nur noch ganz wenig Schlaf brauchte. Sie würde immer noch so voller Energie stecken. Eigentlich wäre sie eine Langschläferin gewesen. Doch in letzter Zeit hätten ihr 4 Stunden gereicht."

Diskussion

Insofern wir in Hinsicht auf diesen bemerkenswerten Fall spekulieren, daß die beiden Zeuginnen ein reales, paranormales visuelles Phänomen beobachtet haben, fallen die phänomenologischen Parallelen zu Marienerscheinungen auf. Johannes Fiebag hat in einer umfangreichen Arbeit nachgewiesen, daß sowohl Marien- als auch UFO-Erscheinungen den gleichen Verursacher haben dürften. (31) Bei Marienerscheinungen ist es auch nur wenigen „Sehern" vergönnt, die Erscheinung wahrzunehmen, während andere umstehende Personen nichts zu sehen vermögen. Unwillkürlich denkt man dann an die These von Johannes Fiebag, der u. a. vermutet, daß einige „Visionen" mittels einer Projektion in die Gehirne der „Seher" „eingespeist" werden.

Bei dem Vorfall im Garten scheint, um bei Fiebags Beispiel zu bleiben, eine bestimmte „Frequenz" gewählt worden zu sein, die wohl selektiv auf die Hauptzeugin ausgerichtet war. Rein spekulativ könnte man sich vorstellen, daß ihre Schwester nur aufgrund des biologischen Verwandschaftsverhältnisses und der damit vielleicht verbundenen ähnlichen „Frequenz", am Ereignis beteiligt war (auch wenn ihre Wahrnehmung in schlechterer visueller Qualität erfolgte).

Mein - zugegebenermaßen rein spekulativer - Eindruck einer Projektion im allerweitesten denkbaren Sinne, wird auch durch den seltsamen, schwankenden, scheinbar hektischen Bewegungsablauf der Wesen erhärtet, scheinbar „stand" die Projektion noch nicht, wie sie sollte.

Richtig kurios an dem Vorfall ist die Aufforderung des Wesens hinsichtlich der Zigarette, die sich die Zeugin angezündet hatte. Erst als der Glimmstengel weg war, konnte das Wesen an die rechte Seite von D. kommen. Warum war das vorher nicht möglich? Man könnte fast annehmen, daß der galaktische Nichtraucher keine Probleme mit dem Qualm gehabt hätte, wenn dadurch nicht die Projektion gestört worden wäre. Wobei natürlich darüber spekuliert werden darf, ob die Zuführung von Nikotin der Grund der Intervention war oder aber der Rauch allgemein.

Interessant ist auch, daß die Frau anschließend Probleme mit ihren Augen hatte und alles in blauunterlegt wahrgenommen hat. Wurde der „Projektionsstrahl" auf die Netzhaut gerichtet?

Signifikant ist auch hier wieder die Parallele zu einem anderen von

uns untersuchten Vorfall, jenen von Frau Gisela Kraus nämlich. Sie schrieb in ihrem Protokoll, daß ich bereits zitiert hatte:
„Die Dinge (Bäume, Häuser usw.) haben im wesentlichen wieder ihre Normalerscheinung. Tagelang nach meinem Erlebnis habe ich alles draußen mit großer weißer ‚Doppelschattierung gesehen, irgendwie fließend'.
Handelte es sich in beiden Fällen um durchaus vergleichbare Projektionsvorgänge? Auch das spurlose Verschwinden des Objektes beim „Garten-Vorfall" könnte im Rahmen dieser Vermutungen hinlänglich erklärt werden.

Sekundäreffekte
Bei UFO-Nahbegegnungen treten immer wieder eine ganze Reihe myteriöser Effekte auf. Dies sind einmal körperliche Anomalien, wie etwa Narben. Auf der anderen Seite haben wir die paranormale Zwischenfälle wie etwa Spuk. Jeder Zeuge, der sich bei uns bis dato gemeldet und eine Besuchererfahrung hatte, berichtete uns erstaunlicherweise von diesen Dingen. Auch Herr Krebs sollte von ihnen nicht verschont bleiben.
Stigmata
1. September 1995
„An diesem Tag sollte das erste Mal ein Entführtentreffen stattfinden. Nebenbei, wir waren 11 Anwesende.
Ich war gerade dabei mich abzuduschen. Da fiel mir auf, daß an meinem linken Oberschenkel 4 gerötete Hautstellen dicht beieinander lagen. Nun, an meinem ganzen Körper verteilten sich mal mehr und mal weniger viele Pünktchen und Flecken. In der Regel lasse ich sie völlig unbeachtet. Doch diesmal war es irgendwie anders. Sie fielen mir förmlich ins Auge. Weil es so eine kontrastreiche Gruppierung auf engem Raum war. Die Lage der Punkte war etwa 5 cm unterhalb der Leiste. Ein Bereich also, den man normalerweise nicht allzusehr im Augenwinkel hat. Jeder Fleck für sich wäre bestimmt ganz unauffällig gewesen. Er hatte jeweils die Größe eines Mückenstiches (wenn er nicht gereizt ist). Eine Erhebung

in der Haut gab es nicht, obwohl es beinahe so aussah. Jucken oder schmerzen taten die Stellen nicht. Der Abstand der Flecken untereinander betrug 14 mm, bei denen die nebeneinander lagen, und 20 mm zu an der Spitze."

5. September 1995
„Ich telefonierte mit der Frau, bei der das letzte Entführtentreffen stattfand. Wollte mich ganz einfach nur für ihre Gastfreundschaft bedanken. Und doch redete man über dies und jenes. So erwähnte ich auch meine vier Punkte in Dreiecksform. Baff erstaunt war ich, als sie mir erwiderte, daß sie an der gleichen Stelle die gleiche Art von Punkten hat und dies seit etwa zwei Wochen."

Erinnern wir uns hier an den Bericht von Frau Heike Müller, die vermutet, ebenfalls entführt worden zu sein. Auch sie weist ein solches Körpermal auf, über das sie schreibt:
„An meinem rechten Oberschenkel habe ich seit etwa 2 Wochen einen roten Fleck, ca. 2,5 cm groß, in der Form eines Dreiecks. Es ist keine scharf abgegrenzte Form, sondern man kann nur ein Dreieck erahnen. Die Stelle hat sich in den 2 Wochen nicht geändert, also kein Hautausschlag oder auch keine Druckstelle."

Ausleibigkeitserlebnis & Poltergeistphänomen
5. Mai 1996
„0.13 Uhr, es wurde für mich im Zimmer heller. Hatte den Eindruck, wach zu sein. Begann, wie gewohnt, Dinge im dunklen Zimmer auszumachen. Dann begann ich nach oben zu schweben. Zuerst schwebte ich in Liegeposition nach oben. Dann bewegten sich aber die Beine nach oben und ich hing mehr oder weniger kopfüber. In diesem Zustand schwebte ich dann sowohl nach vorne, als auch nach oben. Ein Gefühl, welches recht ungewohnt war. Es löste eine geringe Übelkeit aus. Aber Angst hatte ich keine. Ich meinte einen kleinen (eingeschränkten) Einfluß auf die Bewegung gehabt zu haben. Dann, wenig später, war ich wieder unten. Ich gewahrte noch, daß mit mir und meinem Bett physikalisch etwas gemacht

wurde. Ich hatte das Empfinden, daß das Bett kurz etwas gerüttelt wurde. Außerdem spürte ich deutlich, daß mein linkes Handgelenk umfaßt und etwas gedrückt wurde. Gleiches spürte ich am Hals. So, wie wenn jemand mit der anderen Hand unter meinen Hals greift und ganz zart diesen von unten etwas drückt. Jeweils etwa dreimal einen zarten, aber deutlich spürbaren Druck."

Gerade Ausleibigkeitserfahrungen, wie die von Herrn Krebs beschriebenen, gehören zwischenzeitlich zum Standard bei UFO-Entführungen. Entweder an Bord der Objekte oder anderswo werden viele Zeugen zu einem hellstrahlenden Licht geführt, das wir aus dem Bereich der Todesnaherlebnisse kennen. Vielfach treten die Entführten auch aus ihrem Körper heraus und können sich dann unter sich selbst liegen sehen. Diese paraphysikalische Komponente des Phänomens wird heute leider noch von zu vielen Untersuchern nicht ernst genug genommen, oder zum Teil völlig ignoriert.

Lichteffekte
19. März 1991
„Ein Phänomen bei uns oben im Wohnzimmer. Ich sitze mit meiner Frau zusammen in diesem Zimmer. Wir beide lesen. Meine Frau hört um 21.45 Uhr ein Zischen im Ohr. Dann sieht sie einen Lichtpunkt, der genau die Form eines klassischen UFOs hat. Er hat die Größe von nur etwa 2-3 cm. Dieser bewegt sich langsam am Zimmerschrank entlang. Sie macht mich auf das aufmerksam, was sie sieht. Sie war erstaunt, daß mir das nicht aufgefallen war. Doch auch, als sie mit ihrem Finger genau auf das Objekt zeigte, kann ich beim besten Willen nichts erkennen. Sie sieht das Ding nach wie vor. Es bewegt sich nun in Richtung Außenwand. In diese verschwindet es dann auch. Das heißt, es ist dann nur teilweise zu sehen. Das, was meine Frau hier sah, wiederholte sich mehrmals. Nicht so, daß der Lichtpunkt hin und her schweben würde. Nein, er verschwand und erschien dann plötzlich wieder an einer bestimmten Stelle, um dann erneut wieder zur Wand zu schweben."

19. November 1994
„An diesem Tag gegen 17 Uhr beobachtete mein Sohn Boas ein Phänomen. Zu dieser Jahreszeit ist es um diese Uhrzeit fast dunkel. Er geht gerade den Weg durch den Garten in Richtung Haus. Da fällt ihm auf, daß im Zimmer von uns im ersten Stock ein Licht brennt. Wir waren an diesem Tag auf Besuch gewesen und erst spät abends zurückgekommen. Am nächsten Tag fragte mich mein Sohn, ob ich Licht im Zimmer angelassen hätte. Ich verneinte dies. Mein Zimmer war auch abgeschlossen, so das auch niemand anders dort zwischenzeitlich hätte hineingehen können und ein Licht hätte anmachen können. Die Lichterscheinung dauerte nur etwa 10 Sekunden. Sie schien auch nicht von der Decke her zu kommen, sondern eher von rechts unten. Das heißt von der Nordseite."

Resümee
Die dargestellten Erlebnisse des Herrn Krebs enthalten eine ganze Reihe hochinteressanter Aspekte, die die These wiederlegen, komplexe UFO-Erfahrungen fänden nur auf dem Gebiet der Vereinigten Staaten von Amerika statt.
Wir haben zum einen das Auftauchen des Flugobjektes und seiner Besatzungsmitglieder auf dem Grundstück des Zeugen, das von zwei Frauen beobachtet werden kann. Synchron dazu ereignet sich noch eine Apportation (Herbeischaffen lebender oder toter Objekte ohne erkennbaren Kontakt zu den Gegenständen). Die Kette einer der anwesenden Zeuginnen verschwand von ihrem Hals und landete in ihrer Handtasche, womit die Begegnung auch eine parapyhsikalische Komponente erhält.
Daneben ereignen sich die bei Entführungsszenarien obligatorischen Lichtphänomene, die sowohl von der Frau als auch dem Sohn bezeugt werden können.
Die Begegnungen verlaufen jedoch nicht nur auf einer nichtphysischen paranormalen Ebene, sondern auch auf einer durchaus materiellen. Was sowohl die möglichen Spermaentnahmen und Körpermale nahelegen. Daneben erlebt der Zeuge eine Ausleibig-

keitserfahrung und das Wirken eines Poltergeistes.
Fehlen dürfen hier natürlich auch die UFO-Sichtungen und mysteriösen Lichtblitze im Freien nicht, um das Gesamtphänomen abzurunden.
In Anbetracht dieses Falles steht fest, daß wir alle umdenken müssen. Die Skeptiker können an der Beweismenge nicht mehr vorbeiargumentieren und die UFO-„Befühlworter" müssen sich von den einfachen Erklärungsvariante verabschieden, daß UFOs nur die Raumschiffe außerirdischer Lebensformen sind!

Black Dogs

Der Österreicher Helmut Köpp (Pseudonym) ist ein junger, sympathischer Student der Betriebswirtschaftslehre. Wann immer es seine Zeit zuläßt, widmet er sich seiner großen Leidenschaft - dem Vereinsfußball. Er ist nach eigener Aussage „der größte Fan" von „Admira Wacker" und am liebsten wäre er bei jedem der Spiele seiner Idole mit von der Partie. Köpp kickt selber als Stürmer in der Kreisliga, hat jedoch den Traum einer Karriere bei den Profis schweren Herzens ausgeträumt. Nun setzt er voll auf sein Studium und seine spätere berufliche Laufbahn.
Köpp ist ein sachlicher, nüchterner junger Mann, der sich mit einem UFO-Forscher sicherlich niemals in Verbindung gesetzt hätte, gäbe es da nicht einen paranormalen „Makel" in seinem ansonsten sehr rational geführten Leben. Dieser Makel umschreibt eine Besuchererfahrung der ganz außergewöhnlichen Art. Ein Erlebnis, wie es zum Teil sogar von vielen meiner UFOs untersuchenden Kollegen nicht akzeptiert wird, obwohl doch sie auch die schier unendlichen Möglichkeiten des Phänomens kennen sollten. Doch was erlebte Köpp in früher Jugend?
„Ich war ca. 5 bis 6 Jahre alt und da träumte ich folgendes oder ‚wachte' ich doch? Ein Traum wäre natürlich eine sehr einfache Erklärung und das Problem wäre gelöst. Doch irgendwie überzeugte

mich diese Ansicht nicht so richtig. Wie auch immer. Ich erwachte mitten in der Nacht und das Licht im Zimmer brennt. Ein dunkelbrauner/schwarzer Hund liegt unter der Decke auf meinem Bauch. Ich stoße und trample den Hund etwas mit meinen Füßen weg. Der Hund hechelte, ich konnte es deutlich hören. Wie der Hund verschwand, weiß ich nicht mehr. Ich überlegte nachher, meine Mutter zu holen, das traute ich mich nicht.
Als ich in der Früh erwachte, sah ich die Umrisse des Hundekopfes aus dem Vorhang hervor stehen. Der Hund hatte sich wohl hinter dem Vorhang versteckt. Als der Hund auf meinem Bauch lag, da sagte eine Stimme ‚Da Woak'. Als ich die Hand nach seinem Maul hielt, da begann er stärker zu hecheln und ich hatte Angst er würde mich beißen. Das ist wohl einer der Gründe, warum ich als Kind große Angst vor Hunden hatte. Vorher, da war das ganz anders, wir hatten einen Bernhardiner und mit dem haben wir Kinder viel gespielt, aber der ist dann verstorben.
Es ist sicher nicht falsch den Woak und den Teufel als das gleiche Prinzip zu bezeichnen. Mit Woak bezeichnete ich alles was mir rätselhaft und unheimlich war.
Leider hatte ich damals zu viel Angst um nachzuschauen, was hinter dem Vorhang steckte. Und leider habe ich damals weder meine Geschwister noch meine Eltern geweckt. So kann ich nur erzählen, was ich damals erlebt habe, ohne sagen zu können, ob es Realität war oder nicht. Aber vielleicht ist dieser dunkle Hund, der Angst einflößt, ein archetypisches Bild, dessen Bedeutung wir nicht verstehen."

Herr Köpp lag mit seiner eigenen leicht diabolischen Deutung des Geschehens gar nicht so falsch. Ich habe nachgeschlagen, was „Da Woak" heißen könnte. Ich fand einen vergleichbaren Ausdruck in einem Lexikon, daß sich auf Mythologie spezialisiert hat. (32) „Dabog" ist ein früher slawischer Sonnen- bzw. Feuergott, der nach der Christianisierung zum Satan degradiert wurde. Ein seltsamer Zufall wie ich meine...

Helmut Köpp ist mit seinem außergewöhnlichen Erlebnis jedoch nicht allein. Es gibt auch hier eine ganze Reihe von Zeugen aus aller Welt, die diesen Phantomen begegnet sind. Es scheint, daß die uns unbekannte Intelligenz facettenreicher agiert, als wir alle bisher gedacht haben. Denn die Berichte über geisterhafte schwarze Hunde sind schon seit Jahrhunderten bekannt und sie werden neuerdings auch im Zusammenhang mit UFOs gesehen!

Spurensuche

Glaubt man den Mythen, so waren die „Black Dogs" die Wächter alter Friedhöfe, historischer Wege und heidnischer Kultplätze. Das Verhalten dieser schaurigen Wesen läßt sich sehr schwer einordnen. So gibt es überlieferte Berichte über feindliches, ja sogar agressives Verhalten, andererseits treten diese Phantomgestalten als „neutrale Beobachter" und Weggefährten oder gar als Retter in der Not auf.
Der älteste bekannte Bericht über diese geisterhaften Vierbeiner stammt aus dem 9. Jahrhundert und ist in der Chronik der Frankenkönige (Annales Francorum regum) festgehalten. Der Zwischenfall trug sich während des Gottesdienstes in einer kleinen Dorfkirche zu. Der Gottesdienst war etwa zur Hälfte vorüber, da wurde die Kirche plötzlich in Dunkelheit gehüllt. Alle Augen richteten sich auf einen großen, schwarzen Hund, der dort auf geheimnisvolle Weise aufgetaucht war. Mit wild glühenden Augen lief das Tier um den Altar herum, als ob es nach jemandem suchte. Dann verschwand der unheimliche Hund genauso plötzlich, wie er gekommen war, ohne eine Spur zu hinterlassen. (33)

Ähnlich dramatisch verlief die Begegnung von Hans Leumann, einem Zimmermann aus Gschwendt bei Geboldskirchen. Als Leumann einmal von der „Stör" spät abends nach Hause ging und in Stiefering eine kleine Brücke passieren wollte, sah er auf der anderen Seite des Steges einen schwarzen Hund. Sofort fiel ihm ein, daß über solche Tiere, die sich im Gebiet der Höllenleiten, zu denen auch Stiefering gehört, herumtreiben, schon oft gesprochen wurde. Der Hund starrte den Zimmermann mit feurigen Augen an. Der Beobachter meinte den heißen Atem des Tieres zu spüren, so kam er beim Anblick des Tieres ins Schwitzen. Er versuchte, ein Kreuz zu schlagen, versuchte zu beten, alles vergebens. Da erinnerte er sich eines Stückels Hausbrot, das ihm die Bäuerin auf den Heimweg mitgegeben hatte. Das hausgebackene Brot wird noch heute mit Weihwasser besprengt und beim Anschneiden mit drei Kreuzen gesegnet. Das hielt er der Bestie über den schier drei Meter langen Steg entgegen. Und sofort verwandelte sich der Hund in einen nach Pech und Schweffel stinkenden Nebelballen, der sich langsam auflöste. An allen Gliedern zitternd, aber heilfroh, dem höllischen Erlebnis entronnen zu sein, kam der Leumann in seinem Häusel an. (34)

Eine weitere Überlieferung stammt aus dem Rheinland und enthält bereits ein Element, das geradezu obligatorisch ist für die Begegnungen mit unheimlichen Wesen aller Art: Der Zeuge weist nach seinem diabolischen Abenteuer physische Nachwirkungen in Form einer Erkrankung auf.
Der für den Zeugen verhängnisvolle Zwischenfall ereignete sich im Jahre 1792. Der Zeuge Jan Volten befand sich gerade auf dem Heimweg, als ihm vor dem Grimmelstore ein schwarzer Hund den Weg verlegte. Als er versuchte, an ihm vorbeizukommen, schwoll das Tier so an, daß es die ganze Straße sperrte. Darauf kehrte Jan um und versuchte, durch das Köllertor seinen Weg zu nehmen. Aber auch dort fand er das Gespenst, wie vor jenem anderen Tor der Stadt. Aber nun faßte er sich ein Herz, lieh bei der Wache am Holztor eine Pike aus und ging dem Tier zu Leibe. Aber so wie er den ersten Schlag nach ihm führte, flog ein Feuermeer auf und der Mann sank zusammen. Am anderen Morgen wurde er in einem Korbe in das städtische Spital geschafft. Er litt darauf viele Monate an der

Gicht. (35)

Der Bericht entspricht ganz und gar dem klassischen Muster einer Begegnung mit fremdartigen Wesen. Wie ich bereits erwähnt habe, hatte das Abenteuer für den Zeugen ein gesundheitliches Nachspiel. Ein weiterer „Nenner" des Phänomens, das uns beschäftigt, taucht in der Fähigkeit des Wesens auf, Form und Gestalt zu ändern. Alle dämonischen Wesen und auch die UFO-Besatzungen unserer Tage vermögen das gleiche. Auch der Versuch, das vierbeinige Ungeheuer mittels einer Pike anzugehen, war von Anfang an zum Scheitern verurteilt. Es gibt zahllose Berichte von waffenbewehrten Erdenbürgern, die versucht haben Dämonen, Kobolde, Schwarze Hunde und „Ufonauten" mittels Gewalt ins Nirvana zu befördern - allerdings immer völlig erfolglos. Auch das Verschwinden des Wesens in einem Flammenmeer erinnert uns an gleichlautende Berichte vom Besucher-Phänomen. Die ersten UFO- Aspekte beim Phänomen der schwarzen Vierbeiner sind der nächsten Sage zu entnehmen. Es scheint, als ob eine Transformation im Phänomen selbst begonnen habe, die sich dem jeweiligen Zeitgeist anpaßt.
Davon betroffen war ein Bauer, der auf einem Felde Gerste gehütet hatte. Und wie es so zwischen elf und zwölf in der Nacht ist, kommt der Nachtjäger aus der Luft herunter mit zwölf Hunden und „umstellte" ihn. Er wußte aber, daß man sich dann mit dem Angesicht auf die Erde werfen muß. Und das tut er auch und rührt sich nicht. Er hört nur, wie der Nachtjäger immer die Hunde anhetzt. Die Hunde schnuppern an ihm. Hätte er sich gerührt, so hätten sie ihn auf der Stelle zerrissen. Um Schlag zwölf Uhr verschwand er wieder durch die Luft mit seinen Hunden. (36)

Jahrhunderte später, im Jahr 1893, schien die zeitgemäße Umwandlung des Phänomens schon so gut wie abgeschlossen zu sein, denn die schwarzen Hunde vermochten sich ganz UFO-gerecht in Feuerkugeln zu verwandeln und spurlos zu verschwinden.

In besagtem Jahr fuhren zwei Männer mit ihrem Karren auf einer Straße von Norfolk, Großbritannien. Plötzlich mußten sie die Zügel an sich reißen, denn mitten auf dem Weg stand ein schwarzer Hund. Der Kutscher wollte mit dem Pferd direkt auf den Hund zufahren, aber sein Begleiter, der einiges mehr über diese Erscheinung wußte, hielt ihn zurück. Doch nach einer Weile wollte der Kutscher nicht länger warten und trieb trotz der flehentlichen Bitten des anderen das Pferd an. Als die Kutsche den Hund berührte, schien sich die Luft mit dem Geruch von Schwefel zu füllen, und der Hund verschwand mit vor Wut funkelnden Augen in einer großen Feuerkugel. Wenige Tage nach dem Zwischenfall starb der Kutscher überraschend. (33)

Der bühnenreife Abgang des Hundes in einer Feuerkugel und der mysteriöse Tod eines der Zeugen ist, ich merkte es schon an, alles andere als neu. Wir haben seit hunderten, wenn nicht gar seit tausenden von Jahren ähnliche „Auftritte" der „Anderen", wie sie der Johannes Fiebag bezeichnet. Mal treten sie als niedliche Kobolde auf, dann als schwarzverschleierte Gestalten, dann mal wieder als Engel, Dämonen, Heilige oder - zur Abwechslung - auch mal als biederer Ufonaut.

Der Kreis schließt sich spätestens dann, wenn man UFO-Geschichten betrachtet, bei denen unsere vierbeinigen Freunde auftauchen. Beispielsweise sahen zwei Männer am 14. Dezember 1963 in Südafrika einen außergewöhnlich großen Hund auf der Straße. Unmittelbar darauf wurde die Umgebung merkwürdig erleuchtet und ein seltsames, helles Objekt flog über ihr Auto. Es verschwand am Himmel, während sie es beobachteten. Ein weiterer Vorfall dieser Klasse ereignete sich in Savannah, Georgia, USA. Dort beobachteten mehrere Zeugen am 9. September 1973 zehn große Hunde, die aus einem UFO herauskamen. (37)

Sogar bei UFO-Entführungen spielen schwarze Hunde zwischenzeitlich eine Rolle. Die Amerikanerin Leah A. Haley, die mehrfach an Bord eines UFOs verschleppt worden ist, gab zu Protokoll:

„Dann erschien ein Dobermann an meiner rechten Seite. Ich sagte der Außerirdischen, daß ich vor großen Hunden Angst hätte und daß sie ihn von mir wegbringen sollten. Der Hund fing an, an meiner rechten Körperseite zu nagen. Ich erschrak, aber ich wußte, ich sollte mich nicht bewegen. Endlich sagte die Außerirdische dem Hund, er solle weggehen. Meine Seite tat weh, wo der Hund zwei Stücke herausgerissen hatte." (6)

Es gibt heute bei den UFO-Forschern, die das Phänomen auf eine unbekannte, nichtmenschliche Intelligenz zurückführen, zwei Denkrichtungen. Zum einen haben wir hier die „gegenständliche, klassische Hypothese", die im Endeffekt davon ausgeht, daß UFO- Erscheinungen auf pilotierte Flugobjekte zurückgehen. Auf der anderen Seite gibt es die Vertreter der „abstrakten" Anschauung, die das Erscheinen der vermeintlichen Flugobjekte und Wesen nur als ein Mittel zum Zweck ansehen. Betrachtet man die Berichte über die schwarzen Hunde unter diesem Gesichtspunkt, gewinnt die „abstrakte" Hypothese an Bedeutung, vor allem wenn man sich die Schilderung von Leah A. Haley vor Augen hält.
Das UFO-Phänomen steckt so sehr voller archetypischer Bilder und Methapern, daß die gesamte Erscheinung fast schon den Charakter einer Botschaft erhält.
Natürlich sind nicht die Hunde Erbauer und Piloten dieser Objekte. Aber ihr Erscheinen beruht auf Bildern, die uns bekannt sind. In uns stecken die Elemente, die eine uns unbekannte Intelligenz benutzt. Ob wir bei alledem nur Zeugen eines gewaltigen Initiationsritus werden, oder ob unter Umständen noch viel mehr hinter dem Phänomen steckt, wissen wir noch nicht. Ich halte es jedoch für angebracht, alle Phänomene und möglichen Lösungsvorschläge neu zu überdenken. Womöglich kommen wir der Intelligenz dadurch etwas näher ...

Die Anderen

Vielen Menschen fällt es sehr schwer, sich mit Erlebnissen aus dem paranormalen Bereich abzufinden. Man stellt als Betroffener sehr schnell fest, daß soziale Sanktionen auftreten, wenn man sich outet. So erging es auch Katja Lang (Pseudonym), die über viele Umwege meine Adresse erhielt. Katja Lang, soviel konnte ich noch erfahren, arbeitet als Verkäuferin in einer Bäckerei in Süddeutschland. Sie ist verheiratet und hat zwei Kinder. Als ich sie nach Erhalt ihres Briefes anrief, um mehr von ihr und ihren Erlebnissen zu erfahren, teilte sie mir bedauernd mit, sich nicht mehr damit auseinandersetzen zu wollen. Ich vermute zwar, daß der Druck von ihrem Ehemann ausging, doch akzeptiere ich ihre Entscheidung selbstverständlich. Dennoch möchte ich aus Gründen der Information aus ihrem Brief an mich zitieren:
„Am Sonntag, dem 23. Mai 1993, habe ich im ZDF den Film ‚Von UFOs entführt?' gesehen und habe nun Angst, daß mir derartiges auch schon einmal passiert ist. Bislang habe ich geglaubt, daß ich das nur geträumt hatte, aber dafür war der Traum ein bißchen zu realistisch. Und zwar habe ich folgendes geträumt: Ich wurde abgeholt von einem Wesen, das Ähnlichkeit mit ‚E.T.' hatte. Es war nur größer. Man hat mich in einen hypermodernen Raum auf einen Tisch gelegt. Der Raum war durch eine Glasscheibe getrennt und hinter der Scheibe standen ganz viele dieser ‚E.T.s' und haben mich nur beobachtet. Ich hatte auch keine Angst, ich habe mich nur etwas unwohl gefühlt. Soweit ich es in Erinnerung habe, bin ich die ganze Zeit nicht mit ihnen in Berührung gekommen. Das Schlimmste an ihnen waren ihre Augen. Sie hatten ganz große Augen und ich hatte das Gefühl, als wenn sie mich damit durchleuchten könnten. An mehr kann ich mich leider nicht erinnern.
Erst als ich wach wurde, habe ich es verdammt mit der Angst gekriegt und ich bin durch die ganze Wohnung gelaufen und habe nach diesen Dingern gesucht. Binnen ein paar Minuten war die Angst schlagartig wieder weg und ich habe seelenruhig weiter-

geschlafen. Aber den ganzen Tag danach hatte ich das Gefühl, daß das kein Traum gewesen war, dazu war er einfach zu realistisch. Und nun weiß ich nicht, ob es passiert ist, oder eben nicht. Vielleicht habe ich das auch nur geträumt, weil ich mit 12 Jahren jahrelang Angst vor dem Original-‚E.T.' im Film hatte. Den hatte ich damals hinter jeder Tür stehen sehen.
Bevor ich diesen Traum hatte, daß war letztes Jahr im Winter, habe ich mich ein paar Tage vorher ständig durch die Fenster in meiner Wohnung von ‚E.T.' beobachtet gefühlt..."

Die Berührung

Tanja Höcherl (Pseudonym) ist vor vielen Jahren mit ihrer Tochter von Polen aus nach Deutschland eingewandert und hat hier nochmals geheiratet. Sie ist heute Hausfrau und lebt in einem kleinen Ort in Oberbayern mit ihrer Familie in einem geräumigen Haus.
Vor Jahren hatte sie ein außergewöhnliches Erlebnis gehabt, das sie dazu bewegte, sich auf eine unserer Anzeigenschaltungen in Zeitungen hin zu melden.
Mein Kollege Chris Dimperl hat für uns den interessanten Fall vor Ort untersucht und mit der Zeugin gesprochen. Aus dem ausgefüllten Fragebogen von Frau Höcherl können wir folgendes über den Vorfall entnehmen, der Mitte Januar 1989 stattfand:
„Ich legte mich schlafen, nachdem ich nach Hause kam (zwischen 0 und 1 Uhr). Der Fernseher im Kinderzimmer lief und die Nachttischlampe war an. Ich war gerade am Einschlafen, als ich Schritte aus dem Wohnzimmer in Richtung Kinderzimmer hörte! Die Schritte hörten sich wie die einer älteren Person an (Schlurfen). Die Kinderzimmertüre war nicht ganz geschlossen. Die Schritte hörten auf. Nach kurzer Zeit spürte ich die Anwesenheit einer Person hinter mir. Ich befand mich zu dieser Zeit noch im Bett. Plötzlich spürte ich die Berührung von kleinen runzligen Händen an meinem Kopf, die dann langsam, wie bei einer Untersuchung, bis zum Bauchnabel-

bereich meinen ganzen Oberkörper abtasteten. Sogar die Arme wurden langsam abgetastet! Während der ganzen Zeit konnte ich mich nicht bewegen, meine Augen nicht öffnen und auch nicht sprechen oder um Hilfe rufen. Als die ‚Untersuchung' zu Ende war, konnte ich mich wieder bewegen und sprechen. Ich schaute mich im Zimmer um, und eine ganz komische fremde Atmosphäre war in diesem Zimmer. Ich lief daraufhin zu meiner Mutter in den fünften Stock und erzählte ihr die Geschichte. Es dauerte ca. eine Woche, bis ich mich wieder in die Wohnung traute. Aber auch dann noch mit einer großen Angst!"

Anhand der Stellung der Hände und der Betthöhe errechnete mein Kollege mit der Zeugin, daß das Wesen ca. 140 bis 150 cm groß gewesen sein muß. Besonders herausragend an der Schilderung aber war die Beschreibung der Hände. Die Zeugin versicherte, daß es weiche, kleine und faltige, auf jeden Fall aber nichtmenschliche Hände waren. Sie ist sich jedoch nicht sicher, ob die Hände vier oder fünf Finger hatten. Während des Vorfalls empfand Frau Höcherl panische Todesangst.
Bemerkenswert ist hier auch der Zeitfaktor. Seinen Anfang nahm der Spuk zwischen 0 und 1 Uhr, sein Ende fand er zwischen 1.30 und 2 Uhr! Im Extremfall haben wir hier also gut zwei Stunden, in denen sich das ganze Szenario abgespielt hat. Rechenschaft ablegen kann sich die Zeugin jedoch nur über etwa eine halbe Stunde. Dieser „missing time"-Aspekt erscheint nicht gerade unbekannt und erinnert an die Aussagen von Abduzierten (von UFOs entführten Personen), die ebenfalls für längere Zeitabschnitte keine bewußte Erinnerung haben. Da wir die Anwendung von Hypnose-Regressionen ablehnen, bleibt die fragliche Zeitspanne ungeklärt.
Interessant ist übrigens auch, daß die Tochter von Frau Tanja Höcherl, Manuela, 1992 über dem Haus einen fremdartigen Flugkörper wahrnahm. Sie schrieb hierzu in einem Fragebogen:
„Es war zwischen 2 und 3 Uhr in der Nacht. Ich wurde von meinem Hund aufgeweckt, der komischerweise den Himmel anbellte.

Ich stand auf und schaute ebenfalls aus dem Fenster. Da bemerkte ich hoch am Himmel ein ovales, rot-oranges Licht, welches sich langsam fortbewegte und langsam immer höher stieg, bis es ganz klein zu sehen war. Dann war es auf einmal verschwunden. Es tauchte nicht mehr auf."

Die Zeugin bemerkte weiterhin, daß die Farbausstrahlung des Objektes blendend war und die Lichtstärke beständig zunahm. Es war am betreffenden Tage klar, trocken und windstill.
Es stellt sich die Frage, was da über dem Haus schwebte und den Hund so in Aufregung versetzte?

Der Doppelgänger

„Die Geschichte klingt ja recht außergewöhnlich", sagte ich und mein Blick schien die Skepsis ebenfalls wiederzuspiegeln.Der Mann, der mir gegenüber saß, bemerkte wohl meine Zweifel und meinte sofort, daß sie aber auf jeden Fall wahr sei.
Tatsächlich war der Bericht des Franzosen Claude Michel (Pseudonym) mehr als nur mysteriös. Ich möchte den Fall daher auch nur unter Vorbehalt wiedergeben. Der Leser mag sich bitte ein eigenes Urteil bilden.
Herr Michel rief mich im Herbst 1995 an. Er hatte eine unserer Anzeigen gelesen und wollte mir eine Geschichte erzählen, die er erlebt hatte. Ich machte mit ihm ein Treffen aus und knapp zwei Wochen später saßen wir uns bei einem guten Essen gegenüber. Claude Michel lebt bereits seit einigen Jahren in Deutschland und arbeitet bei einer Autofirma im Außendienst. Er ist Junggeselle und verbringt seine Freizeit am liebsten auf Reisen.
Im Frühling des Jahres 1988 war er wieder einmal in seiner Heimatstadt Lyon zu Besuch. Bei einem Stadtbummel traf er zufällig einen alten Freund, der als Berufssoldat bei der Französischen Armee dient. Der Freund lud Herrn Michel zu sich nach Hause ein,

um dort das Wiedersehen zu feiern.
Die beiden waren alleine in der Wohnung und verbrachten die Zeit dort mit Essen und Trinken. Nach ca. zwei Stunden ebbte das Gespräch ab und der Freund von Herrn Michel stand plötzlich auf. Doch nicht nur das, er fing auch an zu wachsen, wurde beständig größer und kurioserweise mit ihm auch die Kleidung!
Claude Michel verließ panikartig die Wohnung und rannte schleunigst nach Hause. Am nächsten Tag hatte er sich soweit gefangen, daß er den Freund anrufen konnte, um sich zu erkundigen, was da am Vortag eigentlich geschehen sei. Dieser wußte jedoch nichts davon und konnte sich auch nicht erinnern, Herrn Michel überhaupt gesehen zu haben. Auch dessen Wohnung weise keinerlei Spuren auf!
Unserem Zeugen war der ganze Vorfall mehr als nur peinlich und er gab ihm sehr zu denken. Wie er mir persönlich sagte, war er sich absolut sicher, alles so erlebt zu haben, wie er es mir schilderte.
Ich hatte ihn natürlich gefragt, was er denn getrunken habe. Er meinte, es seien nur zwei kleine Bier gewesen. Drogen nehme er ebenfalls nicht. Ich wußte - ehrlich gesagt - nicht so recht weiter. Zum einen hatte ich noch niemals etwas ähnliches gehört oder gelesen. Zum anderen machte Claude Michel auf mich einen sehr glaubwürdigen und seriösen Eindruck. Was auch der Grund für mich war, sein Erlebniss in diese Fallsammlung aufzunehmen.
Was hat sich da im Frühling 1988 in Lyon *wirklich* ereignet?

Das Gesicht

Am 1. Februar 1996 hielt ich in Feucht bei Nürnberg einen Vortrag. Ich wurde dort von einer grenzwissenschaftlichen Arbeitsgruppe eingeladen, um über die neuesten Forschungsergebnisse des INDEPENDENT ALIEN NETWORK zu berichten.
Der Saal war ausgebucht und ich merkte, daß das Thema der Besuchererfahrungen auf sehr viel Interesse beim Publikum stieß, was

u. a. auch dazu führte, das ich meine Redezeit aufgrund ständig neuer Anfragen maßlos überziehen mußte.
Nach dem Vortrag meldete sich ein älterer Herr bei mir, der mir erzählte, daß auch seine Tochter ein ähnliches Erlebnis gehabt hatte. Wir begaben uns in eine ruhige Ecke des Raumes und ich bat ihn, mir zu erzählen, was vorgefallen sei. Er schilderte mir stichwortartig den Vorfall und gab mir auch gleich die Telefonnummer und Adresse seiner Tochter.
Gleich am nächsten Tag schrieb ich Andrea Greiner (Pseudonym), einen Brief und berief mich auf ihren Vater. Zusätzlich legte ich einen Fragebogen und ausreichend Rückporto bei. Nun harrte ich der Dinge, die da kommen sollten. Doch leider kam nichts. Ich schickte einen weiteren Brief an Frau Greiner, doch auch er wurde nicht beantwortet. Ich ließ nicht locker und versuchte es nun telefonisch. Frau Greiner war persönlich am Apparat und sicherte mir zu, den Fragebogen noch am gleichen Tage zurückzuschicken. Ich wartete einen Monat vergeblich, woraufhin ich mich nochmals telefonisch bei ihr meldete. Knapp drei Wochen später hielt ich den ausgefüllten Fragebogen in Händen.
Manche Recherchen können sich wirklich sehr umständlich und zeitintensiv gestalten...

Frau Greiner ist Hausfrau, verheiratet und hat drei Kinder, die sie voll ausfüllen. Für grenzwissenschaftliche oder esoterische Themen hat sie sich, im Gegensatz zu ihrem Vater, nie erwärmen können. Umso mehr ist ihr Erlebnis signifikant, da sie sich ja nie mit den Aspekten des Besucherphänomens auseinandergesetzt hat. Aus ihrem Fragebogen können wir folgendes entnehmen:
„Es war vor einem Jahr, spät abends, so gegen 23 Uhr. Ich lag im Bett und konnte einfach nicht einschlafen. Das Schlafzimmer war ziemlich hell, da ich den Rolladen nicht heruntergelassen hatte. Ich öffnete immer wieder meine Augen - fand einfach keine Ruhe zum Schlafen. Als ich wieder mal die Augen aufschlug, sah ich ein Licht ca. zwei Meter vor mir in der Form eines Ovales, Größe ca. 1,70 +/

– 50 cm. In ihm sah ich eine Person, die mich ansah. Erst lag ich starr vor Schreck nur da und schaute es an, nach etwa 5 Sekunden versuchte ich meinen Mann mit ein paar Schubsern wachzubekommen, ließ dabei aber meinen Blick nicht von dem Geschehen. Da mein Mann einen extrem tiefen Schlaf hat und neben ihm sogar eine Bombe einschlagen könnte, ohne das er etwas merkt, hatte ich es nicht geschafft ihn zu wecken.
Dann bewegte sich das Licht an meine linke Seite, ganz langsam in der Luft schwebend. Jetzt war der erste Schreck weg und ich bekam wirklich Angst. Ich wendete mich von ihm ab und rüttelte meinen Mann, bis er endlich wach war. Aber das Licht und die Person waren verschwunden.
Beschreibungen zur Person sind schwer zu machen. Es war wie ein Mensch mittleren Alters, längere braune Haare, ob männlich oder weiblich kann ich nicht mit Sicherheit sagen. Ich sah nur den Kopf bis zu den Schultern.
Seit diesem Ereignis habe ich Probleme beim Einschlafen, ich warte, ob es vielleicht wiederkommt."

Das geschilderte Erlebnis von Frau Greiner war nicht das einzige paranormale in ihrem Leben. Als sie ihrem Mann noch in der selben Nacht von dem Vorfall erzählte, stieß sie, wie so oft bei Augenzeugen üblich, auf Unglaube. Ihr Gatte meinte, sie habe lediglich geträumt, ein Umstand der von Frau Greiner jedoch wehement bestritten wird.

Erstaunlicherweise meldete sich bei uns eine weitere Zeugin, die etwas durchaus Vergleichbares erlebt hatte. Es ist Frau Erika Neundlinger (Pseudonym), die lange Jahre als Flugbegleiterin gearbeitet hat und sich nun mit ihrem Mann im Ruhestand befindet.
Alles begann im Sommer 1995, als Frau Neundlinger mit ihrem Mann in eine Neubauwohnung zog.
Da sie schon seit Jahren an Schlafstörungen litt, war es für sie nicht außergewöhnlich, in der Nacht aufrecht im Bett zu sitzen und ihren

Gedanken nachzugehen.
Plötzlich bemerkte sie am Fußende des Bettes einen ‚schwebenden Kopf'. Dieser Kopf gab ein diffuses Licht von sich und war somit gut im dunklen Zimmer zu erkennen. Die Augen strahlten in verschiedenen Farben. Frau Neundlinger bekam einen riesigen Schrekken und war nicht einmal in der Lage, ihren Mann zu wecken, der direkt neben ihr schlief.
Der Kopf, der da schwebte, „zoomte" sich plötzlich bis auf wenige Zentimeter vor das Gesicht der Zeugin, die panisch aus dem Bett sprang. Ihr Mann erwachte und der Spuk war vorbei.
Kaum eine Woche später wiederholte sich das Szenario abermals. Der Kopf „zoomte" sich jedoch nicht mehr heran und Frau Neundlinger konnte die Erscheinung, diesmal gefaßter, rund 10 Minuten lang beobachten. Das Gesicht erschien wie das eines älteren Menschen, vom Typ her eher ein Europäer. Die Haare waren relativ lang. Irgendwie hatte sie das Gefühl, daß die Erscheinung wie aus dem Mittelalter wirkte, obwohl es eigentlich keinerlei Anhaltspunkte für diese Überlegung gab.
Die Erscheinung wiederholte sich nun beinahe wöchentlich, so daß Frau Neundlinger nun überhaupt keinen Schlaf mehr fand. Sie wechselte daher ins Wohnzimmer über, in der Hoffnung, dort unbehelligt zu bleiben. Jedoch war sie auch hier nicht sicher, denn die Erscheinung tauchte auch im Wohnzimmer auf und schwebte in einer Höhe von ca. 1,80 Metern über dem Boden.
Der Spuk setzt übrigens bis heute fort. Die Zeugin hat sich allmählich an die Präsenz des „Dings" ‚wie sie es nennt, gewöhnt.

Ich habe mich vor Ort umgesehen und nichts Außergewöhnliches entdecken können. Frau Neundlinger macht auf mich einen sehr glaubwürdigen Eindruck. Sie hatte sich bei mir nur gemeldet, um zu erfahren, was die Erscheinung wohl zu bedeuten habe - eine Frage, die ich ihr leider auch nicht beantworten konnte. Wie ich erfahren konnte, sind die Neundlingers die ersten Mieter in der Wohnung, womit ortsbezogener Spuk nicht angenommen werden kann. Vor dem Bau des Hauses war das Grundstück nur einfaches Brachland. Über eine frühere Verwendung des Landes konnte ich bis dato leider nichts erfahren. Weitere Recherchen in dieser Sache verliefen leider im Sande.

Frau Neundlinger und Frau Greiner kannten sich natürlich nicht und dennoch weisen die Berichte der beiden Frauen signifikante Parallelen auf. Laut Aussage der Frauen waren es ausdrücklich auch keine Träume, das Geschehen wirkte viel zu real.

Die Herren der Elemente

Es gibt Vorfälle, die so außergewöhnlich sind, daß man sie eigentlich kaum glauben kann. Dessen ungeachtet ereignen sie sich jedoch trotzdem, unabhängig davon, wie wir zu ihnen stehen mögen. Im Sommer 1995 wurde ich mit einer solchen Schilderung konfrontiert. In meinem Bekanntenkreis befinden sich mehrere Südamerikaner. Anläßlich einer Feier unterhielt ich mich mit einem Bolivianer über Mythen und Überlieferungen aus seiner Heimat. Wir kamen mit der Zeit vom Thema ab und landeten irgendwann einmal auch beim Themenkomplex „Erscheinungen und Phänomene". Ich hätte mir meinen Gesprächspartner nicht besser aussuchen können. Ich landete, sinnbildlich gesprochen, einen Volltreffer! Er erzählte mir, daß sein Großvater in seiner Jugend koboldartigen Wesen, Duendes, begegnet ist. Er befand sich mit einigen Begleitern in Zentralbolivien „auf Achse". Verkehrsverbindungen gab es damals kaum. Folglich blieb nur die unbequeme Reise auf Pferden oder Mauleseln.

Als sie den Fluß Arque erreichten, schlugen sie ein Zelt auf und legten sich schlafen. In tiefer Nacht hörte der Mann auf einmal Geräusche in der Nähe des Zeltes und stand auf, da er annahm, Diebe machten sich über sie her. Als er aus dem Zelt trat, erblickte er ein kleines Wesen. Das Wesen verlangte nach Feuer. Der Mann

war über den nächtlichen Besuch in Panik geraten und rief dem Wesen nur zu, es solle sich zum Teufel scheren. Das Wesen drehte sich um und sprang in den nahen Fluß.
Unser Zeuge legte sich wieder hin und versuchte sich zu beruhigen, als er auf einmal bemerkte, daß igrendwer Steine auf das Zelt warf. Er sah draußen nach dem Rechten und wurde auf einmal von zwei dieser unbekannten Wesen ergriffen, die ihn zu verschleppen suchten. Er brüllte nach Leibeskräften und seine Begleiter eilten ihm zu Hilfe. Die koboldartigen Fremden ließen von ihm ab und verschwanden im Fluß.
So exotisch die Geschichte des Südamerikaners für uns auch klingen mag, weist sie doch deutliche Parallelen zum modernen UFO-Phänomen auf. Das Erscheinen kleiner Wesen und der Versuch einer Entführung sind uns aus Hunderten von Fällen aus aller Welt hinlänglich bekannt.
Doch gibt es weitere bemerkenswerte Aspekte, die darauf schließen lassen, daß das Auftreten potentieller Elementar- und Naturwesen in Vergangenheit und Gegenwart nur einen Teilaspekt der Gesamt-Erscheinung darstellt, die auch hinter dem UFO-Phänomen agiert.

Gaias-Wächter

Wer sich heute mit Elementargeistern beschäftigt, hat es nicht unbedingt immer leicht. Einerseits lehnt die moderne Parapsychologie die Existenz dieser Wesen ab und vermutet den Menschen als Auslöser paranormaler Phänomene. Andererseits weist etwa die gegenwärtige UFO-Forschung auf Parallelen zu den vermeintlichen Außerirdischen hin, okkupiert aber gleichfalls die armen beobachteten Kreaturen und transformiert sie zu „space aliens" aus den Weiten des Weltalls.
Tatsächlich fällt es vielen sehr schwer zu akzeptieren, daß es außer uns Menschen eine weitere intelligente Spezies geben könnte, die

hervorragend an die Bedingungen angepaßt, „unseren" Planeten bevölkert.
Diese Einstellung führt dann natürlich auch zu kuriosen, und für die Beteiligten fast schon peinlichen, „Zwischenfällen".
So erörterte z. B. 1961 die Evangelische Akademie in Tutzing am Starnberger See im Rahmen eines Gesprächs das „Problem der Gartenzwerge", wobei man hier gleich anfügen sollte, daß es bei diesem Forum in der Hauptsache um mythologische, psychologische und soziale Probleme ging.
Was dann aber geschah, war so wohl nicht geplant, denn der Akademiedirektor Kirchenrat Hildemann bestätigte das Realvorkommen von Zwergen noch in heutiger Zeit, und zwar noch dazu aus eigener Erfahrung!
Ein Amtsbruder in Schweden habe ihm glaubhaft versichert, daß seine, des schwedischen Pastors minderjährige Tochter und der dazugehörige Hund mit dem Hauszwerg, einem grauen Männlein in altmodischer Tracht, auf freundschaftlichem Fuß ständen. Er selbst habe ihn schon des öfteren gesehen!

Diese Elementarwesen und deren hypothetische Beschaffenheit beschäftigten die menschliche Spezies schon seit vielen Jahren. So lesen wir etwa bei Proklus von den Dämonen der Erde, der Luft, des Feuers und des Wassers, daß sie Wesen seien von ätherischer, halbkörperlicher Struktur, zwischen Göttern und Menschen wirkende und vermittelnde Kräfte.
Theophrastus Paracelus lehrt uns: „Also ist jedes Ding in sein Element hineingeschaffen, darin zu wandeln. Was uns unüberwindliches Hindernis, das ist ihnen gerade Recht. Keine Mauer, noch so fest, kein Fels, der einem Gnom wiederstand entgegensetzt. So wie wir durch die Luft schreiten, gehen die Zwerge hindurch durch den härtesten Stein."
Paracelus lag mit seiner Vermutung wohl ganz richtig, wenn wir bedenken, wie leicht die Aliens unserer Tage durch Wände und alle festen Körper zu ihren „Schlafzimmerbesuchen" schreiten!

Weiter weiß der Gelehrte zu berichten: „Zweierlei Fleisch schreitet über den Erdball, das Fleisch aus Adam und das, das nicht aus Adam ist. Wir also mit unserem grobstofflichen Körper, dem Fleisch, das zu binden und zu fassen ist wie ein Holz oder Stein, und jene Wesenheiten, deren Fleisch nicht aus Adam ist, d. h. aus sichtbarer Materie. Es ist dies ein subtiles Fleisch und ist nicht in Bande zu legen, noch zu fassen, denn es ist nicht aus der Erde gemacht, nämlich aus deren groben Atomen. Daher stellt ihm die sichtbare Materie keinerlei Schwierigkeiten in den Weg.
Dennoch - man staune -, diese Wesen haben Fleisch, Blut, Gebein und was sonst zu einem Menschen gehört, wodurch sie sich von den Geistern unterscheiden."

Der Abt Johannes Tritheim, einer der größten Adepten in den geheimen Wissenschaften und mutmaßlicher Lehrer Agrippas von Nettesheim, philosophierte ebenfalls über die „Herren der Elemente" und sprach auch einige Warnungen im Umgang mit diesen Wesen aus. So schrieb er etwa, daß die Luftgeister „höchst grimmigen und heftigen Charackter haben, weshalb, wenn sie durch etwas gestört und erzürnt werden, sie sogleich nach Unheil sinnen, und während sie ihre Angriffe ausfahren, wollen sie teils verborgen bleiben, teils treten sie mit offener Gewalt auf. Sie sind stolz, leidenschaftlich, jederzeit aufgeregt, schweifen sie von Ort zu Ort. Obzwar die Bereiche der Luft ihr Element sind, steigen sie gerne zur Erde nieder, um ihn der Nähe der Menschen zu sein, deren Gestalt sie mitunter annehmen, die sie sogar bis zur Sichtbarwerdung verdichten können."
Auch Erdgeister, ebenfalls Elementarwesen, kamen bei Tritheim schlecht weg. So schreibt er: „Besonders gefährlich sind die unterirdischen Geister, die im Inneren der Berge hausen, in Klüften, Höhlen und Bergwerken ... Die Gesinnungsart dieser Wesen ist die schlimmste. Stets sind sie darauf aus, Schaden anzurichten ... Zu gerne jagen sie den Menschen Furcht ein oder versetzen ihn in Verwunderung. Man weiß, daß sie schon einfältige Leute in ihre Berge

geführt und ihnen dort erstaunliche Dinge gezeigt haben unter dem Vorgehen, daß dies die Wohnung der Seeligen und sie selbst Freunde der Menschen seien. Nächstens verlassen sie zuweilen ihre Berge und führen auf Feldern wunderbare Reigen auf. Mit einem Schlage aber sind sie verschwunden, als hätte sie ein unsichtbarer Gebieter abberufen."

Tatsächlich geschieht es ja auch noch heute, daß Menschen von fremdartigen Wesen irgendwohin geführt werden und man den Zeugen erstaunliche Dinge zeigt, auch wenn das Ziel des „Ausfluges" nicht mehr ein Gebirge, sondern ein UFO ist. Wobei jedoch eine zunehmende Zahl von Abduzierten berichtet, auch in einer „unterirdischen Anlage" bzw. in einem Stützpunkt im Inneren eines Berges gewesen zu sein!
Auch das spurlose Verschwinden der Wesen ist ein fester Bestandteil der Besuchererfahrungen!
Aber, Begegnungen mit Elementarwesen sind nicht nur ein Relikt der Vergangenheit. Auch in der heutigen, technikorientierten, „aufgeklärten" Zeit, finden solche Begegnungen der „elementaren Art" noch immer statt! So berichtet der vor einigen Jahren verstorbene parapsychische Forscher Joachim Winckelmann über einen Vorfall, der ihm von einem Bekannten berichtet wurde, der sich wegen einer Erkrankung im Krankenhaus befand.
Nachts, hellwach in seinem Bette, sah dieser aus einer Nische sechs putzige Wichtelmänner hervorkommen, sein Lager erklimmen und sodann sich um ihn bemühen. Sie zogen etwas aus seinen schwer erkrankten Organen heraus, „daß wie dicke Fäden aussah". Nach geraumer Weile verschwanden die Zwerge, der von ihnen Behandelte schlief ein und fühlte sich anderntags „frisch und gesund"!
Wer denkt bei diesem Beispiel nicht an die operativen Alienaktionen an Abduzierten, die in einigen Fällen sogar Erkrankungen therapiert haben sollen, oder gar an die Todesnaherlebnisse, bei denen die Zeugen die „Anderen" wahrgenommen haben! Wie man sieht, verschwimmen hier die Konturen zwischen den einzelnen Phänome-

nen. Die beobachteten Wesen haben immer die gleichen Möglichkeiten und auch die Verhaltensmuster sind vielfach identisch.

Ganz offen berichtet auch der schwedische Heimatdichter Pälle Näver über ein eigenes Erlebnis mit dem „Smalfolk", dem kleinen Volk, das in Skandinavien beheimatet ist. Als Kind, in der Vorschule noch, lagerten sie eines schönen Herbsttages mit der Lehrerin an einem Abhang nahe eines kleinen Bergsees. Emsig mit ihrem frugalen Mahl beschäftigt, rührte sich plötzlich etwas vor ihnen. Stille gebietend flüsterte die Lehrerin: „Hier gibt es Tomtar (Zwerge); wir dürfen sie nicht stören. Bleibt alle sitzen, dann verstehen sie, daß wir ihre Freunde sind."
Weiter dazu Pälle Näver: „Offenbar verstand sich die Lehrerin auf Toptar und andere Naturwesen. Ich selbst sah solche damals das allererste Mal und war natürlich mächtig ergriffen..."
Der Heimatdichter beschreibt sie als „kleine, menschenähnliche Gestalten, von grauer Farbe und unerhört rasch in ihren Bewegungen, etwa drei bis vier Zentimeter groß."
Ihre Wohnstätte vermutete er bei einer mächtigen Tanne unter einem großen Stein, an dem sich die ganze Schar zu schaffen machte. „Sie schienen etwas zu tragen. Ein kleiner Tompte huschte gerade an der Stelle vorbei", berichtete er, „wo ich saß und gesellte sich zu unserer Gruppe. Sie schienen uns nicht zu bemerken. Doch auf einmal waren sie verschwunden."

Erstaunlich sind hier wieder die Parallelen zum Besucherphänomen. So berichtete etwa die Abduzierte Betty Luca an Bord eines UFOs ganz ähnliche Wesen gesehen zu haben. Bei vielen UFO-Zwischenfällen tauchen diese winzigen Wesen ebenfalls auf.
Die plötzliche Manifestation und das spurlose Verschwinden der Fremden ist geradezu obligatorisch. Die meisten Entitäten werden nur rein visuell von den Zeugen wahrgenommen, so daß man hier eigentlich nur von einem „paranormalen visuellen Phänomen" sprechen kann. Von diesem Phänomen weiß auch der Autor Bernhard

Bäzner zu berichten. Er schildert die Erlebnisse eines kleinen Jungen, der allen Verboten zum Trotz immer wieder in den Wald zu seinen „kleinen Männlein" lief, die geduldig auf ihn warteten. Die Mutter wollte sich überzeugen, begleitete ihren Buben dahin, sah aber keine Zwerge. Das Gebaren des Kindes jedoch bewies, daß es nicht gelogen hatte. Gesten und Gesichtsausdruck deuteten auf eine lebhafte Unterhaltung mit unsichtbaren Partnern hin. Viel lernte der Knabe von seinen kleinen Freunden. Sagen und Märchen der Gegend wurden ihm kund, Geheimnisse von Tier und Pflanze offenbarten sich ihm; er erfuhr vom Einfluß unbeachteter Kräuter, von zukünftigen Ereignissen, die tatsächlich eintrafen.

Oft besuchten sie ihn zu Hause; krabbelten hervor aus dem Fußboden, gingen durch geschlossene Türen und Fenster. Auch Sylphen weilten nachts an seinem Bett.

Auch bei den Schilderungen des Autoren Bernhard Bäzner werden uns bekannte Aspekte des Phänomens offenbart: Die Vermittlung von Wissen, in diesem Falle an den kleinen Jungen, das Durchschreiten materieller Barieren und nicht zuletzt die Schlafzimmerbesuche. Lediglich die Interpretation dessen, was geschieht, ist eine andere wie etwa im Bereich der UFO-Forschung.

Ein weiterer Zeuge war Joachim Winckelmann, den wir bereits an anderer Stelle erwähnt haben. Nach einer langen Wanderung legte er eine Rast ein. Hingestreckt auf den weichen Waldboden, sah Winckelmann eine an einen Baum gelehnte Gestalt. Dreiviertel Meter groß, ungewöhnlich schlank, mit übernatürlich großen Augen. Bekleidet war das Wesen mit einem roten Trikot, das in eine spitze Mütze überging. Gesicht und Hände schimmerten grün. Das Wesen schien erfreut, mit einem Menschen sprechen zu können und erklärte, es lebe mit seinen Artgenossen in der gleichen Welt wie die Menschen, nur ihr Zeitempfinden sei anders. Wenige Minuten für sie wären für uns gleich ein Jahr. Die Jahreszeiten rasen an ihnen vorbei. Das Wesen schloß aus diesem Umstand, daß es wohl ihre Aufgabe sei, diesen ewigen Wechsel zu ergründen. Daraus lernten sie etwas in sich umstellen, wodurch die äußere Erscheinung ein gänzlich anderes Gesicht bekäme. Auf diese Weise brächten sie es dahin, daß der Ablauf der Zeit völlig still steht oder daß sich das Tempo dem der menschlichen Wahrnehmung anpaßt. Plötzlich war das Wesen verschwunden...

Ähnlich erstaunt wie Winckelmann war wohl auch der Münchner Richard Lindner, der ebenfalls eine unheimliche Begegnung hatte. Er teilte einem untersuchenden Parapsychologen mit, daß seine Frau „abends ein schnelles Huschen vom Tisch über den Fußboden auf den Schrank" wahrgenommen habe. Bald darauf sah seine zehnjährige Tochter Zwerge im Wohnzimmer. Einer hatte „ein grünes Hütlein auf, rote Weste und kurze Hosen an und dünne Haxen". Die Körpergröße lag zwischen zehn und zwanzig Zentimetern. Der kleinste hatte gerade noch Tintenfaßhöhe.
München scheint ein beliebter Tummelplatz für außergewöhnliche, naturnahe Wesen zu sein. Der Psychologe Georg Hoser nahm im Alter von sechs Jahren einst bei Sonnenaufgang Seltsames wahr, als er gerade eine Grippe auskurierte. Eine „bleierne Schwere" - schildert er - „legte sich auf meine Hände und Füße. Der Körper schien völlig gefühllos zu werden." Dabei hatte er den Eindruck, obwohl fieberfrei, als besäße er „plötzlich Riesenfüße und Riesenhände". Der Kopf war wie aufgeblasen. „Eine eigentümliche Helligkeit" vermischte sich mit dem morgendlichen Dämmerlicht, und vom Boden kommend, schräg über die Bettdecke hinweg, marschierte eine unzählige Schar kleiner Wesen, „nicht größer als ein aufgestellter Maikäfer". Mit brauner Jacke bekleidet, lautlos ihn angrinsend, zogen „diese seltsam winzigen Kerlchen über die Bettdecke". Unfähig zu schreien, „fürchtete ich mich schrecklich." (38)

Sowohl die „bleierne Schwere" des Zeugen als auch die ihn umgebende „eigentümliche Helligkeit" schildern recht gut die veränderte Situation in der Wahrnehmung des Zeugen, wie sie bekanntermaßen auch bei den Entführungs- und Kontaktszenarien auftaucht.

Unser Einblick in die Welt der Natur- und Elementarwesen hat deutlich gezeigt, daß die dortigen Erzählmuster mit denen der Besuchererfahrungen übereinstimmen. Wir wissen nun, daß es phänomenologisch keine signifikanten Unterschiede zwischen Spukerscheinungen, den Lichtwesen bei Todesnaherlebnissen und UFO-Besatzungen gibt! Sowohl die Möglichkeiten als auch das Verhalten der Wesen weist größere Stimmigkeiten als Differenzen auf.

Auf der Suche nach der Wahrheit

Frau Klara Edbauer ist Kunststudentin im vierten Semester und lebt in Norddeutschland. Sie beschäftigt sich schon seit einigen Jahren mit dem UFO-Phänomen, da sie glaubt, ebenfalls davon betroffen zu sein. Sie hatte meinen Beitrag in der Anthologie „Das UFO-Syndrom" (39) gelesen und sich daraufhin bei mir gemeldet. Ihr Bericht enthält eine ganze Reihe interessanter Aspekte zum Besucherphänomen, jedoch auch eigene Ansichten und Spekulationen zum Thema:
„Auf der Suche nach der Wahrheit - so oder so ähnlich könnte man den Großteil meines Lebens beschreiben, ich suche nach Antworten und oft werfen diese auch wieder neue Fragen auf. Es ist schwierig, das, was ich bisher erlebt habe zusammenzufassen, ich kann hier nur auf einige wichtige Dinge eingehen.
Zunächst wären da erst einmal einige UFO-Sichtungen, also Sichtungen von Objekten, die ich weder als Flugzeug, Satellit, Wetterballon, Planet oder sonstwas identifizieren konnte.
Die erste Zeichnung zeigt ein Objekt, das ich an einem Sommernachmittag vor zwei oder drei Jahren am Himmel kreisen sah. Ich blickte flüchtig hoch und dachte erst es wäre ein Flugzeug, ich blieb stehen, da ich keinerlei Fluggeräusche vernahm und beobachtete es. Es flog mit unterschiedlichen Geschwindigkeiten, ich konnte

es von vorne, von der Seite und von hinten betrachten. Silbrig glänzte es, es hatte ungefähr die Flughöhe von einem Zeppelin (vielleicht noch ein bißchen höher), nein, es war kein Zeppelin, das konnte ich definitiv ausschließen, schon die Form war anders. Die Rückansicht war seltsam, es sah so ähnlich wie eine einzelne Flugzeugdüse aus, es gab an der Seite keine Luken, keine Aufschrift oder sonstiges. Mal ganz langsam, mal wieder sehr schnell kreiste es zwei oder drei Mal und verschwand dann sehr schnell, ich hörte keine Geräusche während ich andere Flugzeuge, die in verschiedenen Höhen vorbeiflogen, sehr wohl hören konnte.

Das zweite Objekt sah ich zusammen mit meinem Freund vor gut einem Jahr, ungefähr um 2.30 bis 3 Uhr nachts. In der Nähe meiner Wohnung gibt es ein freies Feld, auf dem wir sehr oft nachts noch einen Spaziergang machten. Kaum waren wir auf dem Feld, als wir von Norden her zunächst ein orangegelbes Licht auf uns zukommen sahen. Als es näher kam, bemerkten wir die anderen Lichter. Es wurde uns sehr unheimlich, denn das Objekt war noch größer wie ein soeben gestartetes Flugzeug, doch wir hörten nichts!

Es flog über uns hinweg nach Süden auf einer geraden Fluglinie, dabei konnten wir ein Geräusch wie von verdrängten Luftmassen wahrnehmen, es war sehr beängstigend! Rein gefühlsmäßig kam es uns vor, wie wenn es ein sehr riesiges Objekt in sehr großer Höhe gewesen wäre, ob es so war, läßt sich nicht sagen.

Die dritte Zeichnung zeigt die Situation vor unserem Haus an einem Abend, als wir ein Objekt beobachteten und zusätzlich noch andere Auswirkungen bemerkten. Dazu muß ich noch sagen, daß diese Art von Objekt - wie ein Lichtpunkt, der mal weiß über gelb, orange oder rot leuchten kann - von uns schon öfters beobachtet werden konnte. Also ist es nur eine von vielen verschiedenen Sichtungen. Der Vorfall ereignete sich dieses Jahr im Sommer, die genaue Uhrzeit kann ich nicht sagen, wir waren spazieren und wollten gerade nach Hause gehen, als wir dieses Objekt beobachteten, wie es über uns hinwegflog. Es war ungefähr in Höhe der Querstraße, als wir einen lauten Knall hörten. Wir schauten uns um und bemerkten zunächst nichts, in den Häusern, sowie auch in unserem Haus brannten die Lichter. Plötzlich stellten wir fest, daß die Straßenlampen der Querstraße ausgeschaltet waren und nun neu gezündet wurden. Das Objekt verschwand und wir gingen nach Hause. Ich habe die Angewohnheit, grundsätzlich den Anrufbeantworter anzuschalten, auch nachts, wenn wir spazierengehen. So auch diesmal. Als wir hineingingen, hörten wir schon an der Tür einen langen anhaltenden Pfeifton, der vom Anrufbeantworter ausging. Wir drückten auf den Ein-/Ausschaltknopf, doch nichts rührte sich, das Pfeifen ging weiter. Erst durch Ziehen und erneutes Einstecken des Netzsteckers konnten wir das Gerät wieder wie üblich ein- und ausschalten. Doch alle anderen Funktionen waren irgendwie ‚durcheinander'. Am nächsten Tag funktionierte alles wieder einwandfrei! Wichtig wäre vielleicht noch zu sagen, daß an allen Digitaluhren in der Wohnung festgestellt werden konnte, daß es keinen Stromausfall gab! Wir bemerkten bisher noch mehr Störungen bei technischen Geräten, vor allem nach Sichtungen von Objekten, wie z. B. ein Videorekorder, der sich selbst einschaltete, ein Stück Band abspulte, stoppte und sich dann wieder ausschaltete. Ich saß zu dem Zeitpunkt ca. einen Meter entfernt vom Gerät und beobachtete die Sache.

Nun komme ich zu Vorfällen, die ich bisher nie mit dem UFO-Phänomen in Verbindung gebracht hatte. Ich versuchte das, was mir passierte, zunächst wegzuschieben als etwas, daß ich nicht erklären kann, später forschte ich im esoterischen und auch im psychologischen Bereich, um etwas zu finden, womit ich das Erlebte erklären konnte. Doch ich fand nichts, das wirklich logisch oder eindeutig gewesen wäre.

Doch nun zu den Erlebnissen: Mit etwa 13 Jahren erlebte ich etwas bewußt, daß mich zutiefst beängstigte und verwirrte. Ich erwachte nachts, schlug die Augen auf, war geistig hellwach und bemerkte plötzlich ein lautes Brummen oder Summen, das immer unerträglicher wurde. Ich hörte es wie von außen und innen, also direkt im Kopf!

Als ich versuchte aufzustehen, um Licht anzumachen, stellte ich fest, daß ich mich nicht bewegen konnte, nicht einmal einen kleinen Finger, ich war wie gelähmt! Voller Angst nahm ich dann wahr, wie etwas in meinen Bauchnabel eingeführt wurde, ich sah nichts (war ja dunkel im Zimmer), sondern spürte nur etwas. Es tat nicht weh, es war mehr ein starker, unangenehmer Druck, aber ich empfand es wie eine Vergewaltigung. Warum, das weiß ich nicht, es war ja der Bauchnabel, auf jeden Fall empfand ich es so. Ich versuchte krampfhaft mich zu bewegen, doch es ging nicht, ich kann diese Energie, die mich da festhielt, nicht richtig beschreiben, sie war stark und brutal irgendwie! Irgendwann ließ es nach, ich konnte mich wieder bewegen, das Summen hörte auf und ich stand auf und machte Licht, es war nichts weiter zu sehen im Zimmer. Ich war voller Panik und traute mich nicht mehr weiterzuschlafen, ich war wie ausgelaugt, als hätte man mir schlagartig sämtliche Energie entzogen!

Mir wurde gesagt, es wäre ein Traum gewesen, ich beließ es dabei, da ich keine andere Erklärung hatte, aber ich wußte, ich war wach! Seit dieser Zeit schlafe ich, ich geniere mich etwas es einzugestehen, nur noch mit Licht, irgendwie beruhigt mich das. Im Stillen nannte ich diesen Vorfall einen Übergriff.

Seit dieser Zeit erlebte ich diesen Übergriff mehrmals im Jahr, manchmal ist monatelang gar nichts, dann wieder häuften sich diese Übergriffe. Sie veränderten sich leicht, manchmal hatte ich einfach nur das Gefühl, man entzieht mir Energie, dann war es mehr wie ein mentaler Kampf, gewann ich ihn, dann konnte ich aufstehen, verlor ich ihn, schlief ich schlagartig ein und erwachte dann ausgelaugt, wie gerädert. In diesen Zeiten habe ich dann auch sehr intensive Träume, meist Verfolgungsträume, von Monstern oder Vampieren und dergleichen. Aber davon will ich an dieser Stelle nicht berichten, es würde zu weit führen.

Dadurch, daß jedesmal bei so einem Übergriff das Licht angeschaltet war, konnte ich die Umgebung gut erkennen. Ich sah z. B. wo meine Katzen lagen. Sie rührten sich nicht und hinterher, also nach

dem Übergriff, lagen sie noch genauso da und schliefen tief und fest!
Ich möchte noch betonen, daß ich nicht schlafe, auch nicht schlaftrunken bin, sondern klar bei Bewußtsein!
Im Laufe der Jahre sprach ich immer wieder einmal über diese Übergriffe mit den verschiedensten Personen, doch ich fand keine definitive Erklärung für diese Sache! Denn zu den Erlebnissen gesellten sich noch andere Vorfälle. Z. B. ging ich mit 15 oder 16 Jahren gerne nachts spazieren. Ich hatte keine Angst, daß mir etwas passieren könnte, denn ich machte zu der Zeit auch regelmäßig Kampfsport, war gut durchtrainiert und sowieso bin ich kein sehr ängstlicher Typ. Spätabends war ich damals unterwegs, als ich plötzlich eine schwarze Wolke bemerkte, die über mir war und ich bekam Panik! Ich lief schneller, wollte eigentlich in unseren Park gehen, doch je näher ich kam, desto stärker wurde die Panik, meine Haare stellten sich hoch und schließlich drehte ich mich um und rannte nach Hause. Seit dieser Nacht traute ich mich nicht mehr nachts auf die Straße. Und selbst in Begleitung nur mit einem unguten Gefühl! Am meisten ärgerte mich, daß ich nie genau sagen konnte, wovor ich nun überhaupt Angst hatte, vor einem Überfall ganz bestimmt nicht. Es waren mehr Ängste vor Monstern, Vampiren oder so was in der Art, absolut albern!
Seit meiner Kindheit habe ich auch Panik beim Autofahren, allerdings nur etwa die erste Viertelstunde, dann legt es sich. Ich war deswegen auch vor ca. 10 Jahren etwa ein Jahr lang bei einer Psychoanalytikerin, die mir zwar konkret nicht helfen konnte, mir aber zeigte, damit umzugehen und mir selbst zu helfen, was viel wertvoller war. Ich ging zu ihr, weil diese Panikzustände extremer wurden und so langsam mein Leben beeinträchtigten, es machte mir sehr zu schaffen! Es kamen noch mehr Ängste hinzu, z. B. die Angst, nachts aus einem beleuchteten Raum hinauszusehen und dergleichen, auch überprüfte ich ständig, ob die Haustür richtig abgeschlossen war und der Riegel vorlag. Und das nicht nur einmal, ich kam mir vor wie bescheuert!

Ich machte dann selbst eine Ausbildung zum psychologischen Berater/Psychotherapeut und fing an, mich selbst immer mehr zu analysieren. Um es kurz zu machen: Ich kam damit auch nicht dahinter.
Auf einem Kongreß über das UFO-Phänomen (1990) hörte ich zum ersten Mal von den Entführungsfällen und ehrlich gesagt, ich reagierte mit Wut und auch Spott! Normalerweise reagiere ich nicht so drastisch, das fiel auch meinem Freund auf, der mich dorthin begleitet hatte. Es ist nicht meine Art, mein Motto ist eher ‚Leben und Leben lassen'. Wenn ich etwas für mich nicht akzeptieren kann, dann gestehe ich es anderen ohne Probleme zu, ohne zu lästern, mich aufzuregen oder sonstwas! In diesem Fall wurde ich aber sehr wütend, und man braucht keine psychologische Ausbildung, um zu merken, daß da irgendwas nicht stimmte! Irgendwann später gestand ich es mir selbst ein und begann mich regelrecht zu sezieren, ich lehnte die Bilder der Wesen ab, die ich sah, weil sie mir bekannt vorkamen! Ich lehnte die gesamte Erklärung ab, weil ich nicht wollte, daß es so ist oder sein könnte, bemerkte dabei jedoch viele Übereinstimmungen der Berichte mit meinen eigenen Erlebnissen.
Ich fing an, das Buch ‚Die Besucher' (40) zu lesen und es dauerte lange bis ich es durchhatte, denn ich bekam Panikattacken, konnte nachts vor Panik nicht schlafen. Nur mit meinem Freund traute ich mich darüber zu reden aus Angst, für verrückt gehalten zu werden. Manchmal hatte ich das Gefühl, daß ich bald durchdrehe. Ich begann daran zu arbeiten und fand für einen Weg, mich vor diesen Übergriffen zu schützen, das war vor ca. zwei Jahren. Meiner Meinung nach ist es wichtig zu wissen, daß zunächst eine Beeinflußung des Gehirns vor der Entführung stattfindet, sozusagen als eine Art Kontrolle oder Übernahme der Wahrnehmungsfähigkeit. Ich denke, daß es genau der Punkt ist, an dem man sich davor schützen kann, eine Art mentaler Schutz, wenn man so will.
Vor ca. einem Jahr passierte nun folgendes: Ich lag im Bett, war noch wach, die Augen waren geschlossen, als plötzlich vor meinem inneren Auge ein Bild von einem dieser Wesen auftauchte.

Dazu muß ich erklären, daß ich kein ‚visueller Typ' bin, das heißt, ich kann innerlich sehr schwer ein klares Bild von irgendetwas sehen, auch wenn ich mich sehr darauf konzentriere, es ist immer nur undeutlich verschwommen. Nun tauchte plötzlich innerlich ein ganz klares, bewegtes Bild auf und anschließend sah ich zwei Fälle aus meiner Kindheit wie einen farbigen Film ablaufen, es war als würde mir das von jemanden gezeigt!

Zunächst sah ich mich als Baby in einem Kinderwagen vor dem Haus stehen. Im Schatten unter einem Baum, es war irgendwann nachmittags, ich schlief und neben dem Kinderwagen lag unser Schäferhund und schlief ebenfalls. Plötzlich sah ich - diesmal aber ganz undeutlich - Wesen, die mich herausholten, der Hund schlief weiter, obwohl ich schrie. Dann kam ein ‚Schnitt' in dem ‚Film', sie legten mich wieder hinein, ich schrie, der Hund fing an zu bellen, meine Mutter kam aus dem Haus gerannt.

Eine neue Szene: Meine Eltern, mein Bruder und ich saßen im Auto und fuhren irgendwohin, ich weiß nicht wohin. Plötzlich wurden alle drei komisch, starrten geradeaus und sprachen und reagierten nicht mehr, ich bekam Angst. Mein Vater bog ab in irgendeine Straße oder einen Feldweg. Links war eine Wiese, rechts Wald. Er hielt an. Voller Panik versteckte ich mich am Boden hinter dem Beifahrersitz und dachte: ‚Wenn ich mich hier verstecke und ganz still bin, dann finden sie mich nicht!'

Die hintere Wagentür ging auf und diese Wesen, die ich wiederum in diesem klaren Bildablauf nur undeutlich wahrnahm, zerrten mich heraus. Ich versuchte mich zunächst am Vordersitz und dann an der Tür festzukrallen, aber es nützte nichts! Dann war wieder ein ‚Schnitt' und anschließend sah ich, wie wir wieder auf der Straße wie zuvor fuhren, alles war wieder normal, nur ich weinte und mein Bruder sagte: ‚Heulsuse, Heulsuse!' Ich war damals wohl etwa drei oder vier Jahre alt, mein Bruder ist dreieinhalb Jahre älter als ich.

Mit diesen ‚Filmen' verbunden waren auch emotionale Reaktionen, ich erlebte es also halbwegs wieder. Hinterher war ich noch tagelang erschüttert und weinte oft!

Über ein paar positive Dinge will ich noch schreiben. Seitdem ich mich so langsam an den Gedanken gewöhne, daß Entführungen durch Außerirdische stattfinden, ergaben sich für mich positive Veränderungen. Die Panikzustände werden seltener und weniger extrem, ich kontrolliere die Haustür nur noch einmal, bevor ich zu Bett gehe. Die Ängste werden geringer, manche haben sich ganz aufgelöst. Alles zusammengenommen sagt mir meine Logik, daß wohl tatsächlich solche Entführungen sattgefunden haben, und je mehr ich mich damit auseinandersetze, desto besser geht es mir! Ich hoffe nur, daß ich eines Tages alles erfahren werde über die Sache und ich weiß, daß ich die Wahrheit - wie auch immer sie aussieht - verkraften kann.

Nehmen wir einmal an - nur so rein hypothetisch - es passiert wirklich, dann müssen die Regierungen zwangsläufig wissen, daß etwas geschieht. Ob sie, wie viele sagen, sogar darin verwickelt sind, weiß ich nicht. Wenn es so wäre, dann sollten wir lieber statt Schuld zuzuweisen, zunächst einmal versuchen, uns in die Lage der Verantwortlichen zu versetzen. Selbst bei einer Beteiligung würde ich sie nicht ‚anklagen' wollen, denn was wissen wir denn schon, was da tatsächlich abgelaufen ist oder noch abläuft? Ich glaube fest daran, daß sie das getan haben, was sie tun mußten in dieser Situation, ich denke nicht, daß sie gute Wahlmöglichkeiten gehabt haben. Die Geheimhaltung dient meiner Meinung nach unserem Schutz, bis wir soweit sind, diese Dinge begreifen und verstehen zu können, ohne Schaden zu nehmen.

Ich muß sagen, daß ich die Verantwortlichen sogar auf eine Art und Weise bewundere, denn sie wurden wohl in einer Zeit mit der Problematik konfrontiert, in der man allgemein annahm, daß es - außer dem Menschen - wohl keine ‚Anderen' gibt, zumindest dachte man, wenn dann sind sie für uns und wir für sie nicht erreichbar! Und dann so etwas zu erleben, das Gefühl der Machtlosigkeit gegenüber diesen Wesen, das Weltbild total auf den Kopf gestellt, ja wirklich, ich muß sagen, daß ich es bewundere, wie kühl und überlegt gehandelt wurde. Manche mögen sagen, sie haben uns verra-

ten und verkauft, doch ich empfinde es nicht so, ich fühle mich vielleicht ein bißchen alleine gelassen, aber mehr auch nicht und ich bin fest der Meinung, daß die Verantwortlichen das Richtige getan haben. Um eventuellen Spekulationen vorzubeugen, versichere ich hiermit, daß ich nichts mit irgendwelchen Stellen bei Regierung, Militär oder sonstwo zu tun habe. Jeder, der es möchte, kann gerne meinen Lebenslauf hören und auch überprüfen, da habe ich nichts dagegen! Ich schreibe hier nur meine ganz persönliche Meinung zu einer Sache, die mich ganz persönlich auch betrifft!
Mir ist klar, daß dies dem einen oder anderen UFO-Forscher vielleicht nicht ganz so behagt; ich will nur damit sagen, daß man nicht vorschnell urteilen soll, bevor man nicht alles kennt.
Was nun den ‚Verursacher', also dieses Wesen betrifft, denke ich auch, daß sie ihre sehr gewichtigen Gründe haben. Sicher ist es nicht richtig, was sie tun, aber ich versuche die Menschheit vom Kosmos aus zu betrachten. In unserer Gesamtheit sind wir ziemlich primitiv und sehr grausam. Wir beuten den Planeten aus, mißbrauchen intelligente Lebensformen in unseren Versuchslabors, um neue Pillen und Schönheitströpfchen herzustellen, halten uns als Spezies für wichtiger als andere und rotten Tier- und Pflanzenarten gleich scharenweise aus. Und damit nicht genug, wir treiben die niederen Lebensformen zusammen, pferchen sie unter unmöglichen Umständen ein, töten sie auf barbarische Art und Weise, damit unser sensibler Gaumen in den Genuß von einer anderen Art von Futter kommt! Und wieder ist es nicht genug, nein, wir führen Kriege, schlachten ebenso unseresgleichen ab wegen religiöser Meinungsverschiedenheiten, Gebietsansprüche und was weiß ich noch warum. Dies ist aber noch nicht genug, wir foltern und demütigen andere aus denselben unsinnigen Gründen! Also, vom Kosmos aus gesehen, sind wir unzivilisiert, grausam, barbarisch und absolut ohne Vernunft und Verstand. Daß sich da eine Spezies das Recht herausnimmt, mit Belieben mit uns zu verfahren, um ihre Ziele zu erreichen, wie auch immer die geartet sein mögen, das leuchtet mir vollkommen ein. Und - ehrlich gesagt - bin ich sehr froh, daß es nicht

Menschen waren, die mich entführten, ich bin mir sicher, daß ich in dem Falle wohl schon längst tot oder ein psychisches oder physisches Wrack wäre!

Was ich hoffe und mir von ganzem Herzen wünsche ist, daß wir ihnen bald beweisen könnten, daß in der Menschheit doch ein guter Kern, wenn auch verborgen, steckt und wir in offenen Kontakt treten können. Ich bin sicher, daß es Möglichkeiten gibt, die verschiedenen Interessen unter einen ‚Hut' zu bekommen und für alle eine befriedigende Lösung zu finden."

Eine Kollegin von uns hat den Fall vor Ort recherchiert und sich auch von der Glaubwürdigkeit der Zeugin überzeugen können. Die Schilderungen Frau Edbauers werden von vielen anderen Zeugen weltweit ähnlich formuliert. Die meisten Entführungen nehmen bereits in der Kindheit und Jugend ihren Lauf und erstrecken sich dabei vielfach bis ins hohe Alter.

Oftmals ist eine Familie über Generationen hinweg den „Anderen" ausgeliefert. Das Phänomen versteht es dabei, sich oftmals stufenweise zu „offenbaren". Es beginnt meist mit der Sichtung einfacher Flugkörper und steigert sich dann zum ersten Kontakt mit den fremdartigen Wesen. Darauf folgt die Entführung in das Objekt, verbunden mit schmerzhaften „medizinischen" Eingriffen, die u. U. jedoch nichts weiter sind als ritualisierte Handlungen, um mittels Schmerz einen Bewußtseinswandel im Opfer zu erzielen, etwa wie bei den Initiationsriten.

Der „Höhepunkt" der Offenbarung ist erreicht, wenn sich die Intelligenz als paraphysikalisch „outet" und die Parallelen zu Spuk- und Todesnaherlebnissen offenkundig werden!

Engel

Im Vorwort dieses Buches ging ich bereits kurz auf die Erlebnisse einer Frau ein, die in ihrer Kindheit den „Anderen" begegnet ist.

Frau Rita Paintinger (Pseudonym) und ich haben gemeinsame Bekannte, bei denen wir uns zufällig trafen. Bei unserer Unterhaltung kamen wir dann auch auf ihre Erfahrungen zu sprechen. Da ich aber an diesem Abend kein Protokoll mehr aufnehmen konnte, trafen wir uns eine Woche später in ihrem Haus.
Dort erfuhr ich, daß Frau Paintinger zwischen ihrem elften und dreizehnten Lebensjahr kleine, koboldartige Wesen sah, die sie als „Zwerge" bezeichnete.
Bei den Besuchen der „Zwerge", die meistens abends oder nachts stattfanden, war Frau Paintinger immer paralysiert. Meist tauchte aus dem Nichts eines der Wesen auf und starrte sie an, worauf die Paralyse begann. Sie hatte immer den Eindruck, die Wesen würden etwas in der Wohnung suchen. Möbel wurden gerückt, verschiedene Gebrauchsgegenstände an andere Orte gelegt usw. Genau beschreiben konnte sie die Aliens nicht mehr. Nur die großen schwarzen „Glupschaugen" und der zierliche Körperbau blieben ihr in Erinnerung. Als sie ihren Eltern von den nächtlichen Vorfällen erzählte, glaubten sie ihr nicht, ihr wurde auch verboten, in einem anderen Zimmer zu schlafen, womit sie den Wesen ständig ausgeliefert war.
Sie war vierzehn Jahre alt und der Weltkrieg tobte im vollen Gange, als etwas Merkwürdiges geschah. Sie lag an dem Tag gerade mit ihrer Mutter im Bett. Draussen war Winter und es gab nicht genug Holz zum Heizen, so daß man auch tagsüber im Bett blieb, um nicht zu frieren.
Plötzlich erschienen zwei riesige Männer mit hellstrahlenden Overalls direkt vor den beiden. Die Gestalten sahen aus wie eineiige Zwillinge (heute würde man wohl sagen wie geklont). Die beiden hatten lange, blonde, in der Mitte gescheitelte Haare und waren, bis auf die gewaltige Größe, normal proportioniert. Sie taten während ihres „Auftrittes" nichts, sie schauten lediglich die beiden Frauen an. Nur wenige Sekunden danach verschwanden die Gestalten so abrupt wie sie gekommen waren, „wie ausgeschaltet".
Frau Paintinger und ihre Mutter waren aus verständlichen Grün-

den erschrocken. Sie nahmen jedoch an, daß ihnen zwei Engel erschienen seien, was sie hoffen ließ unter himmlischen Schutz zu stehen. Auch heute noch ist das Erlebnis bei der Zeugin sehr gut im Gedächtnis, als ob sich der Vorfall erst vor wenigen Tagen zugetragen hätte.

Einen durchaus ähnlichen Fall übermittelte mir ein Münchner Kollege:

Im Jahr 1980 beobachteten zwei Ehepartner unabhängig voneinander eine mysteriöse Gestalt in ihrem Schlafzimmer. Beide hatten geschlafen und wachten ohne besonderen Grund auf. Der Mann sah am Fußende des Bettes eine schwach leuchtende Gestalt in einem Overall mit herabhängenden Armen stehen, die ihn bewegungslos anstarrte. Er stellte seine Beobachtung in Frage und dachte zuerst an einen Traum. Als er sich aufrichten wollte, zog er die Beine an, als die Gestalt genau in diesem Augenblick in sich zusammenfiel.

Die Frau sah die gleiche Figur, bekam Angst und rutschte zu ihrem Ehemann, als die Figur zu dem Zeitpunkt verschwand. Am nächsten Morgen erst tauschten sich beide Zeugen über den Vorfall aus. Sie beschrieben die Figur beide gleich. Das Gesicht der nächtlichen Erscheinung war ausdruckslos und beobachtend. Bemerkenswert ist, daß die gemachte Erfahrung beide Zeugen so sehr aufwühlte, daß sie sich psychiatrisch untersuchen ließen. Beide, so das Ergebnis, waren geistig gesund.

Was sind das nur für Phantome, die in der Nachtzeit die Zeugen heimsuchen? Was ist ihr „modus operandi"? Kommen sie aus fremden Dimensionen oder entstammen sie der menschlichen Phantasie? Eine Frage, die uns im nächsten Kapitel beschäftigen soll.

Doch betrachten wir zuvor noch die Situation des UFO-Phänomens in Rußland, wie sie mir von meinen Tomsker Kollegen in persönlichen Gesprächen vermittelt wurde.

Forschungsergebnisse der Tomsker Gruppe zur Untersuchung von anormalen Erscheinungen

Seit 1990 stehe ich mit Dr. Juri Rylkin in Kontakt, der Leiter der Tomsker Gruppe zur Erforschung anormaler Phänomene ist. Rylkin, der sich sein sibirisches Domizil freiwillig ausgesucht hat, arbeitet in leitender Stellung am Polytechnischen Institut. Es gelang ihm, für seine Arbeit hochkarätige Wissenschaftler zu gewinnen, die sich nun mit allen außergewöhnlichen und exotischen Erscheinungen beschäftigen.

Dr. Rylkin fand bei seiner Arbeit heraus, daß verschiedene Paraphänomene unzweifelhaft auf eine einzige Intelligenz zurückzuführen sind, ein Forschungsresultat, daß ich aufgrund unserer eigenen Recherchen nur bestätigen kann.

Im Sommer 1991 erhielt ich den Besuch zweier Mitglieder der Tomsker Gruppe, die aus beruflichen Gründen in Deutschland zu tun hatten und nun die Möglichkeit zu einem persönlichen Treffen nutzen wollten. Oleg Sergejewitsch und Nicolai Pugovkin, so die Namen meiner fernöstlichen Besucher, brachten mir eine Fülle von russischem UFO-Material mit. Darunter befanden sich auch einige Protokolle über Nahbegegnungen mit Ufonauten, die von der Tomsker Gruppe untersucht worden sind. Obwohl vielen russischen Berichten etwas Unglaubwürdiges anhaftet und die potentiellen Beobachter finanzielle Interessen oder anderweitige Absichten zu verfolgen scheinen, kann ich mich für die hier aufgeführten Berichte verbürgen, da die Untersucher der Tomsker Gruppe sehr kritische und seriöse Forscher sind und die Zeugen genauestens befragt haben!

Der erste Fall, der uns hier beschäftigen soll, ereignete sich im Februar 1981 im Gebiet von Jaroslawl. Zwei ortsansässige Dorfbewohner fotografierten sich gegenseitig im Freien. Einer von ihnen erzählt:

„Plötzlich sah ich, daß mein Freund sich hinhockte und bleich wie Schnee wurde. Ich drehte mich nach links und sah ‚Es'. Bis zum

Objekt waren es sechs oder sieben Meter. Es hatte eine Scheibenform mit einem Durchmesser von vier bis fünf Metern und war so groß wie ich, von grau-blauer Farbe. Dieser Gegenstand begann sich zu bewegen und wie eine Blume in einige Teilchen aufzugehen. Zwei menschenähnliche Gestalten wuchsen gleichsam aus seiner Mitte heraus. Auf eine gewisse Art und Weise stiegen sie zu mir herab. Die Distanz verringerte sich auf drei bis vier Meter. Als sie näherkamen, fühlte ich mich schlecht. Ich hatte keine Angst, vielleicht nur ganz am Anfang. Ich war irgendwie gebannt. Äußerlich sahen sich die beiden ähnlich, deutlich sah ich nur ihre Gesichter. An das Übrige kann ich mich nur nebelhaft erinnern. Lange, dünne Nase, eng zusammenliegende Augen, rote Lippen und ein Kinn. Sie blieben stehen und ich hörte Geräusche, die von ihnen ausgingen, gleichsam Musik, Gesänge. Und was wundersam war, ich verstand sie und antwortete mit genauso einer Musik. Das erste, was ich im Gedächtnis behalten habe - sie versuchten, mich zu beruhigen: ‚Fürchte dich nicht. Wir tun dir keinen Schaden an.'
An mehr kann ich mich nicht erinnern
Das einzige, was ich noch weiß, ist ihre Erklärung, woher sie kamen. Die Rede war von irgendwelchen drei Sternen. Wenn man sie unter bestimmten Bedingungen zu einem Dreieck miteinander verbindet, dann ist der Mittelpunkt dieses Dreiecks ihr Wohnort. Die ganze Unterredung dauerte acht bis zehn Minuten. Dann gingen sie zurück, stiegen in das Objekt hinein, die Öffnung schloß sich und sie verschwanden. Als ich den Kopf hob, sah ich das Objekt am Himmel. Es blieb etwas stehen und verschwand schließlich. Mein Gefährte saß in unveränderter Haltung, wie auf einem Foto, von dem Gespräch hatte er nichts gehört. Dann gingen wir heim und tauschten unsere Eindrücke aus."

Ähnlich einschneidend für die Zeugen dürfte auch ein Fall aus Lettland gewesen sein, der meinen Tomsker Kollegen über einige Umwege gemeldet wurde. Doch die lange Reise für die Forscher lohnte sich. Involviert in den Fall war ein Ehepaar, das in der Nähe von

Riga einen Zelturlaub machte, wie er auf dem Gebiet der ehemaligen Sowjetunion schon immer Mode war. Die Ereignisse fanden im Sommer des Jahres 1989 statt. Eines Nachts saßen die Eheleute vor ihrem Zelt und hörten Volkslieder im Radio. Plötzlich sahen sie, als sie auf ihren Sesseln saßen und während ihre Hände auf den Armlehnen lagen, ringsherum ein ganz helles Licht in Sphärenform. Das Licht war hell, aber es blendete die Augen nicht. Sie konnten weder aufstehen noch sich bewegen. Sie fühlten nicht einmal den eigenen Körper. Dann begannen sich bei beiden synchron und ungeachtet ihres Willens die Hände zu heben und zu senken, die Finger sich leicht zu bewegen, die Augenlieder schlossen und öffneten sich. Die Beine beugten sich in den Kniegelenken, der Kopf drehte sich. Dann wiederholte sich das Ganze von neuem. Angst empfanden sie überhaupt nicht, sie dachten nicht einmal daran.
So vergingen dreißig Minuten. Danach sahen sich die Eheleute wieder am Lagerfeuer, als wäre nichts geschehen. Jedem kam der Gedanke, daß er eingeschlafen wäre. Doch sie nahmen sofort wahr, daß die Sängerin dieselbe Strophe und mit demselben Wort sang wie eine halbe Stunde zuvor. Schreckerfüllt sah sich das Ehepaar an, um anschließend in Panik wegzulaufen.
In den folgenden zwei Monaten, als die Untersuchung des Falles durch meine Kollegen schon anlief, durchlebte das Ehepaar wahre Angstausbrüche. Sie schlossen alle Fenster und schliefen nur bei eingeschaltetem Licht ein. Allmählich verging das. Ihnen schien es, als sei das Vorgefallene in Wirklichkeit ein Traum gewesen. Die Wahrheit ist jedoch, daß die Eheleute nach diesem „Traum" bemerkten, daß sie ein neues Wissen in ihrem Kopf hatten, das sie vorher nicht besaßen.
Die Beschreibungen der Zeugen kommen uns seltsam vertraut vor. Da haben wir einmal das hellstrahlende Licht, die Paralyse und den Zeitfaktor von einer halben Stunde, in der irgendetwas Traumatisches vorgefallen sein muß. Beide Zeugen konnten nur noch bei Licht schlafen und hatten panische Angst. Meiner Meinung nach sind das eindeutige Indizien für eine Besuchererfahrung, ja viel-

leicht sogar für eine Entführung!

Der letzte Vorfall der Tomsker Kollegen, den ich hier vorstellen möchte, läßt uns u. U. sogar einen Blick in die „Funktionsweise" des Phänomens tun. Das Ereignis spielte sich am 6. Juni 1989 in Wologda ab. Dort sahen einige Schüler am Himmel eine kleine leuchtende Kugel, die sich rasch der Erde näherte und an Größe gewann. Nachdem sie über die letzten Häuser des Dorfes hinweggeflogen war, rollte die Kugel, die einen Durchmesser von ungefähr vier Metern hatte, eine abschüssige Wiese hinab. Sie hielt bei einem Strauch an, ungefähr 500 Meter von den Kindern entfernt.

Zwei von ihnen liefen vor Angst nach Hause. Die Kugel teilte sich in zwei Hälften, die zur Seite auseinander liefen. Zwischen ihnen erschien ein Wesen von dunkler Farbe. Es war etwa vier Meter groß, hatte einen kurzen Rumpf, lange Beine und Arme, letztere hingen bis über die Knie ins Gras hinunter. Aber das Wesen war ohne Kopf! An dessen Stelle war eine oval geformte Erhebung zu sehen, aus welcher die Arme kamen. Das unbekannte Wesen ging mit ungebeugten Beinen auf das Dorf zu. Auf seiner Brust leuchtete hell eine Scheibe mit einem ebenso hellen, grellen Licht, wie dies auch die Kugel hatte, die vom Himmel gefallen war. Die Kugel begann zu dieser Zeit zu flackern und verschwand schließlich.

Vom seitlichen Profil her sah das Wesen flach aus, wie eine Tafel von ca. fünf Zentimeter Stärke. Plötzlich tauchte in der Ferne eine Frau auf, die auf das Wesen zuging. Die Kinder versuchten, sie durch Schreien aufzuhalten, aber sie hörte es nicht. Als ihre Figur sich mit dem Schattenbild der Erscheinung deckte, die von den Kindern weiter entfernt war als die Frau, verschwanden beide augenblicklich - völlig geräusch- und rauchlos. Nach nur einer Sekunde erschien die Frau 100 Meter weiter direkt aus der Luft. Sie lief und schrie irgendetwas, bis sie im dichten Gestrüpp verschwand. Am Himmel zeigte sich zur gleichen Zeit ein zweites UFO und das Ganze wiederholte sich. Die Kugel rollte die Wiese hinab, bis sie anhielt. Von Neuem teilte sich diese in Halbkugeln und ein Wesen erschien. Die Kugeln vereinigten sich, stiegen auf und verschwanden geräuschlos. Die Erscheinung machte einige Schritte auf eine Hochspannungsleitung zu und verschwand ebenso. Das Ganze spielte sich absolut lautlos ab. An genau dieser Stelle des Himmels erschien ein drittes Objekt und die Szenarie wiederholte sich zum dritten Mal. Aus einer vierten Kugel, die unmittelbar dahinter landete, entstieg niemand. Diese Kugel, welche sich leer öffnete und schloß, verschwand ebenfalls. Nach diesem Akt des Schauspiels passierte nichts mehr.

Der Ablauf des Falles, bei dessen Recherche die „verschwundene Frau" nicht ermittelt werden konnte, läßt auf eine wie auch immer geartete Projektionstechnik schließen. Scheinbar kam es sogar zu einem „Filmriß", denn die immer gleiche Sequenz wiederholte sich beständig mehrmals, ohne daß ein objektiver Sinn in den Handlungen zu erkennen gewesen wäre.

Sind die Humanoiden und ihre Flugkörper also nichts weiter als quasimaterielle Projektionen aus dem Irgendwo, die gezielt eingesetzt werden können? Vielleicht bringt die Forschung der Zukunft hierzu weitere Fakten ans Tageslicht.

II. Alien-Diskussion

"Was immer die UFO-Besatzungen auch sein mögen und woher sie kommen mögen - da gibt es viele exotische Theorien -, fest steht, daß sie nicht so sind wie wir. Sie sind keine kleinwüchsigen menschlichen Wesen, keine Liliputaner, keine Pygmäen oder Buschmänner. Sie unterscheiden sich körperlich, kulturell und technologisch von uns, sie sind Fremdlinge. Man hat sie als Engel bezeichnet, als Dämonen, Roboter, Raumfahrer aus anderen Sonnensystemen, >Ultradimensionale<, Zeitreisende und so weiter; doch eine Tatsache bleibt - sie gehören nicht zu uns. Es sind Fremde. Und deshalb können wir Menschen ihre Absichten und Denkart möglicherweise gar nicht erfassen."

Budd Hopkins

Einleitung

Im ersten Kapitel dieses Buches habe ich Sie mit einer ganzen Reihe von paranormalen Ereignissen konfrontiert, die unserer Forschungsgruppe gemeldet worden sind.
Es stellt sich nunmehr natürlich die Frage, ob es für diese Vorfälle nicht auch völlig normale und rationale Erklärungsmöglichkeiten geben könnte. Es ist tatsächlich so, daß in weiten Teilen der Bevölkerung die Ansicht besteht, die Zeugen paranormaler Vorgänge seien schlichtweg verrückt, würden lügen oder mit der Vermarktung ihres Erlebnisses lediglich Geld verdienen wollen.
Mit diesen Vorurteilen können wir uns natürlich nicht zufriedengeben. Um es vorweg zu sagen, auch bei uns meldeten sich Menschen, die uns ihre Geschichte „verkaufen" wollten oder an einer großen Medienpräsenz interessiert waren. Aus wohl verständlichen Gründen lehnten wir diese Angebote ab.
Die meisten Zeugen aber hatten keinerlei finanzielle Interessen und auch keine Ambitionen, in die Öffentlichkeit zu gehen, was auch der Grund dafür ist, daß ich im Rahmen des Zeugenschutzes ausschließlich Pseudonyme verwendet habe.
Das einzige, was diese Menschen wollten, war eine Erklärung für das zu finden, was ihnen wiederfahren ist. Einige Zeugen hatten das Bedürfnis, sich lediglich mit jemanden auszusprechen, wieder andere suchten den Kontakt zu „Leidensgenossen".
Wir hatten bei keinem der Zeugen den Eindruck, es mit psychotischen oder gestörten Persönlichkeiten zu tun zu haben. Ganz im Gegenteil, sie stehen alle im Leben, üben ihre Berufe aus und viele hatten sich vor ihrem Erlebnis auch niemals mit grenzwissenschaftlichen Themen beschäftigt. Und dennoch spüren sie die sozialen Sanktionen, wenn sie ihren Mitmenschen erzählen, was sie erlebt haben. Gerade im familiären Bereich kann so etwas sehr belastend sein und oftmals zu Spannungen führen.
Doch wenden wir nun den am häufigsten zitierten Erklärungsmodellen für Besuchererfahrungen und den Tests zu, die an den

Probanden durchgeführt wurden.

Psychologische Gutachten

Psychologische Gutachten über Menschen mit Besuchererfahrungen und Entführungserlebnissen liegen mehrere vor. Eines der ersten stammt von Dr. Elizabeth Slater aus New York, die ihre Testreihen Anfang der achtziger Jahre durchführte. Gesponsert wurde die Untersuchung vom „Fund for UFO-Research" aufgrund einer Initiative von Dr. Aphrodite Clamar und Ted Bloecher, die sich beide mit dem Abductions-Phänomen auseinandersetzten.
Testvehikel waren hier das Minnesota Multiphasische Persönlichkeitsinventar, der Rorschachtest, der Hamburg-Wechsler-Intelligenztest, gefolgt vom Thematischen Apperzeptionstest und einem projektiven Zeichentest.
Obwohl die Probanden einen gewissen Grad an Identitätsstörung und Defizite im zwischenmenschlichen Bereich aufwiesen, waren sie sonst alle geistig gesund und wiesen keine Paranoia oder Geisteskrankheit auf!
Interessant war lediglich, daß sich die Probanden mit ihrer eigenen Sexualität unwohl fühlten, was theoretisch auch mit den Erlebnissen an Bord der Objekte in Zusammenhang stehen könnte. (41)
Zu vergleichbaren Ergebnissen kam auch der amerikanische Forscher Nicholas Spanos. Spanos hat mit drei anderen Fachkollegen zu diesem Thema eine wissenschaftliche Arbeit im „Journal of Abnormal Psychology" veröffentlicht. Es ging dabei um einen exakten Vergleich zwischen Personen, die behaupteten, eine UFO-Nahbegegnung erlebt zu haben, und zwei Vergleichsgruppen von Personen, die noch nie eine UFO-Sichtung gehabt hatten. Die Personen der ersten Vergleichsgruppe wurden durch Zeitungsanzeigen gefunden, die Vertreter der zweiten Gruppe waren Psychologie-Studenten, die sich freiwillig für einen Persönlichkeitstest gemeldet hatten, also ursprünglich gar nicht genau wußten, zu welchem

Zweck der Test absolviert werden sollte. Alle Personen wurden einer Vielzahl von Tests unterworfen, welche unter anderem die psychische Gesundheit, Intelligenz, Vorstellungskraft und Hypnotisierbarkeit überprüfen sollten. Das Ergebnis der Fachleute von Nicholas Spanos Arbeitsgruppe ist relativ eindeutig. Die Forscher kommen zu dem Schluß, daß die Gruppe der Personen mit Bezug zum UFO-Phänomen in keinem der Tests schlechter abgeschnitten hat als die Vergleichsgruppe. Im Gegenteil, die Bewertungen für die psychische Gesundheit fielen teilweise sogar besser aus als beim Rest. Eines der Resümees von Spanos lautet: „Kurz gesagt, diese Ergebnisse liefern keinerlei Unterstützung für die Hypothese, daß Personen mit UFO-Sichtungen psychologisch gestört sind." (4) Der Pulitzer-Preisträger und Harvard-Professor John E. Mack gab ebenfalls ein psychologisches Gutachten über einen Entführten in Auftrag. Diese Untersuchung bestätigt die Ergebnisse von Nicholas Spanos. John Mack beauftragte den Psychopathologen Dr. Shapes mit der Untersuchung, der den Entführten, außer seiner klinischen Befragung, dem Wechsler Adult Intelligence Scale-Revised, einem standardisierten Intelligenztest, dem Bender Visual Motor Gestalt Test, der das Gehirn auf organische Fehlfunktionen prüft, dem Thematik Apperception Test, dem Minnesota Multiphasik Personality Inventory-2 und dem Rohrschach Inkblot Test, allesamt projektive Tests, die die Beschaffenheit psychologischer Funktionen und Strukturen aufdecken, unterzog.

Dr. Shapes fand heraus, daß der Abduzierte „sehr gut funktionierte, wachsam, konzentriert, intelligent, beredt und ohne erkennbare Ängstlichkeit war". Es gab keine organisch-neurologischen Fehlfunktionen. Dr. Shapes schloß: „Am bedeutendsten ist, daß keine Psychopathologie vorhanden ist. Keine Psychose oder größere Neigungen zu Störungen ist diagnostizierbar... signifikant war ein mäßiger Level an sexueller Beschäftigung. Sein Einzelprofil weist darauf hin, daß er sexuell mißbraucht worden sein kann."

Den Verdacht auf sexuellen Mißbrauch kommentierte Professor Mack: „Die Andeutung sexuellen Mißbrauchs ist interessant, wenn

man die traumatischen Prozeduren beleuchtet, die Peter (der Entführte) von den Außerirdischen auferlegt wurden. In Peters Geschichte weist nichts auf sexuellen Mißbrauch durch Menschen hin." (13)
Bereits 1987 äußerte der prominente amerikanische Psychiater Dr. Robert J. Lifton in der NBC Fernsehsendung „Today-Show" eine durchaus ähnliche Meinung zum UFO-Entführungsphänomen. Er wies ausdrücklich darauf hin, daß das Phänomen noch auf eine Erklärung wartet und nach einer seriösen Untersuchung verlangt. Es gäbe keine psycologische Erklärung für diese Erfahrungen! (5)

Eine solche seriöse, wissenschaftliche Untersuchung, wie sie Dr. J. Lifton wohl vorgeschwebt haben dürfte, führten die beiden Wissenschaftler Kenneth Ring und Chrstopher Rosing durch. Beide arbeiten in der psychologischen Abteilung der Universität Conneticut und weisen eine ausgezeichnete Reputation auf.
Nach Auswertung der Fragebögen von 264 Individuen (davon 97 Personen mit UFO-Begegnungen, 39 Personen, die an UFOs interessiert sind, 74 Personen, die eine Nahtod-Erfahrung durchgemacht hatten, und 54, die an solchen Erfahrungen interessiert waren) kamen Ring und Rosing zu dem Schluß, daß die Gruppe der Menschen mit den UFO-Entführungserlebnissen psychologisch nicht vom Rest der Befragten abwich. Was die beiden Psychologen jedoch feststellten, war, daß diejenigen Personen mit einem UFO-Erlebnis generell sensitiver für Erlebnisse übernatürlicher Art waren und eine höhere Rate von Fällen mit Kindesmißbrauch aufwiesen als die Vergeichsgruppe. (4)
Leider haben sich diese Forschungs- und Untersuchungsergebnisse noch nicht überall herumgesprochen, denn wie man im „Berliner Kurier" vom 27. Februar 1996 erfahren kann, rät CENAP (Centrales Erforschungsnetz Außergewöhnlicher Phänomene)-Mitarbeiter D. Flack einer vom Entführungsphänomen betroffenen Frau zum Psychiater zu gehen. Dieses Wissensdefizit hätte Herr Flack ausgleichen können, wenn er sich an die deutsche Sektion der MUFON

(Mutual UFO Network) gewandt hätte! Denn Gedanken über die psychologischen Aspekte des Entführungsphänomens haben sich die dortigen Experten gemacht. Sechs Zeugen, die behaupteten, Abduktionen unterworfen worden zu sein, wurden vom Psychologen Siegfried Streubel mittels des sogenannten Rorschachtests untersucht. Mit dieser Testmethode läßt sich ermitteln, ob Personen in der Vergangenheit einen schweren Schock, ausgelöst durch ein externes Ereignis, erlebt haben. Von den sechs Zeugen wurde eine Person als schizophren erkannt, es war also möglich, zwischen Gesunden und geistig Kranken zu trennen. Das Ergebnis des Rorschachtests bei den restlichen fünf Personen ist eindeutig. Streubel hat bei den psychologischen Profilen der Abduzierten eine signifikante Abweichung vom Profil einer Normalperson feststellen können. Mit anderen Worten, die Entführten zeigten Symptome eines traumatischen Erlebnisses, das mit ihrer UFO-Begegnung in Zusammenhang steht. Es war also möglich festzustellen, daß etwas mit den Personen passiert ist, aber es läßt sich keine Aussage darüber machen, ob das traumatisierende Ereignis nur für das subjektive Empfinden der Person stattgefunden hat, man könnte sagen, eingebildet war, oder tatsächlich auf realen Begebenheiten basiert. Interessant ist, daß sich die Person mit Schizophrenie auffällig von den fünf Abduzierten unterschied. Es war daher mit dem Rorschachtest möglich, eindeutig zwischen Nicht-Abduzierten, der geistig erkrankten Person und den abduzierten Personen zu unterscheiden. In seiner Schlußfolgerung empfiehlt Streubel den Test als eine Möglichkeit, zwischen Personen mit Entführungserlebnissen und Schwindlern differenzieren zu können. (4)

Vor einigen Jahren schlossen sich mehrere amerikanische Psychiater und Psychologen zusammen und gründeten TREAT, eine Vereinigung, die sich mit abnormalen traumatischen Zuständen beschäftigt, wie sie u. a. auch bei UFO-Entführungsopfern auftreten. Die Leiterin dieser Vereinigung ist Dr. Rima Laibow, die sich in einem Interview mit Dr. V. Delavre zu ihren Forschungsergebnissen ge-

äußert hat. Über die geistige Verfassung der Abduzierten äußerte sie sich ebenfalls: „Wie ich schon sagte, handelt es sich (bei den Entführten) um Menschen, die nach allen psychologischen Maßstäben normal sind, also weder um Neurotiker noch Psychopathen. Es ist daher verständlich, daß die geschilderten Erlebnisse einen erheblichen psychischen Streß zur Folge haben..." (42)
Signifikant ist auch ein weiteres Ergebnis ihrer Forschungsarbeit mit Entführten. Sie stellte an ihnen ein Trauma fest, das sogenannte „Posttraumatische Streß Syndrom" (PTSS). Sie weist darauf hin, daß das PTSS nach Definition des offiziellen Handbuches für Diagnose und Statistik (DSM III) unbedingt mit einem erlebten, realen Trauma verbunden sein muß. Anders gesagt, ohne externes Trauma tritt PTSS nicht auf. Beispiele für solche traumatischen Erlebnisse wären etwa Mordattacken, sehr schwere Unfälle oder Kriegsereignisse. Dr. Rima Laibow, und nicht nur sie allein, haben festgestellt, daß PTSS ein starkes Argument für objektive Vorgänge ist. (4)
Die psychologische und psychiatrische Datenmenge über Abduzierte führt zwischenzeitlich selbst bei militanten Skeptikern zum Nachdenken. Behaupteten diese vor Jahren noch einhellig, alle Abduzierten wären geistig krank oder würden lügen, scheint man sich wohl oder übel den wissenschaftlichen Erkenntnissen beugen zu müssen. So legte der Psychologieprofessor Robert A. Backer seine Forschungsergebnisse im amerikanischen „Skeptical Inquirer" vor. Er stellt darin fest, das „keinerlei Anhaltspunkte für die Hypothese, daß Menschen, die über UFO-Erlebnisse berichten, als psychopathologisch einzuschätzen seien", vorliegen. (43)
Leider sind wir hier in Deutschland noch nicht so weit. Noch immer argumentieren Skeptiker hierzulande, daß Abduzierte entweder erfundene Geschichten zum Besten geben oder alle geistig krank sind!
Wir müssen feststellen, daß die moderne Psychologie wichtige Erkentnisse über das Entführungsphänomen zu Tage gefördert hat! Es ist zum einen möglich, zwischen imaginären (fabulierten) und

realen Erlebnisberichten zu unterscheiden. Ebenso besteht die Möglichkeit, geistig kranke Menschen auch als solche zu erkennen. Des weiteren haben wir nun den Beweis, daß Abduzierte geistig gesund sind und darüberhinaus ein Trauma aufweisen, das nur durch externe Einflüsse ausgelöst worden sein kann.
Natürlich ist es so, daß Menschen mit exotischen, außergewöhnlichen Erlebnissen einfach für verrückt gehalten und in diesem Irrtum von UFO-Skeptikern bestätigt werden, doch sprechen wissenschaftliche Daten eine ganz andere Sprache. Wir müssen uns damit abfinden, es mit normalen, geistig gesunden Menschen zu tun haben. Sie haben zwar Außergewöhnliches erlebt, doch gibt das niemanden das Recht, sie deshalb zu diskriminieren!

Hypnagoge Visionen

Der deutsche UFO-Skeptiker Ulrich Magin bot in seinem Buch „Von UFOs entführt" (44) eine neue Erklärungsmöglichkeit für Besuchererfahrungen und Entführungsberichte an. Er vermutet, daß sogenannte „hypnagoge Visionen" des Rätsels Lösung seien. Hypnagoge Visionen treten bei Menschen dann auf, wenn sie sich gerade in der Phase des Einschlafens oder Erwachens befinden.
Nähere Auskunft über dieses Phänomen kann uns ein amerikanischer Psychologieprofessor, Ronald K. Siegel, geben, der interessanterweise diesen Zustand in einem Selbstversuch als „Psychonaut" selbst ergründet hat. Im Status eines „Augenzeugen" kann er uns hierüber ganz besonders kompetent berichten. Übrigens ist Siegel Professor an der Universität von Los Angeles (UCLA). Er arbeitet u. a. für zwei Komissionen des US-Präsidenten und für die WHO.
„Hypnagogische Bilder sind Keime von Träumen", läßt uns Siegel wissen, „und sie beginnen meist mit blitzendem Licht.Oft scheint ein in der Regel rundes, leuchtendes Gebilde näher zu kommen, ein Kreis, ein Oval, auch eine Raute, die immer mehr zu einer giganti-

schen Größe anschwillt. Dieses spezielle Bild wird Isakowersches Phänomen genannt, nach dem österreichischen Psychoanalytiker, der es entdeckte."
Weiter stellte Siegel fest, das hypnagogische Formen, als einfache geometrische Figuren erscheinen. Er selber nahm „sechs schwarze Linien, die sich zu einem Ring zusammenfügen" wahr und „Punkte, die durch schwarze Linien miteinander verbunden waren, also um Grundelemente einer hypnagogischen Form". (29)

Wohlgemerkt, Siegel beobachtete bei seiner Vision keine Greys, keine Hybriden, er wurde weder entführt noch irgendwohin verschleppt. Er beobachtete auch keine kapuzenbehangenen Gestalten, wie sie uns immer wieder gemeldet werden. Er sah einfache, geometrische Strukturen - hypnagoge Bilder eben!
Wo hier mein Kollege Magin Parallelen zu Besuchererfahrungen erkennen will, ist mir schleierhaft! Wenn wir Zeugen hätten, die berichten würden, von kleinen Punkten verschleppt zu werden, könnte ich seiner Argumentation noch folgen, doch sehen die von den Zeugen geschilderten Szenarien ganz anders aus!

Geburtstrauma-Hypothese

Heftig diskutiert wurde im Kreis der UFO-Forscher auch der Lösungsvorschlag von dem Philologen Dr. Alvin Lawson, der mit dem Forscher William McCall eine Versuchsreihe durchführte, in der Probanden mit Hilfe der Hypnose suggeriert wurde, sie seien an Bord eines UFOs entführt worden.
Die beiden Forscher wollen keinerlei Unterschied zwischen den „echten" und den manipulativen Berichten gefunden haben. Sie kamen zu dem Schluß, daß unbewußt verdrängte Erinnerungen an die eigene Geburt für die Abductions verantwortlich seien.
Die von den Zeugen geschilderte embryonale Gestalt der Wesen, daß helle Licht, die Untersuchung usw. sollten damit erklärt wer-

den. War damit eine rationale Erklärung für UFO-Entführungen gefunden worden? (5)
Das darf bezweifelt werden, denn im Gegensatz zu den echten Entführungsopfern zeigten die Lawson/McCall-Probanden keinerlei emotionale Reaktion, die mit der Entführung verbunden ist.
Die suggerierten Wesen glichen in keinster Weise denen, die echte Abduzierte beschrieben, es waren rein exotische Phantasieprodukte (selbst ein Holzlattenmännchen a la Pinocchio war dabei!!!).
Allen Unkenrufen zum Trotz ist es auch so, daß seriöse UFO-Untersucher „ihren" Entführten keine Details aufsuggerieren! Denn es ist ein himmelweiter Unterschied, ob ich frage: „Was siehst du zu diesem Zeitpunkt? Beschreibe es!" oder „Aus dem Raumschiff kriecht ein Alien, zähle seine Tenktakel!"
Doch wie sieht es den generell mit der Geburtstrauma-Hypothese aus? Gibt es tatsächlich Anhaltspunkte in Bezug auf das Abductions-Phänomen? Nein, es gibt sie nicht, es fehlt mal wieder an inhaltlicher Substanz! Man sollte bedenken, daß Untersuchungen an Neugeborenen belegen, daß Babys Gestalten überhaupt nicht auseinanderhalten können. Neugeborene reagieren noch nicht einmal auf Licht, sofern der Helligkeitsunterschied nicht mindestens 70% beträgt. Sie fixieren selten einen Gegenstand, und wenn sie es doch tun, können sie nur einen Ausschnitt davon für nur sehr kurze Zeit scharf sehen. Neugeborene verwenden, wenn sie überhaupt einen Gegenstand fixieren, ein „Ecken-Abtast-Verfahren". Das heißt, sie fassen nur einen nahen, scharf vom übrigen abgesetzten Teil des Objektes und nicht das Objekt als Ganzes ins Auge. Die Hälfte aller Neugeborenen ist noch nicht in der Lage, einen Gegenstand im Abstand einer erwachsenen Armeslänge klar wahrzunehmen. Und kein Säugling von weniger als einem Monat vermag einen Gegenstand in eineinhalb Meter Entfernung scharf zu sehen.
Die Augenbewegungen eines Säuglings sind „schnell und ungeordnet", besonders beim Weinen. Und, wie man weiß, wird ihr Blick immer wieder von Tränen getrübt, vor allem während der Geburt! (20)

Es wäre für mich überaus interessant zu erfahren, wie ein Neugeborener seine embryonale Gestalt eigenständig zu erkennen vermag, schließlich soll dies doch das physische Erscheinungsbild der Entführer geprägt haben. Und wie erklären sich die sexuellen Eskapaden an Bord der Objekte? Frühkindliche Erotik etwa? Nein, die Geburtstrauma-These ist alles andere als geeignet, etwas zu beweisen, die rege Phantasie von McCall mal ausgenommen!

Alternativen

Da Entführungsszenarien eine nicht zu leugnende sexuelle Facette enthalten, versucht man immer wieder, entsprechende Lösungsansätze zu kreiren. Dies tut auch der UFO-Forscher Klaus Webner, der dabei auf den Almanach der Psychoanalyse aus dem Jahr 1929 zurückgreift. Darin ist ein Beispiel enthalten, von dem Webner glaubt, daß es Parallelen zu den Entführungsberichten enthält und somit das Phänomen sexualpsychologisch erklärbar werden läßt. Aus Klaus Webners Quelle können wir entnehmen, daß ein Mann glaubte, von einem großen Harem winziger Frauen umgeben zu sein. Diese bedienten, wuschen und streichelten ihn. Daneben kämmten sie seine Schamhaare und spielten mit seinen Genitalien, bis die Ejakulation erfolgte. (45)

So gut gemeint der Ansatz wohl auch sein mag, er hinkt denn doch der Realität hinterher. Erinnern wir uns. Abduzierte werden an Bord eines UFOs nicht von einem Harem bedient, sie werden dort weder gewaschen noch gestreichelt und die Schamhaare erhalten dort auch keinen Scheitel! Das Erlebnis im UFO ist nachweislich traumatisch, die sexuellen Eingriffe schmerzhaft. Es sind in den Entführungsberichten keine angenehmen Elemente enthalten. Demzufolge hat das zweifellos reizvolle Haremsszenario nichts mit den Entführungsberichten zu tun! Doch welche Möglichkeiten könnten sich als potentielle Lösungsvarianten noch anbieten?

Es gibt da eine durchaus kurios zu nennende Erscheinung beim menschlichen Gehirn, die erst seit wenigen Jahren untersucht wird und unter dem Begriff „Kryptomnesie" Einzug in die Welt der Psychologie hielt. Es ist die Fähigkeit Visuelles und Akustisches im Unterbewußtsein minutiös zu speichern. Das eigentlich Erstaunliche daran ist nun nicht die Speicherung der Daten an sich, sondern vielmehr die Verinnerlichung der Informationen durch den Probanden!

Das heißt, das vor Jahren Gelesenes etwa bei einer Hypnose-Regression als eigenes Erleben, versehen mit der entsprechenden emotionalen Qualität, wiedergegeben wird! (46)

Gerade jener Forschungszweig, der sich mit Reinkarnation beschäftigte, war davon am stärksten betroffen, denn die angeblich Reinkarnierten fabulierten reinen Gewissens Lebensläufe, die in hunderttausender Auflagen in Buchhandlungen zu erwerben waren.

Ein großer Teil der „wiedererlebten" Biographien fand sich irgendwann einmal als Roman wieder, womit der Wert der Hypnose-Regression, ich sprach dies bereits an anderer Stelle an, nicht mehr als bedeutsam einzuschätzen ist! Ich vermute, daß relativ viele Berichte über angebliche UFO-Entführungen, die nur bei Regressionen das Licht der UFO-Welt erblickten, auf Kryptomnesie zurückzuführen sind! Doch auch die Kryptomnesie allein reicht nicht aus, um das Entführungsszenario befriedigend zu erklären. Es stellt sich da einmal die Frage nach den Wurzeln des Abductions-Phänomens. Wie erklären sich hier die weltweiten identischen Erzählmuster? Vor allem bei Menschen, die nie Kontakt zur UFO-Welt hatten? Was ist mit den 40% der Entführten, die sich ohne jede Regression an das Erlebte erinnern? Und was ist mit den Berichten, in denen es mehrere Abduzierte gab? Die Kryptomnesie in Form einer Massenhysterie ist zum Beispiel unbekannt! Auf die Narben und Verletzungen, auf die Berichte mit physikalischen Wechselwirkungen und auf die Beobachtung diverser Sekundärerscheinungen brauche ich wohl an dieser Stelle gar nicht erst einzugehen.

Zugegeben, die Kryptomnesie ist logischer als die kuriosen Theo-

rien über hypnagoge Visionen oder das Geburtstrauma, doch zu viele Aspekte des Phänomens werden dadurch nicht oder nur ungenügend geklärt!
Auf meiner langen Suche nach möglichen psychologischen Erklärungen der CE IV-Erfahrungen stieß ich noch auf das sogenannte „katatyhme Bilderleben", also gelenkte Wachträme. Doch auch Tag„wach"träume, die der Erlebende auch als solche ansieht und nicht mystifiziert, erklären die Entführungsberichte nicht. Auch „Somnabulismus", also das, was man im Volksmund unter „Schlafwandeln" versteht, würde nur die Ortsversetzung der Entführten erklären und vielleicht noch einige Verletzungen, nicht jedoch all die anderen Aspekte des Phänomens. (46)

Das Entführungsphänomen ist und bleibt noch immer ungelöst. Tatsächlich würde ich den Abduzierten wünschen, daß sich ihre Erlebnisse nur im Kopf abspielen würden und somit therapierbar wären. Doch leider sieht es nicht danach aus...

III. Operation „Historia"

*„Wir werden eine Entdeckungsreise machen, die uns hinaus
in die Tiefen des Universums und hinein in die Welt
unserer Seele führen wird. Wir werden bald bemerken, daß
beides auf untrennbare Weise miteinander verbunden
ist und daß das, was wir als >Wirklichkeit< betrachten,
nur eine Facette ist, ein Ausschnitt, ein von uns
wahrgenommenes Bild der Welt."*

Johannes Fiebag

Einleitung

Glaubt man den Mythen, Überlieferungen und Sagen aus allen Teilen der Welt, so hat man den Eindruck, daß die Begegnungen mit fremdartigen Wesen keinesfalls ein neues Phänomen sind.
Anhand einer von mir im ersten Kapitel geschilderten Fallrecherche, die mich bis in das Jahr 1939 geführt hat, bin ich zu der Überzeugung gelangt, daß wir es hier mit einem scheinbar sehr alten Phänomen zu tun haben.
Das eigentlich bemerkenswerte an den heutigen Vorgängen sind die offensichtlichen Parallelen im Erzähl- und Ablaufmuster der historischen Fallberichte. Bei einem genauen Studium alter Quellen fällt auf, daß alle bekannten Inhalte aktueller Reporte in jahrhundertealten Erzählungen auftauchen!
Kleine, graue Gestalten, die fliegen konnten und Menschen entführten, waren als „Graumännlein" bekannt. Interessant ist übrigens, daß die durchaus ähnlichen UFO-Insassen heute als „Greys" (Graue) bezeichnet werden!
Phantomhafte Gestalten, die in den Wohnräumen der Augenzeugen auftauchten, wurden zu „Nachtgespenstern" und die schier „magischen" Eigenschaften und Möglichkeiten der Wesen wurden in den entsprechenden Schilderungen immer wieder hervorgehoben, wie wir an anderer Stelle noch sehen werden.
Die Narben, die die heutigen UFO-Entführungsopfer vorweisen, waren als „Stigma diabolicum" (Teufelsmal) bekannt und resultierte aus einer Begegnung mit einem dämonischen, für die Menschen jener Zeit unerklärlichem Wesen. Gerade anhand dieses „Stigma diabolicum" möchte ich darstellen, wie eng verflochten historische Überlieferungen und „moderne" UFO-Berichte doch sind.
Wir haben da zum einen zwei recht aufschlußreiche Mythen aus dem Rheinland und die Forschungsergebnisse von Dr. Rima Laibow. In einer der rheinischen Sagen können wir erfahren, daß es eine Stelle bei Bergisch-Gladbach gab, an der es spukte. Viele Leute hatten dort eine schwarze Gestalt gesehen. Eines Abends, so wird

uns berichtet, kam ein bejahrter Mann an dieser verrufenen Stelle vorüber und sah plötzlich eine schwarze Gestalt vor sich. Mutig griff der Mann zu seinem Stock und drang auf die schwarze Gestalt ein. Da wurde er ergriffen und mit ungeheurer Gewalt weit ins Feld hinein geschleudert. Als er nach Hause kam, sah man deutlich schwarze Händemale an seinem Körper. Unweit davon ereignete sich ein verblüffend ähnlicher Vorfall. Es war im Jahre 1592, da fuhr ein Bauer während eines schweren Gewitters aus dem Dorfe Konz um Futter zu holen. Allein der furchtbar herabströmende Regen hinderte ihn heimzukehren, und er selbst war gezwungen, vor dem Unwetter Schutz in einer ungeheuren hohlen Eiche zu suchen, die noch heute gezeigt wird. Kaum war er aber in den Bauch des Baumes getreten, da fühlte er auf seinem Rücken einen gewaltigen Schlag, und als er sich umsah, erblickte er ein häßliches Gerippe, welches ihn aus hohlen Augen gräßlich anstarrte. Es hatte einen Helm auf dem Kopf und steckte in einem Panzerhemd, umhüllt von einem weißen Mantel mit goldenen Knöpfen, der mit Totenköpfen übersät war. In den Knochenhänden trug das Skelett Schild und Speer. Der Bauer stürzte aus dem Baum hinaus ins Freie und lief, was er laufen konnte, fort, das Gespenst ihm immer nach, bis er zu Tode erschöpft vor der Tür seines väterlichen Hauses niedersank und in ein schweres Fieber verfiel. Er trug seitdem zeitlebends an seinem Leibe das Zeichen der fünf Finger, welche ihm das Gespenst in den Rücken eingedrückt hatte. (47)
Doch nicht nur vor vierhundert Jahren hinterließen die fremdartigen Wesen ihre Stigmatas, auch heute taucht das gleiche Zeichen auf. Dr. Rima Laibow schilderte in einem Interview, daß ein Entführter nach seinem Aufenthalt an Bord eines fremdartigen Objektes den Abdruck einer Hand auf seinem Rücken entdeckte! (42)
Nur ein Zufall? Sicherlich nicht, denn auch die diversen negativen physiologischen und psychosomatischen Nebenwirkungen von UFO-Begegnungen unserer Tage waren früher sehr wohl bekannt. Menschen, die vom „Wilden Heer" oder von „Nachtkobolden" verschleppt wurden, starben oftmals nur wenige Tage nach ihrer Rück-

kehr von den Fremden oder lagen lange Zeit dahinsiechend zu Bett. Anhand eines weiteren Fallbeispiels möchte ich demonstrieren, daß in früheren Zeiten durchaus die gleichen Alientypen beobachtet worden sind.

Die russische UFO-Forscherin Marina Popovitsch berichtet in ihrem Buch „UFO-Glasnost" (48) über eine Konfrontation mit den „Anderen". Lassen wir hierzu die von Popovitsch befragte Augenzeugin zu Wort kommen: „Wir trafen hier am Rande des Feldes aufeinander", die Stimme der jungen Frau klang ganz abgerissen. „Ich kam aus dem Dorf, und er kam mir entgegen. Zuerst beachtete ich ihn nicht. Wer weiß, wer hier herumschlendert. Aber als er nur noch einige Schritte entfernt war, sah ich zu ihm hin, mein Gott, er hatte keinen Kopf. Sein ganzes Äußeres war vollkommen außergewöhnlich. Nein, das war kein Mensch."
Eine weitere Zeugin, die das Wesen ebenfalls gesehen hatte, führte hierzu aus: „Am 16. Juli gegen 4.30 Uhr morgens ging ich zum Bauernhof. Es begann schon hell zu werden. Als ich das Dorf schon hinter mir gelassen hatte, sah ich, daß mir von der Anhöhe her eine dunkle Gestalt schnell entgegenkam, als ob sie auf einem Motorrad fahre. Zunächst habe ich dem keine Beachtung geschenkt. Aber dann dachte ich, wie es komme, daß das Motorrad fährt, aber keine Motorengeräusche zu hören sind. Ich blickte genauer hin und sah, daß es gar kein Motorrad war. Eine schwarze Silhouette bewegte sich auf dem Weg hinter dem Feld auf eine unverständliche Art mit hoher Geschwindigkeit vorwärts. Sie war größer als ein Mensch. Die Beine waren kurz, die Arme lang; sie reichten bis unter die Knie. Auf den Schultern hatte sie anstelle eines Kopfes nur einen kleinen Höcker..." Ein weiterer Zeuge bemerkte: „ ... im Halbdunkel der Morgendämmerung tauchten zwei schwarze Wesen ohne Kopf ungefähr 300 Meter von uns wie aus dem Boden gestampft auf. Sie durchschritten sehr schnell das Feld und verschwanden hinter einem Hügel..."
Einige hundert Jahre vor den Ereignissen in Rußland tauchten eben-

falls kopflose Gestalten in Feldern auf. Diesmal allerdings nicht im fernen Sibirien, sondern im Berliner Umland. Man schrieb das Jahr 1559. Während der Erntezeit, da man den Hafer mähte, zeigte sich dieses wunderbare Gesicht in der Nähe Berlins. Es wurden plötzlich, so heißt es in den Aufzeichnungen, viel Mannspersonen auf dem Felde gesehen, erstlich fünfzehn, danach noch zwölf, und waren die letzten noch gräßlicher und abscheulicher anzusehen als die ersten, denn sie waren ganz ohne Häupter. Alle siebenundzwanzig hieben mit ihren Sensen mit aller Gewalt den Hafer, daß man es hörte rauschen, und gleichwohl blieb der Hafer stehen. Da das Gerücht zu Hofe kam, gingen viele Leute hinaus, solch Wunder mit anzusehen; als aber die Männer gefragt wurden, wer sie wären, woher sie gekommen und was sie machten, antworteten sie nichts, sondern hieben immerfort in den Hafer. Und als die Leute bisweilen hinzutreten und sie angreiden wollten, entwischten sie ihnen, liefen geschwind hinweg und hieben nichtsdestoweniger unter dem Laufen den Hafer... (49)

Die Ähnlichkeiten in beiden Berichten sind erstaunlich und man kann ausschließen, daß sich die russischen Zeugen an einer deutschen Sage orientiert und die eigene Begegnung erfunden haben!

Sagenhafte Zeiten

In diesem Abschnitt beschäftigen wir uns schwerpunktmäßig mit Sagen, was es natürlich notwendig werden läßt, den Begriff „Sage" genauer zu definieren. Glaubt man dem Bertelsmann Handlexikon (50), so ist eine Sage „die mündlich überlieferte Erzählung einer für wahr gehaltenen Begebenheit, die im Laufe der Zeit phantastisch ausgeschmückt und ständig umgeändert wurde." Das Knaur Lexikon von 1984 läßt uns wissen, daß Sagen „Erzählungen (sind), die ursprünglich wie ein Märchen mündlich weitergegeben wurden... Der Sage liegt meist eine tatsächliche Begebenheit zugrunde, die aber im Lauf der Zeit zu einer märchenartigen Geschichte geworden ist." (51) Erstaunlicherweise erinnern eine ganze Reihe dieser „tatsächlichen" Begebenheiten an UFO-Vorfälle unserer Tage. Über die kuriose Verflechtung von UFOs und Sagen schrieb u. a. auch Leander Petzoldt: „Erstmals erscheinen in einer Sagensammlung auch Erzählungen mit parapsychologischem Gehalt und Berichte über UFO-Phänomene, sowie moderne Sagen und ‚Großstadtmythen', da es sich hier zweifellos um moderne Mythenbildungen bzw. Glaubensäquivalente zu entsprechenden Sagenbildungen früherer Jahrhunderte handelt." (52) Und der Münchner Folkloreforscher Fritz Fenzl umschreibt die Sage als „eine komprimierte Wirklichkeit, sie gibt tatsächlich Geschehenes wieder, vornehmlich dessen merkwürdigen Aspekt, den Kern der Dinge also, der es wert ist, daß man ihn sich merkt..." (53)

Himmelszeichen

Ein Mitglied unserer Vereinigung hat sich auf den historischen Aspekt des UFO-Phänomens spezialisiert und wurde bei seiner Suche in Archiven und Bibliotheken fündig.
Zwei seiner „Fundstücke" möchte ich hier veröffentlichen. Beide Vorfälle stammen aus zeitgenössischen wissenschaftlichen Quellen. Und sie offenbaren, daß das UFO-Phänomen Wurzeln hat, die weit in die Vergangenheit zurückreichen. Aus dem ersten Bericht können wir folgendes erfahren:
„Am 1. Februar des Jahres 1805, gerade 3/4 auf vier Uhr, als noch die dichte Finsternis herrschte, nahmen die Soldaten auf hiesiger Hauptwache in Jena auf einmal einen sehr hellen Schein war, den sie im ersten Augenblicke für die Wirkung einer in der Nähe plötzlich ausgebrochenen großen Feuersbrunst hielten.
Mehrere liefen aus der Wachstube heraus und der Trommelschläger war im Begriffe Feueralarm zu schlagen. Als aber dieser den Blick in die Höhe richtete, kommt über das benachbarte Dach in südwestlicher Richtung eine Feuerkugel gezogen, die sich ihm wie

ein Menschenkopf mit noch einem Stück der Brust darstellte. Sie war weit heller als der volle Mond, so daß man jede Nadel auf der Erde sehen konnte, mit einem etwas matten Schein, jedoch ohne Schweif, und mit einer Anzahl von mindestens 30 Sternchen.
Dieser Meteor, der nicht hoch über dem Dache langsam hin und her schwebte, zog sich über den gleich an der Hauptwache angeschlossenen Schloßhof - die Soldaten liefen in den selben hinein, um die Kugel zu verfolgen.
Diese schwebte immer gemachsam nach der langen Seite über den Hof fort, und war am Ende desselben, wo sich (am östlichen tieferen Ende der Stadt) die herzögliche Reitbahn befindet, im Begriffe sich auf die Erde zu senken, so daß man sie nur noch etwa mannshoch über derselben schweben sah, auf einmal erhob sie sich wieder mit einem Zischen über das Dach und zog gerade ostwärts nach dem Sempentale zwischen dem Hausberg und dem Frenzing. Die Zeit der Verweilung an diesem Ort schätzte der Beobachter, aus dessen Munde selbst ich diese Beschreibung habe, auf etwa fünf Minuten.
Als sich der Meteor entfernt hatte, war im Schloßhofe einige Zeit lang ein brenzlich-schwefliger Geruch sehr merklich zu verspühren...
Am Morgen des 2. Februar erhielt ich Nachricht, daß diese Feuerkugel auch in Fertaprießnitz, einem Dorf eine Stunde von Jena ostwärts gelegen, bemerkt worden sei.
Weiter heißt es in diesem Bericht, daß die „Feuerkugel" so langsam zog, daß sie Schlangenbogen beschrieb. Gut zwei Monate später wurde scheinbar das gleiche Objekt, das als „größer und heller als der volle Mond, ganz rund und ohne Schweif" beschrieben wurde, bei Dresden gesehen. Auch wurde dort „eine Explosion wie der stärkste Donnerschlag gehört". (54)
Dieser Bericht ist in vielfacher Sicht höchst signifikant. Einmal haben wir hier die äußerst günstigen Rahmenbedingungen für die Sichtung: Eine hohe Zahl von glaubwürdigen Zeugen (Militärs) beobachtet in einem Jahr, in dem das UFO-Phänomen in der Öffentlichkeit noch völlig unbekannt ist, ein höchst exotisches flugfähiges

Objekt. Und, ein Umstand der selbst heute nicht immer gegeben ist, ein Rechercheur nimmt vor Ort die Zeugenaussagen auf! Schließlich haben wir auch noch das Objekt. Dieses schwebt langsam hin und her, senkt sich auf die Erde und kann dann im Finale aus eigenem Antrieb heraus wieder aufsteigen und davonziehen. Es wird an mehreren Orten zu verschiedenen Zeiten wahrgenommen und fliegt bei der Großstadt Dresden in Schlangenbogen, wobei es heller scheint als der Vollmond! Damit steht dieser Vorfall den gegenwärtigen UFO-Sichtungen in nichts nach und weist vor allem den Vorteil auf, aus einer Zeit zu stammen, in der sich niemand einen Spaß daraus machte, entsprechende Vorfälle zu erfinden.

Gut 90 Jahre später ist unser nächster Fallbericht angesiedelt, der aus Riga stammt und sich nicht weniger spannend liest als der erste „Zwischenfall". Unser Zeuge ist diesmal der Oberlehrer Pflaum, der über ein von ihm beobachtetes Phänomen die nachstehende Meldung verfaßte:
„Am 10. August um 11 Uhr abends nach mittlerer Rigaer Zeit zufällig ins Freie tretend, bemerkte ich hoch über mir am Himmel, fast im Zenit einen eigentümlichen Streifen, der sich durch die Sterne der Cassiopeia streckte und in mattem Glanze erstrahlte.
Der Himmel war nicht ganz klar, sondern dunstig, so daß man die helleren Sterne bis zur dritten Größenklasse herab ganz deutlich, die schwächeren dagegen nicht sehen konnte. Wolken waren, soweit der Blick reichte, nicht zu sehen.
Der erste Gedanke zur Erklärung des Phänomens war derjenige, es handle sich hier um die Spur einer soeben verschwundenen Feuerkugel, deren Auftreten erfolgt sein mochte bevor ich ins Freie getreten war. Aber gleichzeitig erschien es mir nicht möglich, daß der goldgelbe, aus vier Teilen bestehende Streifen ein so eigenartig gestalteter Komet sei, der plötzlich in Sonnennähe gelangte, nun einen bedeutenden Glanz entfaltete.
Nachdem ich mit einem guten Opernglase mich über die Form des

Objekts genügend orientierte, begab ich mich trotz der späten Stunde auf den Weg zu Direktor Schweder, um ihn auf die seltsame Erscheinung aufmerksam zu machen. Die Ungeduld ließ mir nicht so viel Zeit, den weiten Weg dahin zu Fuß zu machen, und fuhr ich daher hinaus, immer den vermeintlichen Kometen im Auge behaltend. In der Wohnung von Direktor Schweder angelangt, erfuhr ich, daß niemand von der Herrschaft zu Hause sei, und zeigte ich dem Dienstmädchen den inzwischen fast unverändert gebliebenen Streifen.

Es war dreiviertel 12 Uhr, also seit meiner ersten Beobachtung eine halbe Stunde verflossen. Als ich eben Direktor Schweders Wohnung verlassen und mich nach Hause begeben wollte, kam Direktor Schweder nach Hause; wir begaben uns gleich auf die Straße - aber, o Tücke des Geschicks - der Himmel war dunstig geworden, daß alle Sterne, auch die hellsten verschwunden waren. Nur undeutlich konnte man die Konturen des vermeintlichen Kometen durch den Dunstschleier hindurch erkennen. Unbefriedigt begab ich mich heim und beobachtete nun unausgesetzt den Himmel, aber er wurde nicht wieder klar. Trotzdem sah ich gegen halb ein Uhr ein helles Meteor nahe dem Zenith aufblitzen, dessen Glanz sehr bedeutend gewesen sein muß, da es am völlig dunklen Himmel deutlich sichtbar wurde. Das war aber auch der einzige Gewinn von meinem ausdauernden beobachten, gegen halb zwei Uhr gab ich dasselbe auf. Am folgenden Tag blieb der Himmel unklar. Bei erster Gelegenheit, wo sich Cassiopeia zeigte, konnte ich erkennen, daß die beobachtete Erscheinung keine dauernde gewesen, daß die Vermutung, es handle sich um einen Kometen eine irrige gewesen sei. Doch waren die Beobachtungsverhältnisse äußerst ungünstig. Gerade um die Zeit, wo das gelbe stabförmige Gebilde sich am Himmel zeigte, war in der Umgegend auf der Petersburger Chaussee ein Schadenfeuer ausgebrochen. Der Himmel war, wie bereits angegeben, wolkenlos, und zeigte sich daher statt eines Feuerscheins nur ein schwacher rötlicher Schimmer am nördlichen Horizont. Stellt man sich vor, daß gerade in nördlicher Richtung in bedeuten-

der Höhe ein kälterer Luftstrom um die Beobachtungszeit aufgetreten sei, so liegt die Möglichkeit nahe, daß gerade in dieser Richtung eine intensivere Kondensation von Wasserdämpfen stattgefunden habe. Während sich der übrige Himmel mit einem Dunstschleier von ziemlich gleichmäßiger Dicke bezog, so daß es etwa eine Stunde dauerte, bis derselbe auch für die hellsten Sterne undurchsichtig geworden war, fand in der Richtung dieses Luftstromes eine Kondensation zu einer streifenförmigen Wolke statt, welche den Feuerschein reflektierend, in gelblicher Farbe erglänzte. Diese Annahme wird auch dadurch gestützt, daß, in dem Maße wie der Feuerschein am Horizont schwächer wurde auch das Leuchten des Streifens nachließ. Allerdings war die gelbe Färbung des letzteren von der rötlichen des ersteren verschieden, doch könnte man hierzu annehmen, daß die Eigenfärbung der Wolke mit dem reflektierenden rötlichen Lichte zu gelb kombiniert habe.
Der betreffende Wolkenstreifen muß sich übrigens in einer Höhe befunden haben, welche weit beträchtlicher war, als jene, in der sich der Dunstschleier bildete, da man ersteren durch den letzteren hindurch sehen konnte.
Ist die gegebene Erklärung richtig, so bleibt immerhin bemerkenswert, 1) das lange unveränderte Verweilen der Wolke, 2) die eigentümliche Form derselben. Man könnte sie für den Rest einer Wogenwolke von größter Ausdehnung halten, der durch eigentümliche Verhältnisse sich so lange erhalten. Doch um dies mit Bestimmtheit zu behaupten, müßte konstatiert werden, daß der Himmel am Abend des betreffenden Tages mehrere solcher Wogenwolken in der angegebenen nordöstlichen Richtung aufgewiesen hatte. Jedenfalls bleibt nur durch den Zufall zu erklären das gleichzeitige Zunehmen der den Sternenhimmel unsichtbar machenden Dunsthülle und das durch Verlöschen des Feuerstreifens veranlaßte Erblassen des Wolkenstreifens." (55)

Es muß schon eine außergewöhnliche Erscheinung gewesen sein, die den erfahrenen Naturforscher hier so sehr in Aufregung ver-

setzte! Die von ihm geäußerte Wolkenhypothese, die er nachdenklich selber in Zweifel zog, erklärt das beobachtete Objekt sicherlich nicht. Allein schon der Umstand, daß er zu nachtschlafender Zeit einen befreundeten Forscher aufsuchte und bei dessen Abwesenheit das Dienstmädchen als Zeugen heranholte, läßt auf den hohen Grad an Fremdartigkeit des Geschehens schließen.
Eine einfache Naturerscheinung dürfte es also nicht gewesen sein. Letztendlich bleibt die Frage offen, wer oder was vor 98 Jahren über Riga den Luftraum unsicher machte...

Besuch aus Magonia

Einer der meiner Meinung nach interessantesten Berichte über eine Begegnung mit den „Anderen" stammt von Agobard von Lyon. Erzbischof Agobar wurde 779 in der Nähe von Narbone geboren. Er gehörte damals zu den ersten „Rationalisten" des Frühmittelalters und schrieb über zwanzig Bücher, die sich u. a. mit den Naturerscheinungen auseinandersetzten. In seinem Werk „Agobardi liber contra insulam vulgi opinionem de grandine et tonitruis" berichtete er voller Bedauern, daß das einfache Volk an eine teuflische Gesellschaft glaube, welche das Getreide in großen Massen fortstehle und auf Schiffen durch die Luft nach einem fabelhaften Land Magonia fortfahre, um es dort zu verkaufen. (56)
Das Buch wurde zunächst nur teilweise aus dem Lateinischen übersetzt und im „L Annuaire de Lyon" des Jahres 1837 veröffentlicht. Dort ist zu erfahren, daß einmal vier Menschen aus diesen „Wolkenschiffen" stürzten und von der aufgebrachten Menschenmenge in Ketten gelegt, fast gesteinigt worden wären. Der heilige Agobard schritt ein und nach langem Streit wurden die vier bedauernswerten Menschen freigelassen. (57) „So weit", sagt Agobard aber am Schlusse seiner Schrift, „ist es mit der Dummheit der armseligen Menschen gekommen, daß man jetzt unter den Christen an Albernheiten glaubt, die in früheren Zeiten niemals ein Heide sich aufbin-

den ließ." (58)

Wie man anhand der Aussagen Agobards sehen kann, hatten es Menschen mit außergewöhnlichen Erlebnissen noch nie leicht gehabt. Über den denkwürdigen Vorfall machte sich auch Graf Gabalis Aufzeichnungen, die die Situation etwas genauer darstellen. Er schrieb:

„Eines Tages wurde beobachtet, wie drei Männer und eine Frau einem Luftschiff entstiegen! Die ganze Stadt lief in Aufruhr zusammen und die Masse schrie und tobte: ‚Zauberer seid ihr! Grimaldus hat euch gesandt, Frankreichs Ernte zu vernichten!' (Grimaldus, Herzog von Beneventum, war der Erzfeind Karls des Großen). Zwar beteuerten die vier ihre Unschuld, aber niemand glaubte ihnen, daß sie Landsleute seien, die von mirakelhaften Männern für kurze Zeit in einem Luftschiff entführt worden waren, um Wunderdinge zu sehen, über die sie auf der Erde berichten sollten. Zur rechten Zeit erschien der Bischof von Lyon, Agobard, auf dem Marktplatz, um die Unglücklichen vor dem Scheiterhaufen zu retten. Nachdem er Anklage und Verteidigung gehört hatte, entschied er: ‚Da die vier nicht vom Himmel gefallen sein können, ist die ganze Geschichte erlogen.' Die Gläubigen trauten ihrem Bischof mehr als den eigenen Augen..." (59)

Dieses frühzeitliche Entführungsszenarion gehört mit zu den am besten dokumentierten historischen Vorfällen. Es ist leider nicht überliefert, was aus den vier Menschen geworden ist, wahrscheinlich haben sie so schnell wie möglich die Stadt verlassen, um keinen weiteren Sanktionen ausgeliefert zu sein. Doch leider gelang es nicht allen Menschen, die Besuchererfahrungen hatten, unbescholten zu bleiben - viele mußten mit ihrem Leben für einen Blick in eine andere Realität bezahlen!

Hexenwahn und Entführungssyndrom

Der franko-amerikanische Forscher und Autor Dr. Jacques Vallee wies darauf hin, daß es für die UFO-Forschung nützlich sein könnte, Protokolle aus der Zeit der Hexenverfolgung nach möglichen Kontakten zur UFO-Intelligenz durchzusehen. (56) Der Gedanke, der hinter dieser Anregung steht, ist der, daß mögliche frühe Konfrontationen mit fremdartigen Wesen oder Objekten im Sinne der Zeit dämonologisch ausgelegt worden sind. Sollte der Augenzeuge unvorsichtigerweise über seine Erfahrungen berichtet haben, wäre abzusehen, daß er sich bald vor einem Tribunal wiederfindet und als Hexer, Zauberer oder Teufelsdiener auf dem Scheiterhaufen endet.

Mit einiger Skepsis griff ich diesen Gedanken auf und suchte in einem Standardwerk über die Hexenverfolgung (60) nach Hinweisen. Es fanden sich, wie von mir eigentlich nicht erwartet, tatsächlich sehr offensichtliche Parallelen, auf die ich hier eingehen möchte. Eine geradezu „klassische" Abduktions-Situation schilderte der Angeklagte Marx Heen im Jahre 1683 seinem Tribunal, in der wir Vertrautes wiederfinden. Im gütlichen Verhör, also ohne Einsatz der Folter, trug er folgendes vor: als er etwa 16 Jahre alt war und als Knecht seiner Schwester bzw. seines Schwagers im Ochsenstall des elterlichen Hauses schlief, sei ihm eines Abends zur Zeit des Betläutens der „besse Geist" erschienen. Er trat in Gestalt eines schwarzen Mannes, „dessen Klaidt auch schwarz gewest mit einem kleinen schwarzen Kopf, und kurze schwarze Hendt gehabt" an sein Bett und erklärte ihm: „ ... er könne nimmer selig werden und gehöre schon ihm." Als ihn der böse Geist entführen wollte, sei Marx erschrocken und habe angefangen zu beten, worauf der Teufel verschwunden sei. Das Erscheinen dieses „schwarzen Teufels" am Bett von Marx Heen und der gescheiterte Versuch einer Entführung entspricht ganz und gar dem uns bekannten Ablaufmuster bei Besuchererfahrungen. Es hat sich daran im Laufe der Jahrhunderte scheinbar nichts geändert. Etwa drei Wochen später

sei er in gleicher Gestalt wieder zu ihm in den Ochsenstall gekommen. Er sagte ihm jedesmal, er dürfe nimmermehr beten, denn er wäre schon sein; dann sei er verschwunden. „1680 (vor drei Jahren) an einem Frauentag, sei ihm zur Kirchzeit, als er in Mürzzuschlag beim Bader getrunken habe, der böse Geist mehrmals in der Gestalt eines schwarzen Mannes mit kurzen rauhen Händen und dicken kurzen Füßen erschienen ... Danach habe ihn der Teufel in die Nase gezwickt, worauf sofort drei Tropfen Blut herausgeronnen seien..."
Auch dieser Eingriff ist uns hinlänglich bekannt. Im ersten Kapitel bin ich auf zwei Zeugenberichte eingegangen, in denen der Einsatz von langen Nadeln eine zentrale Rolle spielt. Interessant ist vielleicht noch, daß bei vielen Abduzierten Gegenstände in die Nase gestochen wurden, was zum Teil dazu führte, daß die Nasenscheidewand durchbrach. Ähnliche Eingriffe sind jedoch auch bei Initiationsriten bekannt.
„Im vergangenen Jahr (1682) zu Pfingsten sei der Teufel um 10 Uhr vormittags ober Landenwang auf der Straße zu ihm getreten und habe ihm gesagt, da er ohnehin schon sein sei, so wolle er ihm auch das Zaubern lernen..." - „Danach habe der Teufel verlangt, er solle sich mit ihm auf eine Ofenschüssel setzen, mit der sie in einem weißen Gewölk durch die Luft auf einen großen Berg geflogen seien, den er nicht gekannt habe... Danach seien sie auf der Ofenschüssel (wieder) durch die Luft geflogen ... Bei Freßnitz seien sie dann auf einem weiten Feld von der Ofenschüssel abgesessen."
Es bedarf wohl keiner großen Phantasie, um die „Ofenschüssel" als das zu identifizieren was sie auch ist, als einen eindeutig technischen Flugkörper, womit sich der Kreis zum Abductionsphänomen schließt.
„Acht Tage später sei der böse Geist abermals in Neuberg auf der Straße zu ihm getreten und habe ihn wiederum auf einer Ofenschüssel durch die Luft auf den Schneeberg geführt. Außerdem habe ihm der böse Feind gelehrt, wie er mit einem gewissen ‚Spruch' Schlösser ‚aufblasen' könne und wie er es anstellen müsse, damit

ein Fuhrmann mit seinem Fuhrwerk in einer Lache steckenbleiben müsse.

„Am Palmsonntag sei ihm um 12 Uhr mittags im Kerker (,In der Keichen') der böse Geist als schwarzer Mann erschienen und habe ihm versprochen, ihn loszumachen, worauf ihm der Teufel befohlen habe, das Kettenglied umzudrehen, und tatsächlich sei es auseinandergegangen."

„Danach sei der Teufel am 27. April zur Zeit des Betläutens in gleicher Gestalt zu ihm in den Kerker gekommen. Er erklärte ihm, daß er ihn von hier wegreißen wolle und habe ihm dazu ein Messer gebracht, mit dem er das Kettenschloß aufgesperrt und sich befreit habe. Der Teufel habe ihm befohlen, mit dem Fuß eine Ofenkachel einzutreten und durch den Ofen in das Freie zu fliehen. Das aber sei am Gitter gescheitert. Darauf habe ihm der Teufel um Mitternacht befohlen, die Decke zu zerreißen und daraus einen Strang zu knüpfen, mit dem er ihn erhängen wolle."

Ich halte diesen Bericht aufgrund seiner Parallelen zum Besucherphänomen für sehr wichtig, beweist er doch, daß Zeugen in unserer Gegenwart nicht nur ihre Science-Fiction Phantasien ausleben, sondern Erfahrungen schildern, die einige hundert Jahre alt sind. Interessant ist auch, daß die potentiellen Entführer sich bemühen, ihren Probanden aus der mißlichen Lage der Kerkerhaft zu befreien. Als dies allerdings scheitert, raten sie zum Suizid - scheinbar hat die Inhaftierung von Heen bei den „Anderen" für gewaltigen Trubel gesorgt!

Doch sind auch die Schilderungen anderer Opfer hochinteressant und nähren die Spekulation, daß UFO-Zeugen jener Zeit ein recht kurzes Leben hatten!

So berichtete etwa eine Frau, daß sie „etwa vor 22 Jahren, als sie im Kindbett gelegen, sei eines Nachts ein fremder Mann zu ihr gekommen. Er habe sie so freundlich angesprochen, daß sie ihn in sein Bett gelassen habe, dann habe sie mit ihm Unzucht getrieben. Es war aber nicht so natürlich wie mit ihrem Ehemann, sondern

sein Glied wäre anfangs groß und kalt gewesen."
Gerade diese Schilderung erinnert an die „klinisch" wirkenden sexuellen Eskapaden, die Abduzierte an Bord von UFOs erleben! Das Landgericht Feldbach befaßte sich 1685 mit dem wegen Magie denunzierten Jacob König zu Habegg. In der Folter bekannte er, daß er 14 Tage vor Augustin 1684 mit dem alten Vock und der Jansi in Fürstenfeld gewesen sei. Auf dem Heimweg wurde in Vickens Keller eingekehrt „und eins zugebracht". Darauf wäre ein schwarzes Männlein gekommen, habe ihm die Seele genommen und ihm daraufhin einen Kratzer auf dem linken Schulterblatt gegeben.
Auch dieses Erzählmuster ist beeindruckend! Man denke hier nur an die Entführungsgeschichten, in denen die Aliens den Seelenkörper des Opfers hinfortführen und am physischen Körper Spuren in Form von Narben und ähnlichem hinterlassen! Eine weitere Zeugin sagte aus, „er (der Teufel) habe sie mit einer Glufe (Stecknadel) in den linken Fuß an der Wade gestochen und Blut herausgelassen." Ähnliches wußte auch ein Mann zu berichten, der angab, daß „der Teufel dem Kuhhirt Martin Fritz einen Schnitt auf die linke Brust gemacht, ... woraufhin etliche Tropfen Blut geflossen..." Wir stellen anhand dieser Beispiele fest, daß die Begegnung mit fremdartigen Wesen oftmals dazu führt, daß der Zeuge physische Spuren an seinem Körper erhält. Eine Situation wie sie noch heute anhält.
Doch was waren das für mysteriöse schwarzgekleidete „Dämonen", die die Menschen jener Zeit heimgesucht haben? Sind sie womöglich identisch mit den „Men in Black", die wir aus der UFO-Forschung kennen?

Eingriffe aus dem Schattenreich

Am Abend des 3. September 1965 fuhren Sheriff Robert Goode und ein Kollege gerade auf einem Higway in der Nähe von Damon,

Texas, als sie in geringer Entfernung ein unbekanntes Objekt vorbeifliegen sahen. Das Licht, das es ausstrahlte, verursachte einen ungewöhnlichen Effekt. Es schien eine offene Wunde zum Heilen zu bringen, die Goode früher an diesem Tag von einem Alligator zugefügt worden war. Doch damit nicht genug. Als der Sheriff in die Stadt zurückkehrte und ein Restaurant betrat, kamen ein paar seltsame Männer auf ihn zu, die Goode eine detaillierte Beschreibung des UFOs lieferten und ihm einschärften, niemanden von dem Vorfall zu berichten. (61)

Solche und ähnliche Berichte sind in UFO-Kreisen schon seit den fünziger Jahren her bekannt. Die „Herren in Schwarz" (so genannt wegen der zumeist dunklen Anzüge und Limousinen, die von den Unbekannten benutzt werden) treten bei potentiellen UFO-Zeugen oder Forschern auf und verlangen UFO-relevantes Material. Ihre Forderungen unterstreichen sie manchmal mit Gewalt - so will es zumindest die Legende. Unabhängig davon, wie man zu solchen Berichten steht, beflügelten diese „MIBs" (nach „Men in Black") vielfach die Phantasie von Forschern und Autoren. Die einen sahen in ihnen Außerirdische (62), die anderen Zeitreisende (63), wieder andere geheime Regierungsbeamte (5) oder gar Atlantiden (Nachfahren der Bewohner des angeblich untergegangenen Kontinents Atlantis). (64) Der Autor Ernst Meckelburg entdeckte sogar einige UFO-Landungsberichte, in die MIBs involviert waren. (65)
Das eigentlich erstaunliche an der MIB-Materie sind aber nicht die aktuellen Zeugenaussagen, sondern vielmehr die Parallelen zu den Überlieferungen über die „Schwarzen Männer", wobei sich das „schwarz" nicht auf die Hautfarbe, sondern auf die Kleidung und die düstere Erscheinung der Männer bezog. Diese „Schwarzen Männer" galten schon seit jeher als Todesboten, Pestverursacher oder als der Leibhaftige schlecht hin - alles in allem also kein sehr guter Leumund! Bevor ich Ihnen einige zeitgenössische Berichte über die „Schwarzen Männer" präsentiere, möchte ich noch kurz auf einige Elemente der „MIB-Erzählmuster" eingehen. MIBs schei-

nen ohne Vorankündigung aufzutauchen und wieder zu verschwinden, teilweise lösen sie sich direkt vor den Zeugen einfach in Luft auf. In einigen Fällen bedarf es für sie jedoch eines Transportmittels, völlig geisterhaft scheinen sie also doch nicht zu sein. Sie bedrohen Menschen und scheinen in einigen Fällen sogar vor Mord nicht zurückzuschrecken. Man möge nun diese „symphatischen" MIB-Eigenschaften mit den Berichten über die „Schwarzen Männer" vergleichen.

Beginnen wir mit dem Bericht eines Fischers aus Speier, der das zweifelhafte Vergnügen hatte, diesen Gestalten zu begegnen. Als dieser in einer Nacht an den Rhein kam und seinen Garn ausstellen wollte, trat ein Mann auf ihn zu. Dieser trug eine schwarze Kutte in der Weise der Mönche, womit er jenen Gestalten ähnelt, die bei Besucherszenarien eine große Rolle spielen. (Ich wies bereits im ersten Kapitel auf einige Vorfälle mit kapuzenbehangenen Gestalten hin.) Nachdem ihn der Fischer gegrüßt hatte, sprach er: „Ich komm ein Bote fernher und möchte gern über den Rhein." „Tritt in meinen Nachen ein zu mir", antwortete der Fischer, „ich will dich überfahren." Da er nun diesen übergesetzt hatte und zurückkehrte, standen noch fünf andere Mönche am Gestade, die begehrten auch zu schiffen, und der Fischer frug bescheiden: was sie doch bei so eitler Nacht reisten? „Die Not treibt uns", versetzte einer der Mönche, „die Welt ist uns feind, so nimm du dich unserer an und Gottes Lohn dafür". Der Fischer verlangte zu wissen, was sie ihm geben wollten für seine Arbeit. Sie sagten: „Jetzt sind wir arm, wenn es uns wieder besser geht, sollst du unsere Dankbarkeit schon spüren". Also stieß der Schiffer ab, wie aber der Nachen mitten auf den Rhein kam, hob sich ein fürchterlicher Sturm. Wasserwellen bedeckten das Schiff, und der Fischer erblaßte. Was ist das, dachte er, bei Sonnenniedergang war der Himmel klar und lauter, und schön schien der Mond, woher dieses schnelle Unwetter? Und wie er seine Hände hob, zu Gott zu beten, rief einer der Mönche: „Was liegst du Gott mit beten in den Ohren, steuere dein Schiff." Bei den Worten riß er ihm das Ruder aus der Hand und fing an, den armen Fischer zu schlagen. Halbtot lag er ihm Nachen, der Tag begann zu dämmern, und die schwarzen Männer verschwanden. Der Himmel war klar wie vorher, der Schiffer ermannte sich, fuhr zurück und er reichte mit Not seine Wohnung. Des anderen Tags begegneten dieselben Mönche einem früh aus Speier reisenden Boten in einem rasselnden, schwarzbedeckten Wagen, der aber nur drei Räder und einen langnasigen Fuhrmann hatte. Bestürzt stand er still, ließ den Wagen vorüber und sah bald, daß er sich mit Prasseln und Flammen in die Lüfte verlor, dabei vernahm man Schwertklingen, als ob ein Heer zusammenginge. Der Bote wandte sich, kehrte zur Stadt und zeigte alles an. (66)

Auch in diesem Falle haben sich die Fremden nicht „geoutet", wir wissen nicht, was das Ziel ihrer Mission war. Wir können aus der Sage jedoch ersehen, daß die Wesen die Möglichkeit hatten, spurlos zu verschwinden und mittels einer Form von Technologie zu fliegen. Wer denkt hier nicht sofort an eine „Unheimliche Begegnung der Dritten Art"? Doch nicht immer ist das Ziel der Fremden so nebulös, denn in einigen Fällen wissen wir ganz genau, was sie wollen. Einer dieser Fälle spielte sich bei Grein in Österreich ab. Und in diesem Falle war das „Anliegen" der Wesen für ihr Opfer tödlich!
Oberhalb von Grein ist die Donau bei Stockerau ein schlimmer Strudel, das Wasser fällt hoch über den Felsen und ist gar gefährlich zu durchfahren. Wenn ein Schiff nur ein wenig an den Felsen rührt, zerstößt es zu kleinen Trümmern. Nur die anwohnenden Schiffer kennen des Wassers Art an dieser Stelle.
Kaiser Heinrich der Dritte fuhr einst den Strudel hinab; auf einem anderen Schiffe war sein Vetter, Bischoff Bruno von Würzburg, und als dieser durch den Strudel fahren wollte, saß auf einem über dem Wasser ragenden Felsen ein schwarzer Mann, wie ein Mohr, ein greulicher und erschrecklicher Anblick. Der schrie und sagte zu dem Bischof Bruno: „Höre, höre Bischoff! Ich bin dein böser Geist,

du bist mein eigen, fahr hin, wo du willst, so wirst du mein werden, jetzt will ich dir noch nichts tun, aber bald wirst du mich wiedersehen!" Alle Menschen, die das hörten, erschraken fürchterlich. Der Bischof machte ein Kreuz, segnete sich, sprach ein Gebet und der Geist verschwand vor ihnen allen. (...) Etwa zwei Meilen Wegs weiter fuhr der Kaiser mit den Seinen zu Lande und wollte die Nacht über in dem Flecken Pösenbeiß bleiben. Hier war er bei der Frau Richilta, der Frau des Grafen Adelbar von Ebersberg, zu Gast. Der Kaiser ging in die Stube, und während er bei dem Bischof Bruno, Grafen Aleman von Ebersberg und der Frau Richilta stand, fiel jählings der Boden der Stube ein; der Kaiser stürzte ohne allen Schaden auf den Boden der Badestube, dergleichen auch Graf Aleman und die Frau Richilta; der Bischof aber schlug auf eine Badewanne, brach Rippe und Herz und starb wenige Tage hernach. (67)

Wir wissen nicht, warum der Bischof den „Anderen" im Wege stand und sterben mußte. Doch scheinen gezielte Eingriffe in unser Gesellschaftssystem von unbekannter Seite her nichts abwegiges zu sein. Werden wir vielleicht mehr von den Wesen manipuliert als wir erahnen können? Bezeichnend ist an dieser Stelle übrigens auch, daß der letzte Schah von Persien, Resa Pachlevi, in seiner Jugendzeit von nächtlichen Erscheinungen heimgesucht wurde. (68) Wir müssen uns tatsächlich damit abfinden, daß die Intelligenz präsenter ist, als wir alle spekuliert haben!

Auch anhand einer weiteren Überlieferung wird uns klar, das fliegende Objekte und fremdartige Wesen nicht nur ein Kennzeichen heutiger Berichte sind. Der Vorfall, der uns nun beschäftigen soll, stammt von einem Fuhrmann. Gerade dieser Berufsstand weist die meisten UFO-relevanten Begegnungen auf!
Dieser Mann wollte nun gegen Abend noch ein Dorf erreichen. Seine vier rüstigen Pferde schritten tüchtig vorwärts, die Räder knarrten und der Fuhrmann hatte zu tun, um mit den Pferden Schritt

zu halten. Aber da schien es ihm, als ob der Boden vorwärts und sein Wagen rückwärts ginge; es lagen dieselben Steine, über welche die Räder eben gegangen waren, wieder vor dem Wagen, das Kreuz, kaum zehn Schritte vor dem Wagen, schob sich in derselben Entfernung vor dem Fuhrmann weiter, wie sehr auch die gepeitschten Pferde schnaubend und dampfend vorwärts schritten und die Räder um die Achse flogen. Da wälzte sich plötzlich ein funkensprühendes Faß neben dem Wagen daher und nun ging es flott vorwärts. Die Steine, worüber die Räder gingen, kehrten nicht wieder, das Kreuz rückte zurück, das Dorf welches das Ziel war, wurde sichtbar und kam näher. Aber entsetzt gewahrte der Fuhrmann die glühende Begleitung und schlug auf die Pferde los, um dem nebenher kollernden Feuerfaß zu entkommen. Dieses aber schoß unweit des Dorfes plötzlich an einen Baum, barst mit einem betäubenden Knall und verschwand. Auf derselben Stelle stand ein schwarzer Mann. Der arme Fuhrmann aber konnte, als er an sein Ziel gekommen war, drei Tage lang nicht sprechen und er starb ein Jahr nachher gerade an dem Tag, an welchem er die Erscheinung gesehen hatte. (69)

Hält man sich das Szenario vor Augen, das dem armen Furmann wiederfuhr, ist verständlich, warum er aufgrund eines Schocks für drei Tage kein Wort mehr sprach. In heutiger Zeit können wir solche Erscheinungen als technische Artefakte von irgendwoher identifizieren. Für die Menschen der Vergangenheit jedoch war es wohl so, als würde sich das Tor zur Hölle öffnen und der Jüngste Tag anbrechen. Dämonenfurcht und Aberglaube waren feste Bestandteile des damaligen Lebens. Bei einer solchen Begegnung fürchtete man sofort um sein Seelenheil, so daß ein daraus resultierender Schock durchaus zum Tode führen konnte, wie die Überlieferung deutlich aufzeigte.

Todesfälle im Zusammenhang mit den schwarzgekleideten Entitäten wurden immer wieder berichtet und selbst in der Gegenwart scheinen diese „Schwarzen Männer" in unsere Realität einzudringen. Ihr schlechter Ruf hat dazu beigetragen, sie als Todesboten zu sehen. Doch die Sagen und Mythen berichten über mehr als nur vereinzelte Opfer. Es scheint, daß eine der größten Katastrophen in der Menschheitsgeschichte von ihnen ausgelöst wurde! Auch wenn das Folgende unglaublich klingen mag, sollten wir doch bedenken, daß die Mythen einen realen Ereignis-Kern in sich tragen.

Der Schwarze Tod

Eine der schlimmsten Heimsuchungen der Menschheit war zweifellos die Pest. Bereits im Frühmittelalter um das Jahr 500 gab es die ersten Hinweise auf ein kurzes „Gastspiel" dieser Seuche in Europa. Diese erste Erkrankungswelle war jedoch bei weitem nicht so schrecklich wie die Pest-Epedemie, die im Jahr 1348 begann. Diese durch Yersinia oder Pasteurella Pestis hervorgerufene Infektionskrankheit schlug sich sowohl als Beulenpest (die sich durch ein Anschwellen der Lymphknoten, Erbrechen und Fieber auszeichnet) als auch als Lungenpest (gekennzeichnet durch Schüttelfrost, Kurzatmigkeit und Bluthusten) nieder. Als besonders gefährlich mußte die Lungenpest angesehen werden, da diese, wie eine Erkältungskrankheit, über die Atemwege übertragen wird. Der Tod trat bei dieser besonders heimtückischen Krankheit in einigen Fällen sogar noch am Tage der Infizierung ein!
Die Beulenpest hingegen wurde durch Flöhe übertragen, die als Wirtsorganismus sowohl Ratten als auch Menschen befielen. Trotz der Schwere der Krankheit bestand bei der Beulenpest zumindest die Chance einer Genesung, wenn die Schwellungen am Körper („Beulen") aufbrachen und die darin befindliche infektiöse Flüssigkeit nicht in die Blutbahn geriet.
Der Ursprung dieser Krankheit dürfte wohl auf dem Gebiet des heutigen China liegen. Durch den regen Handel des Spätmittelalters gelangte diese Krankheit über die Seidenstraße nach Persien, Byzanz und anschließend über Venedig und Genua nach Italien. Danach breitete sich die Krankheit in ganz Europa aus. Allein in

den Jahren 1348 bis 1351 starb ein Drittel der europäischen Gesamt-Bevölkerung, also rund 25 Millionen Menschen, an dieser heimtückischen Seuche! Nimmt man alle Pestepedemien jener Zeit zusammen, so steigt die Zahl der Toten auf etwa die Hälfte der Bevölkerung des damaligen Europa an. Durchschnittlich kamen in den Ländern 40 bis 60 Prozent der Bevölkerung um, unabhängig davon, ob es sich um ländliche Gebiete oder um Städte handelte.
Die Auswirkungen der Krankheit auf die gesellschaftlichen, wirtschaftlichen und politischen Strukturen waren weitreichend. Um ein Bild von den damaligen Zuständen zu bekommen, möchte ich einen Chronisten zitieren, der auf die Situation in Venedig einging, das besonders unter der Pest zu leiden hatte. Er schrieb:
„Gleich zu Beginn raffte die Pest innerhalb weniger Tage führende Persönlichkeiten, Richter und Beamte hinweg, die man in den großen Rat gewählt hatte, danach auch jene, welche deren Platz eingenommen hatten. Im Monat Mai nahm sie so sehr zu und wurde derart ansteckend, daß Plätze, Höfe, Grabstätten und Friedhöfe von Leichen überquollen. Viele wurden an öffentlichen Wegen begraben, einige unter dem Boden ihrer Häuser. Unzählige starben, ohne daß jemand dabei war, und ihre Leichen stanken aus den verlassenen Häusern. Keine natürliche Flamme könnte fettige Dinge, die sich nahe beieinanderbefinden, so umzingeln oder verbrennen, wie diese Pest alles verdarb und befiel, was in ihrer Nähe war. Keiner, der sich bei einem Sterbenden aufhielt, konnte dem Tod entkommen. Hauchte nämlich jemand sein Leben aus, wurde alles von einem unentrinnbaren, tödlichen Ansteckungsstoff erfüllt. So überließen sich Eltern, Kinder, Geschwister, Nachbarn und Freunde gegenseitig ihrem Schicksal. Die Ärzte besuchten keine Patienten mehr, sondern ergriffen die Flucht." (70)

Ungeachtet jener beschriebenen schrecklichen Konsequenzen für die Menschen dieser Zeit, gab es eine Reihe seltsamer Erscheinungen, die scheinbar im Zusammenhang mit dem Auftreten der Pest standen. Der amerikanische Schriftsteller William Bramley untersuchte die Vorfälle und schrieb hierzu: „Normalerweise würden wir über diese tragische Periode (die Pestzeit) der Menschheitsgeschichte nur den Kopf schütteln und der modernen Medizin dafür danken, daß sie Heilmittel für diese schrecklichen Krankheiten entwickelt hat. Es gibt jedoch noch immer ungeklärte und beunruhigende Fragen im Zusammenhang mit dem Schwarzen Tod. Die Krankheit brach häufiger im Sommer bei warmem Wetter in wenig bewohnten Gebieten aus. Nicht jedesmal ging der Beulenpest eine Nagetierseuche voraus; tatsächlich scheint sie nur wenige Male mit einer Zunahme des Ungeziefers in Beziehung zu stehen. Das größte Rätsel, das uns der Schwarze Tod aufgibt, aber ist, wie er isoliert lebende menschliche Gemeinschaften heimsuchen konnte, die keinerlei Kontakt zu bereits infizierten Gebieten hatten. Auch endeten die Epidemien ganz plötzlich. (...) Sehr viele Menschen aus ganz Europa und anderen von der Pest heimgesuchten Regionen der Welt berichten nämlich, daß Pestepedemien durch übelriechende ‚Nebel' verursacht worden seien. Diese Nebel traten häufig nach ungewöhnlich hellen Lichtern am Himmel auf. Der Historiker erkennt schnell, daß weitaus häufiger und an mehr Orten von ‚Nebel' und hellen Lichtern berichtet wird, als es Nagetierseuchen gab. Die Pestjahre waren nämlich eine Zeit starker UFO-Tätigkeit." (71)

Über den manchmal logisch nicht nachvollziehbaren Weg der Pestverbreitung schreibt auch der Autor Klaus Bergdolt:
„Es bleibt dennoch festzuhalten, daß viele Aspekte der Pestverbreitung ungeklärt bleiben. Wir können uns heute letztlich nicht erklären, warum der Schwarze Tod einige Dörfer verschonte, andere dagegen völlig entvölkerte. Erstaunlich ist auch, daß manche Ortschaften nur zehn Prozent oder weniger ihrer Einwohner verloren. Hier muß entweder die Aggressivität der Pestflöhe bzw. deren Verseuchungsgrad schwächer gewesen sein, oder aber die Resistenz der Menschen besonders stabil." (70)

Doch war es wirklich so, daß einige Menschen bzw. Gegenden von Natur aus „resistenter" waren? Die Versorgungslage im Europa jener Tage war überaus schlecht. Schon mehrere Jahre vor der großen Pest gab es Hungersnöte. Zu Zeiten der stärksten Ausbreitung der Pest starben große Teile der Landbevölkerung und niemand betrieb Ackerbau und Viehzucht. Der größte Teil aller Felder lag einfach brach. Woher sollte man in dieser Zeit Abwehrkräfte durch ausreichende bzw. hochwertige Nahrung bilden?
In den schriftlichen Überlieferungen jener Tage findet man eine Reihe seltsamer Berichte über Himmelserscheinungen, die uns schon bekannten „Schwarzen Männer" und Beschreibungen exotischer Kreaturen, die man der Verbreitung der Pest beschuldigte. Aus einem zeitgenössischen Bericht können wir folgendes erfahren:
„Sie, die Pest, breitete sich bereits, wie es scheint, 1347 in China und Persien aus, wo es Wasser mit Würmern regnete und alle Menschen und Regionen von ihr heimgesucht wurden. Feuerbälle erschienen, die so groß wie ein dicker Menschenkopf waren, wie man es sonst nur vom Schneefall her kennt. Sie fielen zur Erde und verbrannten Land und Güter, als ob sie nur aus Holz gewesen wären. Man erzählte sich auch, sie hätten einen fürchterlichen Rauch verursacht, und wer diesen erblickt hätte, sei auf der Stelle tot umgefallen." (70)

Handelte es sich bei all diesen Schilderungen lediglich um Aberglaube? Wenn man so argumentiert, muß man auch erklären können, wieso parallel allerorts durchaus gleichlautende Berichte einliefen. Warum erhöhte sich auf einmal die Aktivität der himmlischen Erscheinungen und warum tauchten plötzlich exotische Wesen auf? Die seltsamen „Himmelszeichen" beobachtete auch der Karmeliter und Theologieprofessor Jean de Venette kurz vor Ausbruch der Pest in Paris: „Im Jahre des Herrn 1348 wurden Frankreich und fast die ganze Welt von einem Schicksalsschlag getroffen, der nicht einmal einem Krieg vergleichbar war ... Im Monat August erschien westlich von Paris nach der Vesper, als die Sonne unterzugehen begann, ein riesiger, heller Stern. Er schien nicht, wie dies sonst der Fall ist, hoch über unserer Hemisphäre zu stehen, sondern im Gegenteil, ganz nahe. Nach Sonnenuntergang und Anbruch der Nacht hatten ich und andere Mitbrüder, die ihn betrachteten, den Eindruck, daß er sich nicht von der Stelle bewegte. Dieser große Stern zerbarst schließlich zur Verwunderung von uns allen, die wir zuschauten, in viele unterschiedliche Strahlen, verschwand und löste sich vollständig auf. Sein Licht verlöschte über den östlichen Quartieren von Paris. Ob er aus Ausdünstungen der Luft bestand und sich nur in Dämpfe auflöste, möchte ich dem Urteil der Astrologen überlassen. Es ist aber auch möglich, daß er nur die schreckenerregende Pestseuche ankündigen sollte, die tatsächlich kurze Zeit später Paris, Frankreich und andere Länder überrollte..." (70)

Doch nicht nur fremdartige Flugkörper wurden beobachtet, sondern auch, ich sprach es bereits an, exotische Wesen. Ihr Auftauchten fand Eingang in Sagen und Legenden. Da gibt es z. B. einen Bericht über einen jener gefürchteten „Schwarzen Männer", der im Jahr 1519 in Hof aufgetaucht ist. Dieser hatte sich in der Mordgasse sehen lassen. Er muß der Überlieferung zufolge riesig gewesen sein, denn mit dem Kopf hatte er hoch über die Häuser gereicht. Eine Frau, die sich zufällig in der Gasse aufhielt, konnte sich noch vor ihm retten. Am nächsten Tag brach an der Stelle die Pest aus. (72)

Am 7. Juni 1680 sahen viele Leute von Großmölsen, während sie wegen der Pestgefahr an den Grenzen Wache hielten, bei einem großem Gewitter einen alten Mann nebst zweier Knaben in einem Schiff wohl eine Viertelstunde am Himmel stehen.
Wie wir anhand der Quellen entnehmen können, waren die seltsamen Phänomene im Zusammenhang mit der Pest nicht nur auf die Epedemie von 1348 beschränkt. Parallel zum Erscheinen von UFOs und fremdartigen Entitäten brach sich die Pest ihren Weg in die

menschliche Gemeinschaft. Anno 1734, am 12. August, kam es zu eben einem jener Zwischenfälle. Am Fenster des Leinwebers Köhler klopfte ein Fremder an und rief: „Ihr Menschen, seht doch die feurigen Strahlen und Zeichen am Himmel! Ach betet, denn Gottes Zorngericht wird bald hereinbrechen!" Nach diesen Worten kniete er auf einer kleinen Erhöhung dem Hause gegenüber, und nachdem er eine ganze Stunde lang gebetet hatte, verschwand er plötzlich. Am Himmelfahrtstage 1636 sahen verschiedene Einwohner von Nohra beim Heimgehen aus dem Nachmittagsgottesdienst über dem Pfarrhaus nach dem Ettersberge zu drei weiße Kreuze am Himmel, die teils verkehrt untereinander, teils nebeneinander standen und sich in der Richtung von Erfurt nach Weimar bewegten. In der folgenden Nacht erblickten andere Bewohner des Dorfes am Himmel gegen Weimar hin mehrere Totenbahren. (73)
Auch in diesen Fällen ließen die ersten Erkrankungen nicht lange auf sich warten. Doch nicht immer war für die „Anderen" (was immer sie auch sein mögen) der Vergiftungseinsatz ganz ungefährlich. Die Bevölkerung war ganz besonders wachsam und in einem Fall scheint man sich der unbekannten Pestverbreiter bemächtigt zu haben. Der Autor Klaus Bergdolt schildert dies wie folgt:
„Im März 1348 erreichte die Pest Narbonne, wo man seit der Hungersnot von 1347 Getreide aus Italien importierte. Durch Färber, die in der Nähe des Hafens am Fluß ihre Werkstätten besaßen, wurde die übrige Bevölkerung angesteckt. Nach neueren Untersuchungen sollen etwa 30.000 Menschen umgekommen sein (die Stadt erreichte nach dem Schwarzen Tod nie mehr ihre alte Bedeutung). Wie so oft, verdächtigte man auch hier Fremde bzw. Feinde, Pestgifte ausgestreut zu haben. Auf Anfrage teilte der Richter Andre Benezeit mit, daß man Männer mit verdächtigem Pulver festgenommen habe, die zum Teil freiwillig, zum Teil unter der Folter Giftanschläge gestanden hätten. Sie seien vermutlich von Engländern für ihre Schandtaten bezahlt und deshalb gezwickt, zerstückkelt und schließlich verbrannt worden." (70)
Der Hinweis auf die Engländer in diesem Bericht erklärt sich durch

den 1337 ausgebrochenen „Hundertjährigen Krieg" (der bis 1453 andauerte) zwischen England und Frankreich, der vor allem in der ersten Phase für die Franzosen mit einer Reihe von militärischen Desastern begann. Die geäußerte Vermutung über die Verursacher der Pest kann so jedoch nicht stimmen, denn erst 1894 entdeckte Alexandre Yersin den Pesterreger bei einer Epidemie in Hongkong! Wer waren also die hingerichteten Männer?

Es fällt natürlich sehr schwer, an einen solchen massiven „Einsatz" der „Anderen" zu glauben. Ähnliche „Vernichtungsaktionen" sind aus der Gegenwart zum Glück unbekannt. Obwohl natürlich nicht verschwiegen werden sollte, daß eine ganze Reihe von UFO-Begegnungen Elemente feindlichen Verhaltens der exotischen Intelligenz implementieren. Wir müssen wohl akzeptieren, daß auch bei den Fremden die Dualität von Gut und Böse existiert - ein Element, das wieder für die latente kulturelle Nähe zu unserer menschlichen Spezies spricht. Vielleicht sind sie uns näher, als wir zu glauben vermögen?

Eine Zeit großer Traurigkeit

Einer der wohl berühmtesten Autoren seiner Zeit war zweifellos Daniel Defoe. Er, der wegen seiner religiösen Überzeugung im frühen 18. Jahrhundert an den Pranger gestellt wurde, hatte ein weites literarisches Betätigungsfeld. Er schrieb beispielsweise Abhandlungen über Megalithen und verfaßte so bekannte Werke wie etwa „Moll Flanders", „Robinson Crusoe" und „Die Pest zu London".
Wie jeder Kenner und Bewunderer seiner Werke weiß, behandelt Defoe in seinen Romanen leicht abgewandelte, jedoch tatsächlich stattgefundene Ereignisse. Genaue Recherchen, die Verwendung von statistischem Material jener Zeit wie auch die Einbindung von Zeugenaussagen waren typische Merkmale seiner Romane.
Sein Werk „Ein Bericht vom Pestjahr", das 1722 erschien, setzte

sich mit der verheerenden Pestepedemie auseinander, die im Jahr 1665 wie eine Furie über London hereinbrach, und dies nur ein Jahr vor dem großen Brand von 1666.
In seinem Roman geht Defoe, wenn auch scheinbar etwas widerwillig, auf mysteriöse Erscheinungen ein, die im Vorfeld der Seuche auftraten und von vielen Zeugen bestätigt wurden. Defoe verarbeitete diese Berichte in seinem Roman in der „Ich-Form":
„Zunächst erschien ein Schweifstern oder Komet für einige Monate, bevor die Pest ausbrach, so wie ums andere Jahr ein weiterer vor dem großen Feuer in Erscheinung trat (...), jene beiden Kometen seien direkt über der Stadt und so nahe über den Häusern dahingezogen, daß daraus ersichtlich wurde, daß sie etwas für die Stadt ankündigten. Der Komet, welcher der Pest voranging, soll von einer blassen, trüben, matten Farbe gewesen sein und sich schwerfällig langsam und träge bewegt haben."

Die Beschreibung des „Kometen" erinnert uns an den Bericht von Jean de Venette, den ich im Vorfeld bereits zitiert hatte. Auch er sah mit anderen 1348, kurz vor dem Auftreten der Pest, einen fremdartigen Flugkörper, der über Paris erschien. Ein seltsamer Zufall, wie ich meine, vor allem, wenn man die uncharakteristischen Flugbewegungen des „Kometen" betrachtet, die als „langsam und träge" beschrieben werden!
An anderer Stelle wies Defoe darauf hin, daß „... andere (Leute) Erscheinungen am Himmel" sahen, „Formen und Gestalten erblickten, Bilder und Erscheinungen". Weiter führte er aus: „Hier erzählte einer, er sehe ein flammendes Schwert, gehalten von einer Hand, die aus einer Wolke kam und dessen Spitze genau auf die Stadt wies..." Weiter weiß Defoe zu berichten: „Einmal vor Ausbruch der Pest, ich glaube es war im März, sah ich eine Ansammlung von Leuten auf der Straße. Ich gesellte mich aus Neugier zu ihnen und sah, daß sie alle in den Himmel starrten, um zu verfolgen, was eine Frau dort zu sehen glaubte: Nämlich einen Engel im weißen Gewand, ein flammendes Schwert in der Hand, das er über seinem

Haupt hielt. Sie beschrieb bis ins einzelne jedes Teil der Gestalt, zeigte ihnen die Bewegungen und ihre Form... Ein anderer sah den Engel. Einer sah sogar sein Gesicht..."

Mit diesem letzten Bericht schloß Defoe seine Betrachtung außergewöhnlicher Erscheinungen während der Pestepedemie ab. (74) Defoes Hinweise sind kein Einzelfall. Es gibt weitere, signifikante Berichte, in denen dämonische oder übernatürliche Wesen die Pest gezielt eingesetzt haben. So kann man auch Interessantes vom Volk der Fomorians erfahren. In Schottland sind sie ein Riesengeschlecht, in Irland dagegen Teufelsdämonen. Sie stellten in beiden Ländern die Ureinwohner, bevor sie von den Invasoren unterdrückt wurden. Die Partholons drangen als erste in Irland ein und kämpften in blutigen Schlachten gegen die Fomorians, konnten sie aber nicht besiegen und starben schließlich an den Folgen einer Art biologischer Waffe, da die Fomorians die Pest über sie schickten. (75)

Auch in Übersee, genauer in Nordamerika, kennt man ähnliche Überlieferungen. Die Chiricahua-Apachen berichten über das Volk der Gahe, die über schier magische Fähigkeiten verfügten. Im Inneren bestimmter Berge haben sie ihre Wohnungen, vom Kind-Kind-des-Wassers, dem Weltenschöpfer, empfingen sie ihre Macht. Es ist nicht gut, wenn man sie beim Namen nennt, denn oft fühlen sie sich beleidigt und bringen Krankheiten zu den Menschen, um sich zu rächen. Man kann erfahren, daß einst ein paar Apachen die Gahe verfolgten, als sie vom Feuertanz in ihre Berge zurückkehrten. Auf ihren schnellsten Pferden setzten die Krieger den geheimnisvollen Besuchern nach, konnten sie aber nicht einholen. Als die Gahe an einer Felswand angekommen waren, stießen sie ihren schrillen Ruf gegen die Verfolger aus und waren gleich darauf im glatten Stein verschwunden. Kurz darauf brach eine schwere Seuche im Lager dieser Apachen aus und raffte alle bis auf den letzten Krieger hinweg. So hatten sich die Gahe an ihren neugierigen Verfolgern gerächt. (76)

Setzt man sich mit den Überlieferungen und Mythen der Völker auseinander, stößt man unweigerlich immer wieder auf durchaus gleichlautende Erzählmuster. Vor dem Ausbruch einer Seuche wurden außergewöhnliche Flugobjekte beobachtet, die an heutige UFO-Erscheinungen erinnern. Seltsame, zum großen Teil schwarzgekleidete „Pestdämonen" mit Kapuzen traten auf. Sie wurden beobachtet, wie sie „Nebel" auf dem Lande bzw. in der Stadt verteilten. In den betroffenen Gebieten brach bald darauf die Pest aus. Übrigens stammt das Spiel „Wer hat Angst vor dem Schwarzen Mann" aus der Pestzeit und hat demzufolge keinen rassistischen Hintergrund, wie heute oftmals fälschlicherweise behauptet wird! Auch die klassisch zu nennende Darstellung des Todes mit Kapuze und Sense entstammt jener Zeit.

Vor den Epedemien tauchte oftmals farbiger „Nebel" auf, der sich auf die Wohngebiete der Menschen herabsenkte und bald in Form von Todesopfern Wirkung zeigte. Die Verbreitung der Pest erfolgte oftmals logisch nicht nachvollziehbar und ist in mehreren Punkten auch heute noch ungeklärt. Während einige Länder bzw. Städte völlig verschont blieben, wütete die Seuche in anderen Gebieten in katastrophalem Maße.

Ich hatte mir offengestanden lange überlegt, ob ich mich mit meiner These zur Pestverbreitung überhaupt in die Diskussion einschalten solle. Doch das Übergehen wichtiger Fakten und Hinweise bringt uns nun einmal dem Phänomen nicht näher. Wir müssen akzeptieren, daß da auch eine dunkle und vielleicht durchaus gefährliche Seite existiert. Das eigentlich Unheimliche daran ist, daß wir nicht wissen, warum diese Heimsuchung über die Menschen kam. Was für ein Ziel wurde verfolgt? Wieso mußten so viele Menschen sterben? Und wird sich das Szenario vielleicht irgendwann einmal wiederhohlen?

Sie sind da!

Eines Tages ist zwei Mädchen beim Heimgehen folgendes zugestoßen: Als sie zu dem Kreuzwege gelangten, kam eine feurige Kugel auf sie zugerollt. Das eine Mädchen lief nach Hause, das andere kletterte auf einen Baum. Da fielen die Kleider dieser Magd vom Baume herunter, und sie selbst verschwand spurlos und ist nicht mehr zurückgekommen. (74)

Dieser Bericht entstammt nicht der aktuellen Ausgabe unseres Publikationsorgans „UFO-REPORT", sondern ist eine Sage, die bereits 1928 in einem Buch über Erzählforschung veröffentlicht wurde. Hier tauchen wieder einmal die signifikanten Parallelen auf, die wir bereits vom UFO-Phänomen her kennen. Ein fremdartiger Gegenstand erscheint und eine Zeugin verschwindet spurlos - das klassische Element einer UFO-Entführung also. Recht erstaunlich klingt auch ein weiterer Text, der in Schweigers erzählt wird: Als einmal nachts des Schneiders Großvater, der damals einen Regenschirm bei sich gehabt hat, nach Reichenbach gegangen ist, sieht er aus der Luft eine feurige (glühende) Kugel herabkommen. Sie zerspringt und aus ihr kommt ein Mann hervor, der nun dem Großvater nachgelaufen ist. Sooft der mit dem Schirme nach ihm zurückgestoßen hat, ist er ihm.über den Kopf gesprungen, und in Reichenbach hat er dann das Haustor eingerannt. (77)

Wer war wohl dieser springgewaltige Bote aus einer anderen Welt, der da in Niederösterreich gelandet ist? Was wollte er? War die Verfolgung des Zeugen ein früher Entführungsversuch in ein UFO? Fragen über Fragen tun sich auf, wenn man sich in die Welt der historischen Begegnungen begibt...
Einen anderen klassischen Abductionsfall können wir folgender Schilderung entnehmen: In der Umgebung von Heidenreichstein wollte einmal ein Mädchen zu Weihnachten seine Zukunft erlosen. Da sich das Mädchen fürchtete, allein zu gehen, bat sie ihre Groß-

mutter, sie zu begleiten. Auf dem Gange zum nächsten Kreuzwege schärfte ihr die Oma ein, am Kreuzweg ja kein Wort zu reden, sich auch sonst nicht ängstigen zu lassen, mag kommen, was immer. Auf einmal fährt ein feuriger Wagen daher und gerade auf die junge Frau zu, die in ihrer Angst laut um Hilfe ruft. Da langt „Etwas" aus dem Wagen heraus, nimmt das Mädchen hinein und fährt dann in einer Wolke in die Höhe wie zum Himmel auf. Die alte Frau, die abseits gestanden ist, hat noch eine Zeitlang gewartet, aber ihre Enkelin blieb verschwunden. (77)

Doch nicht immer wurden unsere Vorfahren auf eine unfreiwillige Reise mitgenommen. Es gab auch „einfache" Begegnungen der phantastischen Art. Der Jogl von Haberg hatte einen solchen „Kontakt". Er ging einmal vom Ochsenverkauf nach Hause. In der Dämmerung sah er auf einmal eine Gestalt auf sich zukommen, gerade als er sich schon seinem Hofe näherte. Er meinte seine Frau käme ihm entgegen und wunderte sich, daß sie querfeldein über die Äkker schritt. Er wollte sie erschrecken und versteckte sich hinter einem Erlenstock. Aber plötzlich war die Gestalt, die jetzt ganz hell aufleuchtete, bei ihm, ging mitten in den Erlenbaum hinein und verschwand darin. Voll Angst lief der Bauer in sein Haus. (77)

Diese Überlieferung weist auf den paraphysischen Aspekt des Phänomens hin. Wir haben hier eine hellstrahlende Gestalt, wie wir sie von UFO-Berichten und den Schilderungen von Menschen her kennen, die Todesnaherlebnisse hatten. Diese Gestalt vermag zu levitieren und spurlos zu verschwinden, Eigenschaften, wie sie noch heute von hunderten von Augenzeugen paranormaler Ereignisse geschildert werden.

Mit einem durchaus anders gestalteten „Anderen" hatten sich einige Personen in Kärnten auseinanderzusetzen. Beim Standl am Pleschberg waren die Eltern zur Kirche gegangen und die Kinder waren allein. Sie spielten vor dem Haus. Als die Jausezeit gekommen war, wollten die Kinder in die Stube gehen. Dort aber bot sich ihnen ein grausiger Anblick. Auf dem Tisch und denselben ganz

bedeckend, lag ein Untier ausgebreitet, dick und aufgeblasen und hielt sich mit den Krallen am Tischrand verkrampft. Der lange Schwanz schlug den Kindern bis zur Türe entgegen. Eilends ergriffen sie sie Flucht, den Eltern entgegen. Als diese die Stube betraten, war das Untier verschwunden, die ganze Stube aber noch von einem ekelhaften Gestank erfüllt. (17)
Diese hier geschilderte exotische und nicht humanoide Form spielt zwar im Bereich der Besuchererfahrungen der Moderne keine entscheidende Rolle mehr, doch gibt es immer wieder Hinweise auf völlig anders beschaffene Fremde. Vielleicht stellt ja gerade diese schreckenserregende Form das wahre Aussehen der „Anderen" dar, während die humanoide Form nichts weiter als eine Maske oder Verkleidung ist!

Der nächste Bericherstatter, dessen Erlebnis uns nun beschäftigen soll, ist ein Bauer aus dem Burgenland. Er fuhr gerade mit seinem Gespann aus Au, als es plötzlich nicht mehr weiterging. Ein ungeheures Gewicht schien auf dem Wagen zu lasten. Als der Bauer sich umsah, gewahrte er einen feurigen Mann auf dem Wagen sitzen. Unwillig rief er der feurigen Gestalt zu, den Platz zu verlassen. Mit einem Seufzer sprang der feurige Mann vom Wagen und verschwand, so daß die Reise des Bauern weitergehen konnte. (24)
Feurige, flammende Gestalten tauchen in den historischen Überlieferungen immer wieder auf. Auch hier bestehen meiner Meinung nach Parallelen zu beobachteten UFO-Besatzungen und den Lichtwesen, die klinisch tote Menschen wahrgenommen haben. Interessant ist an der von mir zitierten Sage übrigens der Umstand, daß der Bauer die Fahrt nicht mehr fortsetzen konnte, während sich das unbekannte Wesen in seiner unmittelbaren Nähe befand. Ähnliches ist auch von UFO-Begegnungen bekannt, in denen beim Erscheinen fremdartiger Flugobjekte und Wesen beispielsweise plötzlich Motoren ihre Funktion versagten. Sie waren schlicht „gebannt" worden, wie man in den Sagen immer wieder erfahren kann.

In einer finsteren Nacht, so weiß uns ein Chronist zu berichten, kehrten einmal Bauern mit ihren Frauen von einem Kirchweihfest in Kittesee in ihr nahes Dorf zurück. Auf der einsamen Landstraße tauchte plötzlich eine unförmige Gestalt auf, die wie ein schwarzer Klumpen aussah und sich den ganzen Weg vor den Leuten fortwälzte. Wollten die Leute rechts oder links vorgehen, so schob sich das Ungeheuer sofort nach dieser Richtung und verstellte auf diese Weise den Bauern den Weg. Als sie ihren Hof erreicht hatten, warf sich der Klumpen dreimal auf das Tor. In ihrer Verzweiflung fingen die Bauern an zu beten und unter tobendem Lärm verschwand die Spukgestalt. (24)

Auch hier spielen Begegnungen auf abgelegenen Landstraßen direkt auf das Besucherphänomen an. UFO-Entführungen und „Begegnungen der Dritten Art" ereignen sich zumeist in solchen Szenarien. Fuhrmänner und Bauern waren damals logischerweise jener Berufsstand mit den meisten paranormalen Erlebnissen, hielten sie sich doch viel im Freien auf. Menschen, die in heutiger Zeit viel in der Natur unterwegs sind, sind von diesen Phänomenen mindestens genauso oft betroffen.

Die nächsten beiden Mythen, die ich Ihnen nun vorstellen möchte, befassen sich mit einer weiteren Schattenseite des Besucherphänomens. Es geht hierbei um eine Reihe von Tiermorden, die man den „Anderen" zur Last legt. In heutiger Zeit ist das vergleichbare „Mutilations" (Tierverstümmelungs)-Problem ein nicht unbedeutender Aspekt des UFO-Phänomens geworden. Zeugen schilderten immer wieder, wie UFO-Insassen Tiere verschleppen und an Bord der Objekte scheinbar sezieren. Bei Konfrontationen mit den Fremden werden diese Aspekte immer öfters hervorgehoben. Besonders interessant ist nun die Tatsache, daß dieser grausame Aspekt auch schon früher bekannt gewesen zu sein scheint. Eines Nachts klopfte es beispielsweise an das Fenster eines Mannes namens Eckhardt. Draußen stand sein Nachbar Koch mit dem Gewehr in der Hand, in Hemd und Hose. Mit zitternder, aufgeregter Stimme flehte er um Hilfe. Sein Lieblingshund, der „Lipp", sagte er, liege mit zerschmettertem Kopfe vor seiner Tür, Eckhardt möge kommen und ihn anschauen. Da gingen die beiden hinüber vor das Haus. Tatsächlich lag der Hund mit offener Schädeldecke, das Gehirn herausgeronnen, auf der Türschwelle. Keine Menschenkraft, kein Tier, meinten beide, könne das getan haben. In dem Augenblick hörten sie ein leises Lachen und sahen eine schwarze Gestalt, die einen langen Schatten vor sich werfend, durch die lautlose Nacht glitt. (24)

Ähnlich Dramatisches wird uns aus der Umgebung von Salzburg überliefert. Dort, auf der Krapfalm in Kaprun, gab es eine Zeit, in der immer wieder Kühe tot aufgefunden wurden. Keine einzige aber stand im Gehege herum, sondern alle wurden auf der Weide von einem plötzlichen Tod dahingerafft. Das Kurioseste jedoch an der ganzen Geschichte war, daß jedes Stück Vieh, das tot entdeckt wurde, einen schwarzen Eisenring um den Hals hatte. Die Melker vermuteten hier einen Teufelsspuk und schickten nach einem Franziskaner. Der machte sich sofort mit dem Meßner auf den Weg zur Alm. Oben angekommen, machte der Pater auf einem freien Platz einen großen Kreis, trat in denselben und forderte den Meßner und die Melker auf, das gleiche zu tun. Diese taten, wie ihnen geheißen, und nun begann der Franziskaner die Beschwörungsformel aus seinem Buch zu rezitieren. Nachdem er so eine Weile gelesen hatte, kam aus den nahen Walde auf einmal eine große, schwarze Kugel zum Vorschein, rollte zu Tal und fiel drunten über das „Wändgeschröpf" hinab, ohne daß sie später aufgefunden werden konnte. Auf der Kugel aber wollten die Melker den Leibhaftigen gesehen haben. (78)

Natürlich wurden die paranormalen Phänomene jener Zeit ganz besonders ausgeprägt im christlichen Kontext erklärt. Denn es ging darum, die Dualität von Gut und Böse aufrecht zu erhalten. Der

Hinweis auf die schwarze Kugel läßt an ein fremdartiges Fortbewegungsmittel denken, der potentielle Insasse wurde aufgrund seiner diabolischen Taten für die Menschen gleichwohl zum Teufel. Doch welchen Beweggrund haben die „Anderen", gezielt Menschen und Tiere ins Visier zu nehmen? Berichte über Todesfälle im Zusammenhang mit dem Phänomen liegen viele vor und auch Menschen waren davon betroffen!
Ein Bauer z. B. führte spätabends seine Weinladung über das Leithagebirge. Während er ein fröhliches Liedchen pfeifend neben seinem Wagen einherschritt, sah er plötzlich eine feurige Kugel vom Abhang her gerade auf seinen Wagen zurollen. In der Besorgnis, daß ihm die Pferde durchgehen könnten, griff er rasch nach seinem Holzprügel und drohte auf das Ding einzuschlagen. Die Kugel aber kümmerte sich um das Geschrei des Mannes nicht und umkreiste funkensprühend unaufhörlich den Wagen, so daß dem Bauern die Haare zu Berge stiegen und er mit einem Stoßgebet seine Pferde zu rascherer Gangart antrieb, um aus der unheimlichen Gegend fortzukommen. Aber erst knapp vor dem nächsten Dorf verlor sich die Kugel im Feld. Aufatmend hielt der Fuhrmann vor dem Gasthaus des Ortes an und erzählte dort sein Erlebnis. Die Zuhörer lachten ihn aus, eine Situation, die wir auch aus dem Umfeld heutiger UFO-Aktivität kennen. Einige Tage später fand man den Bauern mit seinen Pferden an der gleichen Stelle, wo ihm die Kugel erschienen war, unter den Trümmern seines Wagens tot auf. Weder die Pferde noch der Bauer wiesen Verletzungen auf, nur die Schürze des Mannes zeigte einige Brandlöcher. (24)

Zum Glück verlaufen nicht alle Kontakte mit fremden Objekten für den Zeugen tödlich. Es gibt auch Berichte, in denen die Zeugen die Begegnung lediglich mit einem „riesigen Schrecken" überstehen. Solches widerfuhr etwa einer Hebamme aus Oberdorf, die nach Kehmstedt zu einer hochschwangeren Frau unterwegs war. Am Flurteil Gickendörfchen erblickte sie etwas neben sich, das ihr wie ein großes Faß aus grauen Spinnweben erschien. Die Hebamme

mochte sich nun drehen und wenden wie sie wollte, die Erscheinung blieb dicht neben ihr. Der Weg schien der Frau überhaupt kein Ende nehmen zu wollen, und je länger sie in der unheimlichen Begleitung verblieb, um so mehr krampfte sich aus Angst ihr Herz zusammen. An der Kehmstedter Flur war sie einer Ohnmacht nahe. Aber da verschwand glücklicherweise das unheimliche Gebilde. (79)
Die Hebamme schilderte in ihrem Bericht an den Chronisten ein recht interessantes Detail, das auch aus dem UFO-Sektor bekannt ist. Es handelt sich hierbei um das völlig veränderte Zeitempfinden in der Nähe der exotischen Vehikel der Fremden. Es scheint, als können diese Wesen das manipulieren, was wir als Zeit bezeichnen...
Ähnlich erging es auch einem Fuhrknecht, der zwischen Pöllnitz und Struhte eine Fuhre Bier durch das Krahnholz transportierte. Plötzlich scheuten die Pferde, und im hellen Mondlicht konnte der Fuhrknecht erkennen, wie viele graue Männchen vor seinem Wagen umhertrippelten. Ein Graumännchen rief dem Fuhrknecht zu, er möge nur ausspannen, denn er komme doch nicht fort von hier. Die schweißtriefenden Pferde gelangten auch wirklich nicht von der Stelle, bis es nach einer vollen Stunde eins schlug. Da galoppierten die Pferde, ohne angetrieben zu sein, in rasender Fahrt davon. Der Knecht aber starb nach neun Tagen. (79)
Die Unfähigkeit, sich in der Nähe der kleinen Wesen mit dem Wagen fortzubewegen, ist uns ja zwischenzeitlich schon bekannt. Auch das mitternächtliche Szenario auf einer entlegenen, menschenleeren Straße könnte nicht besser auf die modernen Entführungsberichte zugeschnitten sein. Selbst die offensichtliche Unruhe der Pferde, die mit der Gegenwart der „Anderen" in Zusammenhang steht, ist aus dem UFO-Sektor zur Genüge bekannt.
Ein weiterer, beinahe identischer Vorfall spielte sich übrigens auch in der Nähe von München ab. Ein Fuhrmann war spät abends noch mit seiner Ladung unterwegs und auf dem Kutschbock beinahe schon eingeschlafen. Plötzlich aber wurde er hellwach. Er sah auf einer Säule drei Jungfrauen stehen. Die waren in weiße, wallende

Gewänder gehüllt, sahen schön, erhaben und geheimnisvoll aus, noch dazu, da sie eine höhere Macht des Überirdischen in hell gleißendes, blendendes Licht getaucht hielt. Der Fuhrmann erschrak. Die Frauengestalten sahen ihn unverwandt an, mit Blicken, wie aus einer anderen Welt.
Die Pferde waren ebenfalls derart erschrocken ob der Gespenster, daß sie erst wie erstarrt dastanden und nicht von der Stelle zu bewegen waren. Da drosch der Fuhrmann, nachdem er sich schließlich gefaßt hatte, wie ein Irrer auf sie ein, bis die gequälten Tiere endlich, wild vor Erschrecken und Schmerz, davongaloppierten. Keuchend sah er sich um - aber erst dann, als er ein gutes Stück weiter war und den Mut dazu gefunden hatte. Der Spuk war vorbei. (53).
Auch hier werden die aufgetauchten Erscheinungen im jeweiligen kulturellen Kontext gedeutet. Für den bayerischen Katholiken erschienen hier drei Jungfrauen auf einer Säule. Wie anders sollten die Menschen früherer Dekaden das Unbegreifliche in Worte kleiden? Um das schier Unmögliche zu beschreiben, griff man auf theologisches Vokabular zurück.
Als regelrecht dämonisch wurde hingegen das Auftreten eines anderen Wesens gedeutet. So kam zum Bauer Scholz aus Gr.-Stöckigt einmal während des Abendessens ein in graue Lumpen gehülltes oder mehr wie ein Wickelkind eingepacktes Wesen von kugelförmiger Gestalt. Weder Mensch noch Tier, läßt uns eine schlesische Sage wissen. Aus dem verbundenen Gesicht ragte eine schnabelförmige, gebogene Nase hervor. Zwei Augen blitzten wie glühende Kohlen. Ohne bemerkbare Füße und Hände stand es stumm da. Das Wesen machte plötzlich kehrt und humpelte zum Hof hinaus, bei einem Weidenstrauch verschwindend. (80)

Der Bauer war nicht der einzige, dem dieses Wesen unterkam, denn einst erschien einem Schuster, welcher nach Feierabend arbeitete, eine Gestalt mit einer langen Nase, die ihn fortscheuchte. Der Schuster aber packte seinen Hammer, schlägt drauf, daß es nur so klatscht. Dabei verlor er jedoch das Gleichgewicht und fiel in das hinter der Bühne stehende Bett. Das war sein Glück, denn schon schoß das Unding durchs Fenster herein und schwebte über der Bühne... (10)

Effektiv wurde in beiden Fällen scheinbar das gleiche kugelförmige Objekt gesehen. Die Begegnung mit diesem „Ding" muß unsere Vorfahren unglaublich aufgewühlt haben, so daß die Begegnungen mit ihm Einzug in die Erzähltradition halten konnten.

Abschließen möchte ich unsere historischen Betrachtungen mit einer Überlieferung, die den paraphysischen Charakter des Phänomens deutlich darstellen soll. Es geht hierbei um den Bericht einer Frau, die sich einem lokalen Sagenchronisten anvertraut hatte. In einem persönlichen Gespräch schilderte sie ihm folgendes Erlebnis:

„Im Jahre 1873 fuhr mein Mann eines Nachts auf den Markt. Als er fort war, verschloß ich alle Türen und begab mich zur Ruhe. Gegen Mitternacht wurde ich plötzlich munter und sah in der Küche nebenan eine große Gestalt eintreten und sich auf die Truhe setzen. In der Meinung, mein Mann sei zurückgekehrt, um etwas zu holen, rief ich ihn dreimal beim Namen. Als keine Antwort erfolgte, sprang ich aus dem Bett und machte Licht. Im gleichen Augenblick war auch die Gestalt verschwunden und alle Türen wie vorher verschlossen. In der Nacht vor dem Frauentag bügelte ich in der Küche. Gegen elf Uhr erloschen plötzlich alle Lampen. ‚Was mag das nur sein?' dachte ich und eilte in den Hof, um Nachschau zu halten. Da sah ich eine große Frauengestalt beim Heustadl stehen. Erschrokken lief ich wieder ins Haus und versperrte alle Türen. Kurze Zeit darauf erkrankte mein jüngstes Kind. Eines Nachmittags hörte ich die Hühner im Hof mit großem Geschrei hin und her flattern und bemerkte, aus der Küche tretend, ein kleines, weibliches Wesen mit einem weißen Streifen um den Hals aus der Torschwelle des Heustadls emporsteigen. Die Gestalt folgte mir eine Zeitlang und verschwand dann im Nachbargarten. Tags darauf starb mein krankes Kind." (24)

Bereits im ersten Kapitel dieses Buches habe ich auf die erstaunlichen Parallelen zwischen Todesnaherlebnissen und Besuchererfahrungen hingewiesen. Auch hier finden wir dieses Element wieder. Zuerst erscheint der Frau ein Eindringling in ihrem Schlafzimmer, wenig später sieht sie auf ihrem Grundstück zwei geisterhafte weibliche Wesen. Als Nebeneffekte können wir den spontanen Ausfall des Lichtes und die panische Reaktion von Tieren auf diese Erscheinungen registrieren. Die Phantome fungierten scheinbar als Todesboten ähnlich jenen, die auch heute bei den Besuchererfahrungen geschildert werden. Wie wir sehen, weisen sowohl Sagen als auch aktuelle UFO-Ereignisse in die gleiche Richtung. Was diese Übereinstimmungen bedeuten könnten, wollen wir uns im nächsten Kapitel ansehen.

Unsere Reise in die Vergangenheit hat eine wichtige Komponente des Phänomens aufgezeigt. Besuchererfahrungen sind alles andere als neu. Es gibt keine Epoche, in denen die „Anderen" nicht irgendwo für Aufmerksamkeit gesorgt hätten. Das Erzähl- und Ablaufmuster der Begegnungen ist absolut identisch. Wir haben es hier nicht bloß mit einem kurzzeitigen „Modetrend" zu tun, nein, das Phänomen war in der Vergangenheit ebenso real wie heute!

IV. Dimensionen

„Vor Gespensterchen und Geisterchen,
langbeinigen Biesterchen
und Dingen, die nächtens spuken,
verschone uns, o Herr."

„Old Litany"

„Es ist durchaus möglich,
daß sich hinter unseren Sinneswahrnehmungen
ganze Welten verbergen,
von denen wir keine Ahnung haben!'

Albert Einstein

Einleitung

Als ich 1990 begann, Fallrecherchen im UFO-Bereich durchzuführen, hatte ich ein recht klares Bild des Phänomens für mich entworfen. Neben den gut 98 Prozent rational erklärbaren Berichten blieben rund 2 Prozent, die meiner damaligen Meinung nach auf bemannte Flugkörper einer außerirdischen oder auch außerzeitlichen Intelligenz zurückgingen.
Effektiv ging ich davon aus, daß UFOs Hochtechnollogie-Flugkörper mit einer exotischen Besatzung an Bord waren. Und insbesondere das genetisch/technische geprägte Abductionsphänomen war für mich damals ein Beweis für diese klassische These.
Dieses schöne Bild erhielt jedoch mit der Zeit die ersten Kratzer, denn meine Recherchen konfrontierten mich mit einer ganzen Reihe von paraphysischen Aspekten, die mir überhaupt nicht gefielen. Zeugen, die UFOs wahrnahmen oder Besuchererfahrungen erlebten, berichteten mir, daß sie vor oder nach dem Ereignis Spukerscheinungen oder andere absonderliche Phänomene beobachtet hatten. Die hohe Zahl von Menschen mit kombinierten Todesnah- und UFO-Erlebnissen fiel mir besonders auf.
Ich machte es mir damals zugegebenermaßen sehr einfach, denn ich ignorierte diese Ereignisse völlig. Die Zeugenprotokolle verschwanden in den hintersten Winkeln meines Archives und störten damit meine eigene Theorie bezüglich des Phänomens nicht mehr! Paraphysikalischen Phänomenen war ich zu jener Zeit alles andere als aufgeschlossen, ja ich lehnte diese sogar strikt ab. Parapsychologen waren für mich seinerzeit nichts weiter als ein etwas seltsamer Menschenschlag, die kindlichen Gespensterphantasien nachhingen.
Mit der Zeit jedoch beschlich mich eine gewisse Unruhe, denn *alle* komplexeren UFO-Berichte, die bei mir eingingen, enthielten eben jene übersinnliche Komponente. Und als ich dann 1992 begann, die von mir bereits mehrfach erwähnte Humanoiden-Datei aufzubauen, die Berichte über Kontakte mit UFO-Besatzungen enthält,

war das Chaos für mich perfekt. Mich empfingen bei meiner Arbeit dutzende, ja hunderte von Schilderungen über paranormale Phänomene in Kombination mit UFOs!
Ich hatte tatsächlich nur noch zwei Möglichkeiten: Entweder die Beschäftigung mit dem Phänomen bleiben zu lassen und mich aus der Forschung zurückzuziehen, oder von meiner einfachen und sicherlich auch sehr bequemen These Abschied zu nehmen.
Als Leser können Sie unschwer erkennen, wie meine Entscheidung ausgefallen ist, denn das Resultat meiner Gedankengänge liegt nun in gedruckter Form vor Ihnen.

Doch viele meiner Kollegen denken in diesem Punkt noch immer recht konservativ. Sie lehnen nach wie vor alle Aspekte ab, die die rein technische Komponente des Phänomens in Zweifel ziehen.
Ich frage mich jedoch noch heute, wieso dann die Landungen rein technischer Vehikel so oft zu paraphysikalischen Effekten, wie etwa den beschriebenen Spukerscheinungen, führt? Warum landen die „Außerirdischen" so häufig bei Menschen, die Todesnaherlebnisse hatten? Und warum führen die UFO-Szenarien in so vielen Fällen zu einem tiefgreifenden Bewußtseinswandel des oder der Betroffenen? Weshalb um alles in der Welt, entsprechen die Eingriffe bei Entführungsszenarien ausgerechnet den Initiationsmethodiken der Naturvölker? Wie kommt es, daß es mir trotz über 700 HUMDAT-Berichten nicht gelingen will, zwischen den verschiedenen Besuchertypen zu unterscheiden? Will heißen, wieso sind sich „Ufonauten", „Engel", „Dämonen" und „Elementarwesen" so ähnlich und haben alle die gleichen Fähigkeiten und Verhaltensmerkmale?
Der Schlüssel zum UFO-Phänomen liegt in seiner paraphysikalischen Dimension. Ich denke, wir alle sind mit dem UFO-Phänomen fiel stärker verbunden, als wir ahnen...

Kulturnähe

Wer sich heute mit Besuchererfahrungen und den „Unheimlichen Begegnungen der Dritten Art" auseinandersetzt, dem wird recht schnell klar, daß das UFO-Phänomen, abgesehen von seinem metaphysischen Kern, alles andere als fremdartig oder gar exotisch ist. Das beginnt schon bei der physischen Beschaffenheit der Fremden, deren Gestalt in über 90 Prozent aller Begegnungen der menschlichen ähnelt! Würde man nun argumentieren, es handele sich hierbei um außerirdische Raumfahrer, muß man erklären, wie diese biologische Ähnlichkeit überhaupt möglich ist. Denn im Laufe von Jahrmillionen der Evolution spielten unendlich viele Zufallsprozesse in die Entwicklung des Lebens auf unserem Planeten hinein. All diese Faktoren sind so unberechenbar, daß unsere biologische Anatomie sich höchstwahrscheinlich nirgendwo im Universum ein zweites Mal in dieser Form entwickelt hat.

Und vergessen wir die signifikanten kulturellen Parallelen nicht. Die Wesen zeigen keinerlei fremdartige oder exotische Verhaltensweisen auf, sie benehmen sich wie der globale Durchschnittsbürger. Sie tragen beispielsweise Kleidung und haben damit also scheinbar auch ein durchaus irdisches Schamgefühl. Diese Kleidung besteht zumeist aus Overalls, weiten Umhängen mit Kapuzen und Tuniken. Alles in allem also Kleidungsstücke, die uns nicht gerade fremd vorkommen. Auf der Kleidung sind häufig Symbole zu erkennen, die meist einfache, auch uns bekannte geometrische Zeichen darstellen.

Abduzierte haben immer wieder darauf hingewiesen, daß auch bei den Fremden ein hierarchisches System besteht, in dem das körperlich größte Wesen tonangebend ist. Ein Umstand, wie er uns auch aus der irdischen Fauna bekannt ist.

Die Fremden haben oft Namen und zeigen irdische Gefühle wie etwa Zorn, Mitleid oder Verständnis. Auch das Fortpflanzungsverhalten scheint mit dem menschlichen konform zu gehen, auf jeden Fall sind unsere Rassen kompatibel, was die Züchtung von

Hybriden beweist.
Selbst Mimik und Gestik scheinen galaxisumspannend gleich zu sein, denn die Wesen schauen mal traurig, glücklich oder zufrieden aus. Gerade was diesen Punkt betrifft, wies bereits der britische Biologe und Verhaltensforscher Desmond Morris auf große kulturbedingte Unterschiede zwischen Menschen hin. (80) Wie realistisch wäre es dann zu behaupten, Extraterrestrier seien rein zufällig ähnlich „gepolt" wie wir Menschen?
Daneben dürfen wir die „Allgegenwart" der Fremden seit Jahrhunderten nicht vergessen. Es gibt tatsächlich keine Epoche in der menschlichen Geschichte, in der sich die „Anderen" nicht eruieren lassen. Der betriebene Aufwand angesichts recht kurzer Stippvisiten auf dem Planeten Erde scheint da schon recht erstaunlich! Liegt es da nicht näher zu vermuten, das „sie" uns vielleicht in Wirklichkeit ganz nahe sind?

Kuriositäten

UFO-Begegnungen und die Konfrontationen mit den Insassen haben in vielen Fällen einen geradezu kuriosen, ja fast schon lächerlich zu nennenden inhaltlichen Aspekt vorzuweisen. Die Ursache hierfür liegt jedoch nicht darin begründet, daß der Zeuge fabuliert, sondern liegt in einer gewissen bizarren Komponente der fremden Intelligenz. Ich möchte dies anhand eines Beispiels erörtern:
George O. Barski, Abstinenzler und Besitzer eines Getränkeladens, fuhr gerade durch den North Hudson Park in North Bergen, New Yersey. Es war eine milde Nacht im Januar 1975 und gerade 3 Uhr. Im Autoradio waren plötzlich Störgeräusche und ein schwächer werdendes Signal zu hören, als Barski zu seiner Linken ein Brummen bemerkte. Gleichzeitig flog ein großes, helles Objekt vorbei, hielt an und schwebte ein paar Meter über dem Rasen des Parks. Das Gefährt war rund, hatte etwa zehn Metern Durchmesser und hatte eine flache Unterseite, senkrechte Seitenwände und ein kon-

vexes Dach, das sich an seinem Scheitelpunkt etwa 2,5 Meter über der Grundfläche wölbte. Die Seitenfläche war in regelmäßigen Abständen von zehn oder zwölf länglichen, vertikalen Fenstern durchbrochen. Das durch diese Fenster dringende Licht erhellte die Umgebung des UFO.
Eine Leiter wurde ausgefahren, eine Tür geöffnet, und daraus stiegen acht bis elf etwa einen Meter große Gestalten zu Boden, die Overalls und Helme trugen. Sie schienen Bodenproben zu entnehmen und in Beuteln zu sammeln. Dann kehrten sie wieder in das UFO zurück, das rasch in die Höhe stieg und verschwand.
Als O. Barski am nächsten Tag in den Park zurückkehrte, entdeckte er im Boden mehrere Löcher, die zehn bis zwölf Zentimeter breit und etwa fünfzehn Zentimeter tief waren. (61)

Um es vorweg zu sagen, an der Reputation des Augenzeugen gab es nichts zu bemängeln! Daneben fand man bei nachfolgenden Recherchen heraus, daß das besagte Objekt auch von einigen Bewohnern eines nahegelegenen Hochhauses beobachtet worden war.
Doch was ist nun das Kuriose an dieser klassischen „Begegnung der Dritten Art"?

Betrachten wir doch einmal das Grundszenario: Wir haben hier eine Parkanlage nahe dem Stadtgebiet von New York. Wie jeder weiß, der schon einmal in den USA war, ist der Besuch einer solchen Anlage zu dieser Zeit ein gefährliches Unterfangen, da es sich um ein regen Tummelplatz gesetzloser Gestalten handelt. Barski gab zu Protokoll, bei seiner Fahrt sonst niemanden gesehen zu haben. Wir können ruhig spekulieren, daß Barski wohl der einzige war, der sich an diesem Morgen dort aufhielt. Das heißt nun, daß sich die Aliens unglaublich ungeschickt angestellt haben. Ausgerechnet dann zu landen, wenn jemand vorbeikommt... Tatsächlich kann man schon fast von purer Absicht sprechen, die Fremden wollten scheinbar, daß man sie beobachtet!

Kurios ist in diesem Kontext übrigens auch, daß den Fremden etwas wie eine „Früherkennungsanlage" unbekannt zu sein scheint, die potentielle Störenfriede der galaktischen Mission, in unserem Falle also O. Barski, rechtzeitig registrieren würde. Wie auch immer, die Ufonauten fühlten sich nahe der Metropole New York und in Sichtweite der Wohnhäuser scheinbar so sicher, daß sie auch gleich alle verfügbaren Lichter an Bord auf volle Leistung brachten, so daß die Umgebung, wie von dem Zeugen geschildert, in Licht gehüllt war. Und dann folgte der melodramatische Höhepunkt der Inszenierung: eine Leiter (!) wurde heruntergelassen und kleine vermummte Gestalten entnehmen manuell (!) Bodenproben, packen diese in einen Beutel (!) und machen sich anschließend aus dem Staub!

Es ist erstaunlich, daß der Zeuge Barski bei diesem Anblick nicht lachen mußte, denn die technischen Möglichkeiten der Aliens scheinen nicht einmal auf dem Stand der irdischen Hochtechnologie der siebziger Jahre unseres Jahrhunderts zu sein. Schließlich stand bereits 1977 ein von der NASA konzipierter Lander zur Verfügung, der bei der Viking-Marsmission vollautomatisch Bodenproben entnehmen konnte, ohne daß man auf kleine Männer mit Beuteln angewiesen war!

Berichte mit solch komischen und unlogischen Elementen sind Legion und tauchen in allen Kulturkreisen und zu allen Zeiten auf. Ähnlich verblüffend sind auch jene Reporte, in denen Zeugen schildern, UFO-Besatzungen bei der Reparatur der eigenen Vehikel gesehen zu zu haben:

Am 9. Oktober 1954 beispielsweise fuhr ein Filmvorführer, von dem nur der Nachname Hoge bekannt ist, nach seiner Arbeit nach Hause. In der Nähe von Rickerode (bei Münster) sieht er etwa 70 Meter von der Straße entfernt, mitten auf den Feldern, ein blaues Licht. Zunächst glaubt er, es handle sich um ein notgelandetes Flugzeug. Aber beim Näherkommen erkennt er ein zylinderförmiges Objekt. Unterhalb des Zylinders arbeiten mehrere kleine Wesen von etwa 1,20 Meter Größe, mit dünnen Beinen, einem voluminösen

Brustkorb und überdimensionalen Köpfen. Sie tragen gummiartige Overalls und lassen sich in ihrer Tätigkeit nicht stören, denn Herr Hoge vermochte unbehelligt weiterzufahren. (42)
Der Bericht von Herrn Hoge steht bei weitem nicht alleine. So fand ich in unserer Fallsammlung HUMDAT zehn weitere Beschreibungen dieser Art aus allen Teilen der Welt.
Erstaunlicherweise wurden die Aliens mit ihren „Reparaturen" immer rechtzeitig fertig - auch ein durchaus kurios zu nennendes Element, wie ich meine! Doch welchen Sinn haben solche exotischen Auftritte eigentlich? Was bringt es den Fremden, sich in diese durchaus gefahrvollen Situationen zu bringen?
Die eigentliche Absicht hinter diesen Auftritten könnte schlicht die sein, gesehen zu werden. Die meisten Augenzeugen schilderten ihre Erlebnisse mit den Entitäten ja auch anderen Menschen. Diese Berichte wurden publiziert und gingen um die Welt. Es scheint Methode zu sein, daß eine soziologische Konditionierung vorangetrieben wird. Mit dieser ist es möglich, eine große Masse von Menschen zu erreichen, die man ansonsten nicht in einem direkten Kontakt erreichen könnte. Die Betroffenen wirken offenbar als Botschafter und Verbreiter der Informationen dieser unbekannten Intelligenz. Es scheint tatsächlich so zu sein - ich sprach dies bereits im Vorfeld an -, daß wir hier ganz gezielt in eine bestimmte Richtung „geformt" werden sollen. Wobei die eigentliche Zielsetzung jedoch noch nicht ganz klar abzusehen ist.

Hypothesen

Als Leser eines UFO-Buches, der das letzte Kapitel erreicht hat, erwartet man vom Autor, in diesem Falle also von mir, eigentlich eine schlüssige Erklärung aller aufgeworfenen Fragen. Doch gerade hier muß ich leider passen - eine Hypothese, die alle in dieser Publikation vorgestellten Aspekte befriedigend zu erklären vermag, kann ich nicht anbieten.

Doch aufgrund meiner Rechercheerfahrung und meiner langjährigen Beschäftigung mit diesem Phänomen kann ich aber wenigstens einige Bezugspunkte aufzeigen, die mir wichtig erscheinen:
▲ Das UFO-Phänomen „offenbart" sich uns in verschiedenen Phasen. Die erste Phase umfaßt die Sichtung der Flugvehikel. Die zweite Phase ist dann erreicht, wenn fremdartige Wesen in den Schilderungen der Zeugen eine fundamentale Rolle spielen. Darauf folgt zumeist das klassische Entführungsszenario, das die dritte Station kennzeichnet. Und als „Krönung" outet sich das Phänomen in der vierten Phase als paraphysikalisch. In den meisten Fällen hält sich das Phänomen an keine festgefügte Reihenfolge, jedoch tauchen paranormale Phänomene zumeist nur dann auf, wenn die Zeugen fremdartigen Entitäten begegnet sind.

▲ Das Phänomen scheint, wenn man den Chroniken glauben darf, sehr alt zu sein. In historischen Überlieferungen können wir ein Erzähl- und Ablaufmuster antreffen, das völlig mit dem uns gegenwärtigen, präsenten konform geht.

▲ Das UFO-Phänomen weist einen sehr starken paraphysikalischen Hintergrund auf. Kurz vor oder nach UFO-Sichtungen berichten Zeugen oftmals von Spukerscheinungen, Poltergeistphänomenen und Ausleibigkeitserfahrungen. Relativ häufig haben Menschen mit Todesnaherlebnissen später Kontakt zum UFO-Phänomen.

▲ Die Konfrontation mit fremdartigen Erscheinungen wirkt auf den Zeugen oftmals bewußtseinsverändernd. Zeugen schildern immer wieder, daß sie nach dem Vorfall ein völlig neues Bild von sich und der Gesellschaft entwickeln. Viele richten ihr Leben nicht mehr nur nach rein materiellen Kriterien aus.

▲ Kurioserweise sind die klassischen Entführungsszenarien mit den Initiationsriten bei Naturvölkern weitgehend identisch. Eine Entführung in ein UFO etwa wirkt wie eine Initiationsreise.

▲ Das Phänomen besitzt scheinbar eine gewisse Dualität. Es wirkt weder gut noch böse. Viele Entführte und vom Besucherphänomen Betroffene verurteilen die Fremden ob ihrer Taten. Wieder andere heben die positiven Aspekte des Geschehens hervor. Es scheint

fast so als ob von der Intelligenz ein gewisses Ziel verfolgt wird. Und um dieses zu erreichen, werden die vorhandenen Mittel konsequent eingesetzt, unabhängig von deren Folgen.
▲ Es scheint, daß eine gewisse soziologische Konditionierung stattfindet. Viele UFO-Sichtungen wirken wie „inszeniert" und ergeben objektiv betrachtet keinen Sinn. Es ist, als ob das Phänomen beobachtet werden möchte, um uns seiner Präsenz zu versichern. Andererseits verzichtet es auf massive Eingriffe in unsere sozio-kulturelle Befindlichkeit und hinterläßt auch keine signifikanten Spuren.
▲ Dem Phänomen fehlt jede exotische Fremdartigkeit. Die beobachteten Wesen verhalten sich kulturnah. Die paranormalen Phänomene, die im Zusammenhang mit den Erscheinungen auftreten, sind seit einigen tausend Jahren bekannt.

Aufgrund dieser Indizien schließe ich für mich aus, daß wir mit einer einfachen Erklärung dem Phänomen beikommen können. Wie bereits des öfteren erwähnt, schließe ich die klassische E.T.-Hypothese aus, die von bemannten Weltraumschiffen ausgeht. Diese These ist einfach nicht mehr zeitgemäß, da zwischenzeitlich zu viele Aspekte recherchiert wurden, die gegen sie sprechen.
Es gibt stattdessen moderne, den Erscheinungen gerecht werdende theoretische Modelle. Zwei der meiner Meinung nach zutreffendsten möchte ich Ihnen hier vorstellen.
Die erste These stammt von dem deutschen Geologen Johannes Fiebag, der sie als „Mimikry-Hypothese" bezeichnet. Er beschreibt sie wie folgt:
„Mit ‚Mimikry' wird in der Biologie ein Verhalten von Pflanzen und Tieren bezeichnet, sich ihrer jeweiligen Umwelt optimal tarnend anzupassen. Auf unsere Fragestellung übertragen beinhaltet die Mimikry-Hypothese folgendes:
Außerirdische Intelligenzen mit der Fähigkeit interstellarer Raumfahrt besitzen einen derart hohen technologischen (‚magischen') Standard, daß sie ihr Erscheinen dem jeweiligen intellektuellen Niveau der Menschen unterschiedlicher Zeiten und unterschiedli-

cher Kulturen anpassen können. Gleichzeitig schaffen sie es, den technologisch Unterentwickelten Hinweise auf ihre Existenz, ihre Besuchstätigkeit und ihre Möglichkeiten zu vermitteln. Eine solche Hypothese vermag hinreichend gut bestimmte, mit Besuchen von Extraterrestrischen Intelligenzen in einen ursächlichen Kontext gebrachte Phänomene zu erklären, insbesondere das anscheinend ‚primitive' Niveau der von den Extraterrestrischen Intelligenzen verwendeten Technologien. Diese wäre benutzt worden, um uns heute in die Lage zu versetzen, sie im Gegensatz zum ‚Wunder', zur Magie oder zur Mystik als Ausdruck einer Technologie zu interpretieren, und schließlich die wahre Natur der dahinter stehenden Intelligenz zu erkennen. Gleichzeitig war sie aber derart gestaltet, daß die in früheren Zeiten lebenden Menschen sie ihrem eigenen Erkenntnishorizont zuzuordnen vermochten. Eben als Manifestation überlegener, im Regelfall göttlicher Mächte.
Die Mimikry-Hypothese setzt demnach folgendes voraus:
1. In der Galaxis existiert zumindest eine sehr weit fortgeschrittene Zivilisation, welche die Erde (und vermutlich nicht nur sie), seit langer Zeit beobachtet bzw. die Entwicklung des Lebens lenkt oder die entsprechenden Aufgaben delegiert hat. Diese Zivilisation hegt gegenüber der Menschheit ein wohlwollendes Interesse.
2. Diese Intelligenz oder ihre Delegierten verfügen über einen Technologie-Standard, den wir auch heute noch als ‚magisch' betrachten würden.
3. Der fremden Intelligenz ist es möglich, unabhängig von Ort, Zeit und Kulturniveau gezielte Eingriffe vorzunehmen. Diese Eingriffe haben einen Doppeleffekt: Zum einen bewirken sie eine als ‚himmlisch' getarnte, in jedem Fall aber überlegene Offenbarung übergeordneter Mächte, zum anderen erlauben sie Zivilisationen, welche die Schwellen der Technologie überschritten haben, ein Erkennen, Interpretieren und Einordnen eben dieser Eingriffe. Die Erkennung und Anerkennung von außerirdischen Lebensformen bildet nicht nur die Voraussetzung für einen künftigen Kontakt, sondern auch für die Aufnahme in den ‚Galaktischen Club'.

4. Ein solches Verhalten setzt eine langfristige Planung und viel Erfahrung voraus. Es muß daher angenommen werden, daß ein entsprechendes Programm auf der Erde weder zum ersten noch zum einzigen Mal durchgeführt wird oder wurde und daß bereits zahlreiche andere Kulturen in der Galaxis diesen Lernprozess absolviert haben." (81)

Nicht weniger spektakulär sind die Ansichten des amerikanischen UFO-Forschers und Autors Raymond Fowler. Seine These schließt insbesondere auch die paraphysischen Aspekte des UFO-Phänomens ein.

„Es ist sehr gut möglich, daß ‚sie' (die Fremden) mit uns koexistieren, aber auf einer anderen Existenzebene, wo es die Zeit, wie wir sie kennen, nicht gibt.

Ist es möglich, daß wir sie sind? Ist das, was wir den physischen Tod nennen, nur ein weiterer Schritt in der menschlichen Evolution? Sind unsere Vorfahren uns vorangegangen und haben ihre Existenz und ihre Evolution in einer Welt fortgesetzt, die unsere Sinne nicht erreichen?

Die fremden Wesen, denen Personen mit einem NDE (engl., Nahtoderlebnis - der Autor) begegnen, sind menschlich in ihrer Erscheinung und tragen wie Menschen Kleidung. Ihre Umgebung ähnelt der der Erde, außer, daß alles in Licht getaucht ist und wirklicher als wirklich erscheint. Unsere irdische Umgebung ist nur ein Schatten dessen, wovon die Menschen mit NDE berichten.

Daß Kleidung, Gebäude und sogar Raumschiffe von einigen NDEers erwähnt werden, zeigt, daß sie etwas beschreiben, was wie eine andere Zivilisation auf physischer Basis aussieht und nicht wie irgendeine neblige Geisterwelt.

Die schwindelerregende Fähigkeit sowohl der UFO- wie der NDE-Wesenheiten, uns so gut zu kennen, zeigt, daß es ständige Berührungspunkte zwischen unseren Welten gibt, die menschliche Augen gewöhnlich nicht sehen. (...)

Könnte es sein, daß das UFO-Phänomen und die NDEs von einer

fortgeschnittenen Zivilisation kontrolliert werden, die in einer anderen Dimension existiert und teilweise von Menschen bevölkert wird, die diese Dimension durch den Prozeß des Todes betreten haben? Könnte es sein, daß die menschenähnlichen Ältesten die Geschöpfe sind, zu denen wir uns in einer künftigen Existenz entwickeln werden?
Sind Menschen auf dieser Existenzebene eine Larvenform jener Zivilisation? Ist sie bevölkert mit dem, was wir einmal sein werden? Kommen wir wieder zurück und wiederholen den Prozeß als Teil eines ständigen Austausches von Materie und Energie? (...)
Dies würde auch Berichte von Entführten erklären, die während ihrer Entführung von Außerirdischen geschult worden sind. (Wer weiß, vielleicht geht, während wir nachts schlafen, ein wesentlicher Teil von uns zur Schule!) Warum sollte man sie im Unterbewußtsein in fremden Instrumenten - für offensichtlich außerirdische Anwendungen - unterweisen, wenn nicht für eine verantwortungsvolle Tätigkeit in der künftigen Welt? Darum werden vielleicht einige Menschen mit NDEs zurückgeschickt, um eine spezifische Aufgabe zu vollenden, die ihnen und ihrem Fortkommen in der künftigen Welt des Lichts nützen wird.
In der Tat mag eine solche Welt, wie unsere jetzige Existenzebene, nur ein weiterer Schritt in unserer paraphysischen Evolution sein. Die Größe und Beschaffenheit des Universums, die wir als physische Geschöpfe der Zeit spüren, scheinen jenseits unseres Verständnisses zu liegen. Wir sehen vielleicht nur einen Teil davon." (82)

So unkonventionell beide Hypothesen auch sein mögen, sie bezeugen, daß wir in Anbetracht der Präsenz einer fremden Intelligenz umdenken müssen. Sowohl die UFO-Gläubigen, die auf eine Errettung aus den Tiefen des Alls warten, als auch die Skeptiker, die ohne mit der Wimper zu zucken, tausende Augenzeugenberichte in fast schon menschenverachtender Art und Weise einfach als unbedeutend abtun.
Wir wissen alle natürlich nicht, wie sich das UFO-Phänomen wei-

ter entwickeln wird. Es mag sein, daß unsere heutigen Ansichten in nur wenigen Jahren völlig überholt sind, und neue, bedeutende Aspekte auftauchen, die noch unbekannt sind oder aber einfach bisher nicht beachtet wurden. Mag sein, daß neue Parallelen zwischen UFOs und deren fremdartigen Insassen einerseits und anderen grenzwissenschaftlichen Phänomenen andererseits auftauchen, die eine völlig neue Deutung nötig erscheinen lassen. Wer weiß das schon?!

Mit hoher Wahrscheinlichkeit steht jedoch fest, daß auch in Zukunft unheimliche Begegnungen mit exotischen Entitäten an der Tagesordnung sein werden - wenigstens etwas, auf das man sich bei dem Phänomen verlassen kann!

Eine Bitte des Autors:
Sollten Sie selbst außergewöhnliche Flugobjekte oder fremdartige Erscheinungen wahrgenommen haben, wäre ich Ihnen dankbar, wenn Sie mir schreiben würden:

INDEPENDENT ALIEN NETWORK
Wladislaw Raab
Rumfordstr. 20
D-80469 München

Anhang

Das INDEPENDENT ALIEN NETWORK

Das INDEPENDENT ALIEN NETWORK (kurz IAN) wurde im Jahr 1994 gegründet und versteht sich als Informationsnetzwerk und nicht als Verein im üblichen Sinne.
Mittels Anzeigenschaltungen in Zeitungen wird bundesweit nach UFO-Zeugen gesucht. Die Recherchen werden von den Mitgliedern vor Ort durchgeführt, dabei werden spezifische Fragebogen bei der Datenerfassung verwendet.
Schwerpunktmäßig beschäftigt sich das INDEPENDENT ALIEN NETWORK mit Augenzeugenberichten, in denen fremdartige Wesen und Erscheinungen beschrieben worden sind.
Die Arbeit der Mitglieder erfolgt ehrenamtlich. Wir sind weder weltanschaulich noch konfessionell gebunden und verfolgen auch keine einheitliche Auffassung über die Natur der beobachteten Phänomene. Ein Mitgliedsbeitrag wird nicht erhoben, jedoch ist nur eine aktive Mitgliedschaft möglich (Bereitschaft, eigenverantwortlich zu recherchieren!).
Daneben besteht die Möglichkeit im Rahmen unserer Vereinigung Literaturrecherchen durchzuführen, etwa im Bereich historischer Quellen.
Sollten Sie sich vorstellen können, aktiv das UFO-Phänomen zu erforschen, schreiben Sie mir bitte!

Die Humanoiden - Datei (HUMDAT)

Da Berichte über UFO-Insassen den tiefsten Einblick in das Verhalten und den Modus des Phänomens ermöglichen, begann ich 1992 entsprechende Fallberichte im Rahmen der Humanoiden-Datei (HUMDAT) zu sammeln und auszuwerten. Als Quelle dienen hierzu seriöse Publikationen zum UFO-Thema, Fallkataloge und natürlich die eigenen Fallrecherchen.
Neben den Berichten werden auch die Zeugenskizzen und Darstel-

lungen in einem eigenen Bildarchiv gesammelt. Es wurden bisher über 700 Fallberichte archiviert, womit HUMDAT zu den weltweit größten Alien-Fallkatalogen zählt! Bei der Aufnahme in den Fallkatalog, der zur Zeit auf EDV übertragen wird, werden alle eruierbaren Fakten aufgenommen. Für die Rahmenbedingungen der Sichtung sind dies: Ort, Datum und Zeitpunkt des Geschehens, die Anzahl der Zeugen, das Auftreten physikalischer bzw. paranormaler Wechsel- und/oder Sekundärwirkungen. Besondere Beachtung wird dabei der Beschreibung der Wesen zuteil. Nach Auswertung der HUMDAT-Fallberichte ergeben sich folgende Alientypen (kurz „AT") aus den Zeugenaussagen:

▲ AT1: kleine Wesen unterschiedlichster Beschaffenheit, bis zu einer vom Zeugen geschätzten Größe von etwa 1,50 Meter;

▲ AT2: Wesen, die von ihrer äußeren Erscheinung her von Menschen nicht zu unterscheiden sind,

▲ AT3: menschenähnliche Geschöpfe, die sich in ihrer Erscheinung vom Menschen nur in einigen Punkten unterscheiden;

▲ AT4: riesenhafte UFO- Insassen, die nach Zeugenschätzungen größer als 2,50 Meter sind;

▲ AT5: yetiartige, tierhafte bzw. animalisch wirkende Kreaturen in und um UFOs;

▲ AT6: unbelebt, technisch wirkende Fremde, die auf die Augenzeugen wie „Roboter" wirkten;

▲ AT7: bizarre UFO-Insassen, die in keine AT-Gruppe eingeordnet werden können, völlig fremdartig sind und einmalig beschrieben wurden;

▲ AT8: UFO-Besatzungen, die sich in ihrer physischen Beschaffenheit stark voneinander unterschieden haben („gemischte Besatzungen");

▲ AT9: geisterhaft wirkende Entitäten, die am ehesten mit klassischen Spukerscheinungen verglichen werden können.

▲ AT10: Berichte mit ungenügenden Daten über die äußere Erscheinung der Wesen.

Es gibt vier verschiedene Grundszenarien, in denen sich Konfrontationen mit fremdartigen Wesen abspielen. Bei HUMDAT werden diese als „Alien-Szenario" (kurz „AS") bezeichnet:
▲ AS1: In der unmittelbaren Nähe eines UFOs bzw. in dessen Inneren werden Wesen beobachtet;
▲ AS2: Es werden fremdartige Wesen beobachtet, in deren Umgebung sich jedoch kein Fluggerät befindet;
▲ AS3: Der oder die Zeugen werden an Bord eines UFOs entführt;
▲ AS4: In den Wohnräumen des Zeugen erscheinen fremdartige Wesen.

Publikation „UFO-REPORT"

Seit November 1991 erscheint die Publikation „UFO-REPORT" (kurz UR).
Das Magazin wird auf nichtkommerzieller Basis zum Selbstkostenpreis vierteljährlich herausgegeben. Der behandelte Themenschwerpunkt liegt auf dem Alien-Phänomen. Es werden die neuesten IAN-Fallrecherchen diskutiert, Literaturrezensionen durchgeführt und historische Berichte publiziert. Ein Probeheft kann beim Autor bestellt werden.

Quellennachweis

01. Fachmagazin „UFO-REPORT", Oktober/Dezember 1993
02. Johannes von Buttler, Die Außerirdischen von Roswell, Lübbe-Verlag
03. Illobrand von Ludwiger, UFOs: Zeugen und Zeichen, Edition Q
04. H. Lammer & 0. Sidla, UFO-Nahbegegnungen, Herbig Verlag
05. Illobrand von Ludwiger, MUFON-CES-Bericht No. 10, Eigenverlag
06. Leah A. Haley, Meine Entführung durch Außerirdische, Kopp-Verlag
07. Gansberg & Gansberg, Die UFO-Beweise, Blanvalet Verlag
08. Mudrooroo, Die Welt der Aborigines, Goldmann Verlag
09. Autorenteam, Das große Gespenster-Lexikon, Pawlak Verlag
10. Whitley Strieber, Transformation, Heyne Verlag
11. Autorenteam, Lexikon der Symbole, Herder Verlag
12. Robert Lawror, Am Anfang war der Traum, Droemer Knaur
13. John E. Mack, Entführt von Außerirdischen, Bettendorf Verlag
14. Leander Petzoldt, Kleines Lexikon der Dämonen und Elementargeister, Becksche Reihe
15. Leander Petzoldt, Deutsche Volkssagen, Beck Verlag
16. Autorenteam, Illustriertes Lexikon der Mythologie, Parkland Verlag
17. Leander Petzoldt, Sagen aus Kärnten, Diederichs Verlag
18. Maleolm Godwin, Engel - Eine bedrohte Art, 2001 Verlag
19. George Gallup, Begegnungen mit der Unsterblichkeit, Weltbild Verlag
20. Raymond A. Moody, Leben nach dem Tod, Rowohlt Verlag
21. PM-Magazin, Juni 1996
22. Leberrecht H. Obst, Seltsame Geschichten, Verlags-Anstalt-Union
23. Johannes Fiebag, Kontakt, Langen Müller Verlag
24. Leander Petzoldt, Sagen aus dem Burgenland, Diederichs Verlag
25. Leander Petzoldt, Sagen aus Niederösterreich, Diederichs Verlag
26. Sven Loerzer, Visionen und Prophezeihungen, Weltbild Verlag
27. Jean Sider, L Iiusin Cosmique, Axis Mundi
28. Walter Bosing, Bosch, Taschen Verlag
29. Ronald K. Siegel, Halluzinationen, Eichborn Verlag
30. T. Wyne Griffon, Okkultismus, Lechner Verlag
31. Johannes Fiebag, Himmelszeichen, Goldmann Verlag
32. Gerhard J. Bellinger, Lexikon der Mythologie, Bechtermünz

Verlag
33. Rätselhafte Phänomene, Heft 101
34. Leander Petzoldt, Sagen aus dem alten Österreich, Diederichs Verlag, Band 1
35. Hans-Jörg Uther, Sagen aus dem Rheinland, Diederichs Verlag
36. Leander Petzoldt, Sagen aus dem alten Österreich, Diederichs Verlag, Band 2
37. Autorenteam, Verloren und Wiedergefunden, Weltbild Verlag
38. Karl Spießberger, Naturgeister, Schikowski Verlag
39. Johannes Fiebag (Hrsg.), Das UFO-Syndrom, Knaur Verlag
40. Whitley Strieber, Die Besucher, Ueberreuther Verlag
41. Budd Hopkins, Eindringlinge, Kellner Verlag
42. Johannes Fiebag, Die Anderen, Herbig Verlag
43. Gero von Randow, Der Fremdling im Glas, rororo
44. Ulrich Magin, Von UFOs entführt, Beck Verlag
45. CENAP-REPORT, No. 232, April 1996
46. Autorenteam, Das Leben jenseits des Todes, Time Life Verlag
47. Hans-Jörg Uther, Sagen aus dem Rheinland, Diederichs Verlag
48. Marina Popovitsch, UFO-Glasnost, Langen Müller Verlag
49. Ingeborg Drewitz, Märkische Sagen, Diederichs Verlag
50. Bertelsmann Handlexikon, Bertelsmann Verlag
51. Knaur Lexikon, Knaur Verlag
52. Leander Petzoldt, Sagen von Fahrten, Abenteuern und merkwürdigen Begebenheiten, Diederichs Verlag
53. Fritz Fenzel, Stadtsagen, Bruckmann Verlag
54. Johann Heinrich Boigt, Magazin für den neuesten Zustand der Naturkunde, Bd. 9, 1805
55. Korrespondenzblatt des Naturforscher Vereins zu Riga, Bd. 11, Riga 1898
56. J. Vallee, Dimensionen, 2001 Verlag
57. Gustav Roskoff, Geschichte des Teufels, Parkland Verlag
58. Emil König, Geschichte der Hexenprozesse, Fourier Verlag
59. Johannes von Buttlar, Schneller als das Licht, Weltbild Verlag
60. H. J. Wolf, Hexenwahn, Gondrom Verlag
61. Autorenteam, Handbuch des |bersinnlichen, Heine Verlag
62. T. Cood, Sie sind da!, 2001 Verlag
63. Peter Krassa, Phantome des Schreckens, Caesar Verlag

64. Jean Prachan, UFOs im Bermuda - Dreieck, Molden Verlag
65. Ernst Meckelburg, Besucher aus der Zukunft, Scherz Verlag
66. Brüder Grimm, Deutsche Sagen, Diederichs Verlag
67. Leander Petzoldt, Sagen von Zauberinnen, Kaisern und weltlichen Herren, Diederichs Verlag
68. ORF-Beitrag „Thema" vom 26.08.1996
69. Norbert Englisch, Sagen aus dem Böhmerwald, Diederichs Verlag
70. Klaus Bergdolt, Der Schwarze Tod in Europa, C.H. Beck Verlag.
71. William Bramley, Die Götter von Eden, In der Tat Verlag
72 C. Hinze & U. Diederichs, Fränkische Sagen, Diederichs Verlag
73. Paul Quensel, Thüringer Sagen, Diederichs Verlag
74. Daniel Defoe, Ein Bericht vom Pestjahr, Jonas Verlag
75. M. Page & R. Ingpen, Faszinierende Welt der Phantasie - Sagen und Mythen, Weltbildverlag.
76. Autorenteam, Märchen der Nordamerikanischen Indianer, rororo
77. Leander Petzoldt, Sagen aus Niederösterreich, Diederichs Verlag.
78. Leander Petzoldt, Sagen aus Salzburg, Diederichs Verlag
79. Autorenteam, Der Schweigsame Fischer, Dausien Verlag
80. W. E. Peuckert, Schlesische Sagen, Diederichs Verlag
81. Ancient Skies, IV, 1990
82. Raymond Fowler, Die Wächter II - UFOs und Todesnaherlebnisse, Reichel Verlag